学ぶ人は、変えてゆく人だ。

目の前にある問題はもちろん、

人生の問いや、

社会の課題を自ら見つけ、

挑み続けるために、人は学ぶ。

少しず〜

いつで

学ぶこ

旺文社

大学受験
Do Start

図やイラストがカラーで見やすい

島村・宇都の

ゼロから 劇的にわかる 物理

力学・波動の授業

島村誠・宇都史訓 共著

旺文社

「ゼロから」「劇的に」というタイトルにひかれてこの本を手に取った皆さん。これから物理の勉強を始めようとしていたり，もう学校で習っているけどなかなかついていけなかったり…，という状況ではないでしょうか？物理がものすごく得意だ！という人はあまりいないかもしれません。

この本は，はじめて物理を勉強する人や物理が苦手な人に向けて，「無理なく基本知識を身につけられる」，「苦手意識をなくして物理に向きあえる」ようにつくりました。物理は，物体の運動や状態を数式で表していく科目です。でも，はじめのうちはそこが嫌ですよね。そこで，ひたすら数式を並べるのではなく，文章による説明や，できるかぎり図をつけて，どんな現象を考えているのかイメージできるようにしました。

また，物理は知識を１つずつ積み上げていく科目でもあります。例えば，速度や加速度がどういうものかわかっていないと，等加速度直線運動の公式は使えません。物体にはたらく力にはどんなものがあるか知らないと，運動方程式は立てられません。ただ，いろんなことをまとめて身につけようとすると逆に効率が悪くなってしまうので，１つずつ順に，確実に知識を身につけられるように，各講をStepで区切りました。少し時間がかかっても，順にこなしていけばしっかりステップアップできるはずです。練習問題もついているので，知識が身についたかチェックできるようになっています。問題は，まずは自分でしっかりと考えてくださいね！

ものすごく当たり前のことを言うと，「やればできる」ようになります。でも，それは「やらないとできない」ということです。物理を勉強していくと決めたなら，まずやってみましょう，とにかくやってみましょう！

これから物理を勉強していく皆さんの手助けになれば何よりです。
さあ，頑張っていきましょう！

島村　誠
宇都史訓

本書の構成と使い方

　本書は，大人気予備校講師が，これから物理の入試対策をはじめる人，物理に苦手意識をもっている人，もっと物理が好きになりたい人のために書いた，高校物理のノウハウをすべて注ぎ込んだ渾身の一冊です。

　高校物理は，教科書（物理基礎・物理）の全範囲を5分野（「力学」，「熱」，「波動」，「電磁気」，「原子」）に分けて学習します。本書では，その中の「力学」，「波動」について詳しく学びます。

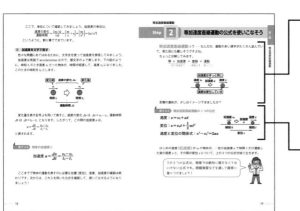

❶
超基礎からていねいに解説しているので，教科書なしでも無理なく学習できます。また，図やイラストにも解説を書き込み，現象をイメージしながら学習できるので，理解しやすくなっています。

❷
ポイントは，入試に絶対必要な重要事項と理解するべきところだけ，わかりやすくまとめました。

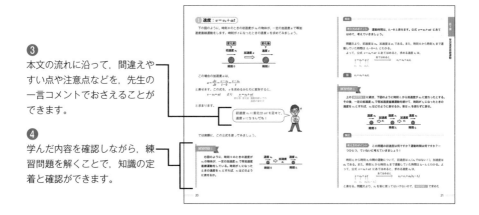

❸
本文の流れに沿って，間違えやすい点や注意点などを，先生の一言コメントでおさえることができます。

❹
学んだ内容を確認しながら，練習問題を解くことで，知識の定着と確認ができます。

目次

力
学
編

力学編

波動編

著者紹介

島村 誠（しまむら・まこと）
河合塾講師。物理を苦手とする生徒を中心に受け持ち，生徒がつまずきやすいポイントを熟知している。「ていねいに基本事項を積み重ねることで，入試問題を解く力が身につく！」ことを実感させる授業を展開し，授業終了後も生徒本人が納得できるまで，とことん付きあっている。著書に，『物理（物理基礎・物理）入門問題精講』（共著，旺文社）などがある。

宇都 史訓（うと・ふみのり）
河合塾講師。「物理は基本から１つ１つちゃんと勉強していけば誰でも得意科目にできる！」という方針のもと，ポイントを明確に指摘したわかりやすい授業を展開する。高１生から高卒生まで幅広い生徒を受け持ち，映像授業も担当している。著書に，『物理（物理基礎・物理）基礎問題精講』（共著，旺文社），『物理（物理基礎・物理）入門問題精講』（同）がある。『全国大学入試問題正解 物理』（旺文社）の解答執筆者。

STAFF　装丁デザイン：内津 剛（及川真咲デザイン事務所）
　　　　紙面デザイン：大貫としみ（株式会社 ME TIME）
　　　　先生イラスト：早川乃梨子
　　　　編集協力　　：吉田幸恵
　　　　企画・編集　：梛原文彦

第 **1** 講　力学編
等加速度直線運動

この講で学習すること

1 位置，速度，加速度を知ろう

2 等加速度直線運動の公式を使いこなそう

3 v–t グラフを読み取ろう

4 ベクトルの分解ができるようになろう

基礎からコツコツ
積み上げよう

Step 1 位置，速度，加速度を知ろう

さあ，力学の勉強を始めましょう！

力学というと，「物体にはたらく力を見つけて，図に正しく描き込んで，…」が定番ですが，ちょっと待ってください！まずは，「力の出てこない運動」を学習しましょう。はじめに，

位置と変位　　速度　　加速度

の考え方，使い方を理解していきます。力学以外の分野でも必要になるものばかりなので，しっかりマスターしてください！

Ⅰ 位置と変位

① 位置

自分のいる位置を，その場にいない相手に電話で伝えるには，基準が必要です。例えば「教室の前のドアから階段に向かって 3 m 進んだところ」と伝えたい場合，「教室の前のドア」が基準となるところで，「階段に向かって 3 m」が基準からのずれになります。

物理の世界では，座標軸 (x 軸や y 軸など) を用いて，基準となるところからの位置を説明します。

ポイント 座標軸のとり方

基準となるところを原点として，正の向きを自分で決めて，座標軸をとる

上の例の場合，「教室の前のドア」が原点 ($x=0$ m)，自分のいる位置は $x=3$ m と表すことができます (次ページの図)。

また，ドアから，階段とは反対向きに 2 m 離れたところに先生がいるとします。同じ x 軸を使えば，原点 (ドア) から負の向きに 2 m 離れているので，先生の位置は $x=-2$ m です。

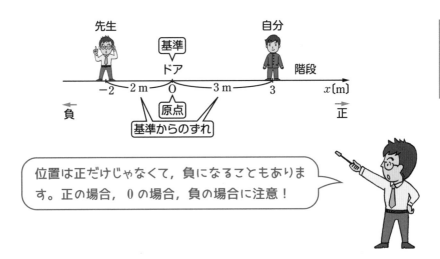

このように，位置は**座標軸をとって，その座標で表します**。物体の「位置」を考えていく必要がある問題では，「どこが原点か」「どっち向きが正か」をはっきりさせて，座標軸を意識するようにしてください。座標軸が与えられていないことも多くありますが，その場合は自分で座標軸を決めます。

ポイント 「位置」を考えるときの注意点

・「どこが原点か」「どっち向きが正か」をはっきりさせて，座標軸を意識するようにする
・座標軸が与えられていない場合は，自分で決める

② **変位**

変位とは，位置の変化のことです。
位置に限らず，ある値についての「変化量」は「変化後の値－変化前の値」で求めることができます。

ポイント 変化量の求め方

変化量＝変化後－変化前

したがって，変位は「変化後の位置－変化前の位置」となります。

ポイント 位置と変位の関係

$$変位（位置の変化）＝変化後の位置－変化前の位置$$

変位も，正の場合，0の場合，負の場合があります！

「変位」の意味はわかりましたか？それでは変位を求めてみましょう。

例 下の図のように，$x＝1$ m（変化前）から $x＝5$ m（変化後）まで物体が移動したときの，物体の変位を求めてみましょう。

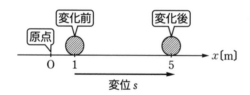

この場合の物体の変位を s〔m〕とすると，

$$s＝\underset{変化後}{5}－\underset{変化前}{1}＝4 \text{ m}$$

と求められます。

例 下の図のように，$x＝3$ m（変化前）から $x＝-4$ m（変化後）まで物体が移動したときの，物体の変位を求めてみましょう。

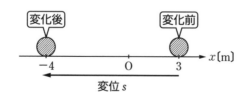

この場合の変位 s [m] は,

$$s = \underbrace{(-4)}_{\text{変化後}} - \underbrace{3}_{\text{変化前}} = -7\,\text{m}$$

です。変位が負になっていますが, これは x 軸負の向き (x 軸正の向きと逆向き) に移動しているからです。

③ 移動距離

変位と混同しやすいものに**移動距離**があります。移動距離は向きによらず物体が実際に進んだ距離のことで, **変位と一致するとは限りません。**

例 下の図のように, 原点 ($x=0$ m) から物体が x 軸上を移動したときの, 移動距離と変位について考えます。

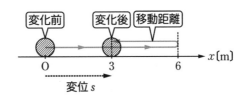

物体は, まず正の向きに 6 m 移動して, その後, 負の向きに 3 m 移動しています。この場合, 移動距離 (⟶ の長さ) は,

$$6+3=9\,\text{m}$$

となります。一方, 変位は上の図の ⤍ になります。はじめ $x=0$ m (変化前) にあり, 最終的に $x=3$ m (変化後) に移動しました。したがって, 変位 s [m] は,

$$s = 3 - 0 = 3\,\text{m}$$

となります。

変位は, 途中の位置や運動に関係なく, 変化前と変化後の位置だけで決まります。

変位と移動距離の違いは, 等加速度直線運動, 力と仕事の関係などでも重要になります！

④ 位置の最大値，最小値

位置と変位，移動距離について，もう少し確認してみましょう。

  下の図のように，$x=1$ m から $x=-2$ m まで物体が移動したとき，物体の位置の最大値，最小値について考えます。

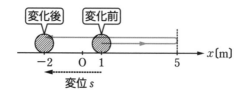

位置の最大値を x_1 [m]，最小値を x_2 [m] とすれば，上の図にあるように，それぞれ $x_1=5$ m と $x_2=-2$ m となります。これをきちんと式を立てて考えてみましょう。

最大値 x_1 [m] は，はじめの位置 $x=1$ m から正の向きに 4 m 変位しているので，

変化後の位置＝変化前の位置＋変位

と書けます。これより，

$$x_1=1+4=5 \text{ m}$$

と求めることができます。

同じように最小値 x_2 [m] も求めてみましょう。変化前の位置を $x_1=5$ m として，そこからの変位が負の向きに 7 m なので，変位を -7 m として，

$$x_2=5+(-7)=-2 \text{ m}$$

と求めることができました。変位が負の場合でも，符号も含めてそのまま変化前の位置に加えましょう。

また，この間に物体は正の向きに 4 m，負の向きに 7 m 移動しているので，移動距離は，

$$4+7=11 \text{ m}$$

になります。

練習問題①

x 軸上を運動する物体について考える。はじめ，位置 P($x=2$ m) に静止していた物体が，x 軸正の向きに 6 m 進み，その後，x 軸負の向きに 10 m 進んで，位置 Q で静止した。物体が位置 P から位置 Q まで移動する間の，移動距離，変位，位置の最大値と最小値をそれぞれ求めよ。

解説

考え方のポイント　この問題は，図がなく文章だけです。そんな場合は，自分で x 軸を描き，物体がどのように移動したのかを図示しましょう。

問題文を図で表すと，下の図のようになる。

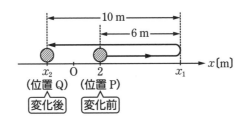

まず，移動距離を求める。問題文より，x 軸上を正の向きに 6 m 進み，その後負の向きに 10 m 進んだので，求める移動距離は，

$$6+10=16 \text{ m}$$

次に，上の図を見ながら変位を求める。位置 P から正の向きに 6 m 進んだところを x_1 [m] とすれば，

$$x_1=2+6=8 \text{ m}$$

その後，位置 x_1 から負の向きに 10 m 進んだところを x_2 [m] とすれば，

$$x_2=8+(-10)=-2 \text{ m} \quad \blacktriangleleft これが位置 Q$$

変位＝変位後の位置－変化前の位置　より，求める変位は，

$$x_2-2=(-2)-2=-4 \text{ m}$$

最後に，位置の最大値と最小値は，上の図より，

$$最大値＝x_1=8 \text{ m}$$
$$最小値＝x_2=-2 \text{ m}$$

答

移動距離：16 m，変位：－4 m
位置の最大値：8 m，位置の最小値：－2 m

II 速度

① 速度

速度とは，**単位時間（1秒，1分，1時間など）あたりの変位（位置の変化）** です。速度の単位には，〔m/s〕，〔km/h〕などがありますが，物理では〔m/s〕を使うことが多いです。

メートル毎秒 キロメートル毎時

ポイント 物体の速度①

$$物体の速度 = \frac{変位（位置の変化）}{運動時間}$$

例 1秒間で5m変位するとき，速度は $\frac{5}{1} = 5\,\mathrm{m/s}$

5秒間で10m変位するとき，速度は $\frac{10}{5} = 2\,\mathrm{m/s}$

3秒間で -9 m変位するとき，速度は $\frac{-9}{3} = -3\,\mathrm{m/s}$

② 速度の向き

位置と変位は，**必ず同じ向きに正**をとります。速度もそれにあわせて，正の向き，負の向きを決めます。

例
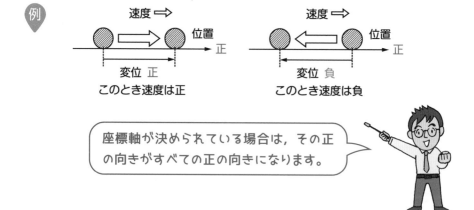

座標軸が決められている場合は，その正の向きがすべての正の向きになります。

③ 速度を文字で表すと

色々な問題にあてはめるために，文字式を使って速度を表現してみましょう。

速度は英語で velocity なので，頭文字の v で表します。時刻は time なので頭文字の t です。下の図のように，時刻 t_1 のとき位置 x_1 にあった物体が，移動して，位置 x_2 に移動しました。このときの時刻を t_2 とします。

変化量を表す記号 Δ（デルタ）を用いて表すと，変位 Δx は，

$$\Delta x = x_2 - x_1$$

運動時間 Δt は，

$$\Delta t = t_2 - t_1$$

となります。したがって，この間の速度 v は，

$$v = \frac{\Delta x}{\Delta t} = \frac{x_2 - x_1}{t_2 - t_1}$$

と表されます。

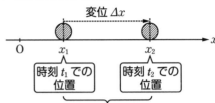

変位 Δx

時刻 t_1 での位置

時刻 t_2 での位置

移動にかかった時間（運動時間）Δt

ポイント　物体の速度②

$$\text{速度 } v = \frac{\Delta x}{\Delta t} = \frac{x_2 - x_1}{t_2 - t_1}$$

中学校までの理科では数値計算がほとんどですが，高校物理では，より一般的な関係式（1つの数値だけではなく，多くの場合で成り立つ関係式）をつくるために，文字計算が主になります。「さまざまな物理現象を数式で表現するのが，物理という学問だ！」という意識があると，学習に取り組みやすくなります！

ちなみに，速さは「**速**度の大き**さ**」のことで，速度の**絶対値**（正負の符号を取り去った値のことで，記号| |で表す）です。

 速度が $5\,\mathrm{m/s}$ ならば，速さは $|5\,\mathrm{m/s}|=5\,\mathrm{m/s}$
速度が $-3\,\mathrm{m/s}$ ならば，速さは $|-3\,\mathrm{m/s}|=3\,\mathrm{m/s}$

Ⅲ 単位

単位について少しだけふれておきます。これからさまざまな物理量の計算をしていきますが，計算の基本は四則演算（足し算・引き算・掛け算・割り算）です。

① 足し算・引き算のときの単位

足し算と引き算は，同じ単位の物理量どうしでなければ，計算できません。

物理の学習が進んで余裕が出てきたら，式を立てるときに，単位の異なるもの（例えば，位置 $[\mathrm{m}]$ と速度 $[\mathrm{m/s}]$）で足し算，引き算をしていないか，注意してみてください。そうすれば，計算ミスが減っていきます。

② 単位の掛け算・割り算

単位どうしで掛け算や割り算ができます。例えば，速度の単位 $[\mathrm{m/s}]$ は，

$$\frac{変位}{時間} \rightarrow \frac{[\mathrm{m}]}{[\mathrm{s}]} \rightarrow \left[\frac{\mathrm{m}}{\mathrm{s}}\right] \rightarrow [\mathrm{m/s}]$$

というふうに，割り算してできた単位です。

単位に注目すると，「どのような物理量を掛ければいいのか（割ればいいのか）」，「答に用いた文字の組合せは正しいのか」など，色々なことがわかってきます。

特に数値計算では，単位も正しくなければ答は不完全ですので，単位にも気を配るようにしてください！

Ⅳ 加速度

① 加速度

単位時間あたりの位置の変化 (変位) は，速度でした。では，**単位時間あたりの速度の変化**は？というと，これが**加速度**になります。加速度の単位は
メートル毎秒毎秒
$[m/s^2]$ です。

> **ポイント** 物体の加速度①
>
> $$物体の加速度 = \frac{速度の変化}{運動時間}$$　◀「速さ」ではなく「速度」！

例　下の図 a のように，2秒間で，速度が $4\,\text{m/s}$ から $8\,\text{m/s}$ に変化するとき，加速度は，

$$\frac{8-4}{2} = 2\,\text{m/s}^2$$

また，図 b のように，4秒間で，速度が $9\,\text{m/s}$ から $3\,\text{m/s}$ に変化するとき，加速度は，

$$\frac{3-9}{4} = \frac{-6}{4} = -1.5\,\text{m/s}^2$$

速度が遅くなることを普段の生活では「減速する」と表現しますが，「減速度」とはいわずに「加速度が負である」などといいます。

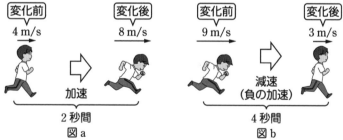

図 a　図 b

加速度といっても，速度が小さく (遅く) なることもあります！

ここで，単位について確認してみましょう。加速度の単位は，

$$\frac{速度の変化}{運動時間} = \frac{[\mathrm{m/s}]}{[\mathrm{s}]} = \left(\frac{\mathrm{m}}{\mathrm{s}} \div \mathrm{s}\right) = \left(\frac{\mathrm{m}}{\mathrm{s^2}}\right) = [\mathrm{m/s^2}]$$

というように，割り算でできています。

② 加速度を文字で表す

色々な問題にあてはめるために，文字式を使って加速度を表現してみましょう。

加速度は英語で acceleration なので，頭文字の a で表します。下の図のように，時刻 t_1 のとき速度 v_1 だった物体が，時間が経過して，速度 v_2 になりました。このときの時刻を t_2 とします。

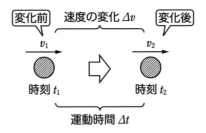

変化量を表す記号 Δ を用いて表すと，速度の変化 Δv は $\Delta v = v_2 - v_1$，運動時間 Δt は $\Delta t = t_2 - t_1$ となります。したがって，この間の加速度 a は，

$$a = \frac{\Delta v}{\Delta t} = \frac{v_2 - v_1}{t_2 - t_1}$$

と表されます。

> **ポイント** 物体の加速度②
>
> $$加速度\ a = \frac{\Delta v}{\Delta t} = \frac{v_2 - v_1}{t_2 - t_1}$$

ここまでで物体の運動を表すのに必要な位置 (変位)，速度，加速度の確認は終わりです。次からは，これらを用いた公式を確認して，使いこなせるようになりましょう！

Step	**2**	**等加速度直線運動の公式を使いこなそう**

等加速度直線運動って……なんだか，画数の多い漢字がたくさん並んでいて，見た目にも難しそうですよね。

ちょっと分解してみます。

等 ＋ 加速度 ＋ 直線 ＋ 運動
　一定の加速度で　　一直線上を　　動くこと

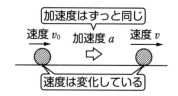

言葉の意味が，少しはイメージできましたか？

ポイント 等加速度直線運動の 3 つの公式

速度：$v = v_0 + at$

変位：$s = v_0 t + \dfrac{1}{2}at^2$

速度と変位の関係式：$v^2 - v_0^2 = 2as$

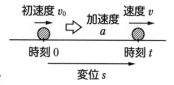

はじめの速度（初速度）が v_0 の物体が，一定の加速度 a で時間 t だけ運動した後の速度 v と，その間の変位 s について，上の 3 つの公式が成り立ちます。

> この 3 つの公式は，物理では絶対に覚えなくてはいけない公式です。問題演習などを通して確実に身につけましょう！

I 速度：$v = v_0 + at$

　下の図のように，時刻 0 のときの初速度が v_0 の物体が，一定の加速度 a で等加速度直線運動をします。時刻が t になったときの速度 v を求めてみましょう。

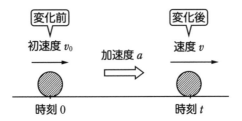

　この場合の加速度 a は，

$$a = \frac{\Delta v}{\Delta t} = \frac{v - v_0}{t - 0} = \frac{v - v_0}{t}$$

と表せます。この式を，v を求めるかたちに変形すると，

$$v - v_0 = at \qquad より \qquad \underset{\text{変化後}}{v} = \underset{\text{変化前}}{v_0} + \underset{\substack{\text{運動時間 } t \text{ での}\\\text{速度の変化分}}}{at}$$

と求まります。

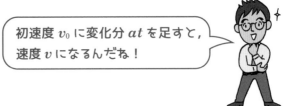

初速度 v_0 に変化分 at を足すと，速度 v になるんだね！

　では実際に，この公式を使ってみましょう。

練習問題②

　右図のように，時刻 0 のときの速度が v_0 の物体が，一定の加速度 a_1 で等加速度直線運動をしている。時刻が t_1 になったときの速度を v_1 とすれば，v_1 はどのように表せるか。

解説

考え方のポイント 運動時間は，t_1-0 と表せます。公式 $v=v_0+at$ にあてはめて，考えていきましょう。

問題文より，初速度は v_0，加速度は a_1 である。また，時刻 0 から時刻 t_1 まで運動していた時間は $t_1-0=t_1$ とわかる。

よって，公式 $v=v_0+at$ にあてはめると，求める速度 v_1 は，

$$v = v_0 + a\ t \quad \xrightarrow{\text{あてはめると}} \quad v_1 = v_0 + a_1 t_1$$
$$\underset{v_1}{\uparrow} \quad \underset{v_0}{\uparrow} \quad \underset{a_1 t_1}{\uparrow\ \uparrow}$$

答 $v_1 = v_0 + a_1 t_1$

練習問題③

上の 練習問題② に続き，下図のように時刻 t_1 から加速度が a_2 に変わったとする。その後，一定の加速度 a_2 で等加速度直線運動を続けて，時刻が t_2 になったときの速度を v_2 とすれば，v_2 はどのように表せるか。答は v_1 を使わずに表せ。

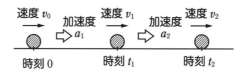

解説

考え方のポイント この問題の初速度は何ですか？運動時間は何ですか？一つひとつ，ていねいに考えていきましょう！

時刻 t_1 から時刻 t_2 の間の運動について，初速度は v_1（v_0 ではない！），加速度は a_2 である。また，時刻 t_1 から時刻 t_2 まで運動していた時間は t_2-t_1 とわかる。よって，公式 $v=v_0+at$ にあてはめると，求める速度 v_2 は，

$$v = v_0 + a\ t \quad \xrightarrow{\text{あてはめると}} \quad v_2 = v_1 + a_2(t_2 - t_1)$$
$$\underset{v_2}{\uparrow} \quad \underset{v_1}{\uparrow} \quad \underset{a_2(t_2-t_1)}{\uparrow\ \uparrow}$$

と表せる。問題文より，v_1 を答に使ってはいけないので，練習問題② で求めた

$v_1 = v_0 + a_1 t_1$ を代入すると，

$$v_2 = v_0 + a_1 t_1 + a_2(t_2 - t_1)$$

答 $v_2 = v_0 + a_1 t_1 + a_2(t_2 - t_1)$

まちがいさがし

「時刻 t_2 における速度 v_2 は，$v_2 = v_0 + a_2 t_2$ である。」

上の答と比べて，何がどう違うか，わかるかな？

まちがい1 初速度の v_0

「等加速度直線運動の公式」は，はじめに確認したように，「一定の加速度」で運動しているときに成り立つ公式です。下の図のように，加速度 a_1 で運動している状態と，加速度 a_2 で運動している状態は，加速度が異なります。そのため，式は別々に立てなくてはいけません。

下の図を見ると，v_0 は加速度 a_1 での等加速度直線運動における初速度です。加速度 a_2 での等加速度直線運動における初速度は，v_1 となります（図の②，③は 練習問題② ，練習問題③ の略です）。

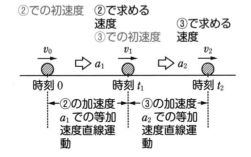

まちがい2 速度の変化分 $a_2 t_2$

上の図を見ると，加速度 a_2 で運動していた時間は，時刻 t_1 から時刻 t_2 までの時間 $t_2 - t_1$ です。そのため，速度の変化分は $a_2(t_2 - t_1)$ となります。

「時刻と時間は別」ということをあらためて確認してください！

Ⅱ 変位：$s = v_0 t + \dfrac{1}{2}at^2$

　もし加速度が 0 なら，初速度 v_0 のままで時間 t だけ進むので，変位は $s = v_0 t$ となります（小学校や中学校で習った「距離＝速さ×時間」の式です）。しかし，加速度が 0 でない場合には速度が変化していくので，速度が変化した分，変位もさらに変化していきます。それが $\dfrac{1}{2}at^2$ です。なぜこの式になるかは，Step 3 Ⅲ で説明するので，ここでは，加速度があるときは $s = v_0 t + \dfrac{1}{2}at^2$ に変わるということを覚えておいてください。

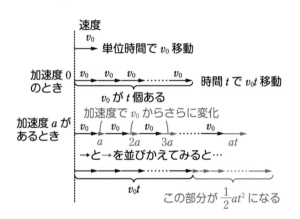

Ⅲ 速度と変位の関係式：$v^2 - v_0^2 = 2as$

　公式 $v = v_0 + at$ と $s = v_0 t + \dfrac{1}{2}at^2$ は，どちらも運動時間 t を用いています。

　しかし，運動時間 t が問題中に出てこない場合，この 2 つの公式では速度 v や変位 s を求めることができません。困った……

　そこで！この 2 つの公式を使って，t がなくても v や s を求めることのできる式を導いてみましょう！

　まず，公式 $v = v_0 + at$ を，「$t =$ ……」というかたちに変形します。

$$v = v_0 + at \quad \Rightarrow \quad at = v - v_0 \quad \Rightarrow \quad t = \frac{v - v_0}{a}$$

求めた $t = \dfrac{v - v_0}{a}$ を，公式 $s = v_0 t + \dfrac{1}{2} a t^2$ の t のところに代入します。

◀公式 $s = v_0 t + \dfrac{1}{2} a t^2$ から t を消去することができる！

$$s = v_0 \left(\frac{v - v_0}{a} \right) + \frac{1}{2} a \left(\frac{v - v_0}{a} \right)^2$$
$$= v_0 \left(\frac{v - v_0}{a} \right) + \frac{1}{2} \times \frac{(v - v_0)^2}{a}$$

両辺に $2a$ をかけて，展開すると，

$$2as = 2v_0(v - v_0) + (v - v_0)^2$$
$$= 2v_0 v - 2v_0^2 + (v^2 - 2v v_0 + v_0^2)$$
$$= v^2 - v_0^2$$

これより，　$v^2 - v_0^2 = 2as$

練習問題④

右図のように，一直線上を正の向きに，一定の加速度 a で運動する物体が，速度 v_0 で位置 P を通過した。その後，位置 Q を通過するときの速度は v_1 であった。このときの PQ 間の距離を求めよ。

解説

考え方のポイント　問題文に加速度 a，初速度 v_0，速度 v_1 が与えられています。求めるものは変位 s です。さて，どの公式を使うのがベストでしょうか？

PQ 間の距離は，物体の速度が v_0 から v_1 になるまでの変位である。求める変位を s として，公式 $v^2 - v_0^2 = 2as$ にあてはめると，

$$\underset{\substack{\uparrow \\ v_1}}{v^2} - \underset{\substack{\uparrow \\ v_0}}{v_0^2} = \underset{\substack{\uparrow\uparrow \\ as}}{2as} \quad \xRightarrow{\text{あてはめると}} \quad v_1^2 - v_0^2 = 2as$$

「$s = \cdots$」のかたちに式変形すると，

$$s = \frac{v_1^2 - v_0^2}{2a}$$

別解

公式 $v = v_0 + at$ と $s = v_0 t + \dfrac{1}{2} a t^2$ を用いて，答を求めることもできます。

まず，運動している時間 t を求める。問題文より，加速度 a，初速度 v_0，速度 v_1 なので，公式 $v = v_0 + at$ にあてはめると，

$$v_1 = v_0 + at \qquad \text{これより，} \qquad t = \frac{v_1 - v_0}{a}$$

この時間 t を用いて変位 s を求めるには，公式 $s = v_0 t + \frac{1}{2}at^2$ にあてはめて，

$$
\begin{aligned}
s &= v_0\left(\frac{v_1 - v_0}{a}\right) + \frac{1}{2}a\left(\frac{v_1 - v_0}{a}\right)^2 \\
&= \frac{v_0 v_1 - v_0{}^2}{a} + \frac{\cancel{a}}{2} \times \frac{v_1{}^2 - 2v_0 v_1 + v_0{}^2}{a^{\cancel{2}}} \\
&= \frac{2v_0 v_1 - 2v_0{}^2 + v_1{}^2 - 2v_0 v_1 + v_0{}^2}{2a} \\
&= \frac{v_1{}^2 - v_0{}^2}{2a}
\end{aligned}
$$

はじめの解き方でも 別解 でも同じ答になりますが，どちらの計算がラクかというと，はじめの解き方です。別解 の方法では，一度，時間 t を計算してから，変位 s を求めているので，計算がやや面倒です。

 答　$\dfrac{v_1{}^2 - v_0{}^2}{2a}$

正しく式を使えれば，どのような解き方でも正しい答にたどり着けます！後は，どの方法が一番早く答にたどり着けるか。そこは，たくさん問題演習をして，身につけていこう！

Step 3 v-t グラフを読み取ろう

物体の運動のようすをグラフで表すことも大事です。色々なグラフがあります が，特に重要なのは，**縦軸に速度 v，横軸に時刻（運動時間）t をとった** v-t グラフです。

I 加速度 0 のときの v-t グラフ

初速度 v_0，加速度 0 で等速直線運動をした場合，v-t グラフは下の図のように なります。

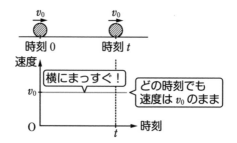

II 加速度 a のときの v-t グラフ

加速度が a の場合，等加速度直線運動の公式 $v = v_0 + at$ が成り立ちます。こ の公式を $v = at + v_0$ と変形すると，**v が t の 1 次関数である**ことを示して います。ここでちょっと，中学校の数学を思い出してみましょう。「y は x の 1 次関数である」とき，$y = ax + b$ と表すことができましたね。次ページの図のよ うに，グラフの傾きは a，切片は b です。

$$v = v_0 + at \quad \Rightarrow \quad v = at + v_0$$
$$y = ax + b$$

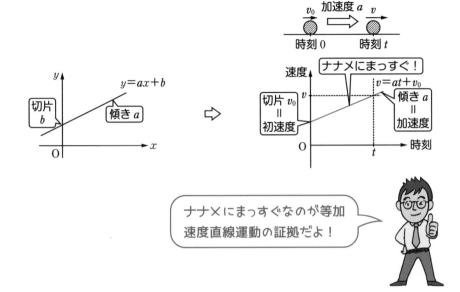

よって，加速度 a の場合の v-t グラフは上の図のように表すことができ，傾きは加速度 a，切片は初速度 v_0 になります。

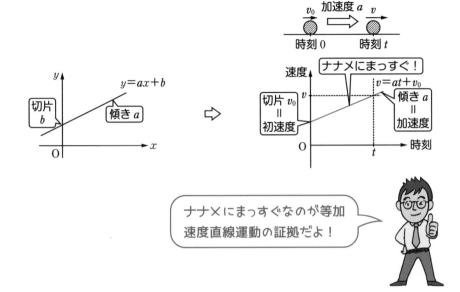

> **ポイント** v-t グラフのチェックポイント

$$傾きが \begin{cases} 0 \rightarrow 等速直線運動 \\ 一定 \rightarrow 等加速度直線運動（傾きが加速度 a） \\ 一定でない \rightarrow その他の運動 \end{cases}$$

Ⅲ v-t グラフの使い方

v-t グラフは，「速度の変化を見る」だけではなく，

グラフと t 軸（横軸）で囲まれる図形の面積から，変位（移動距離）を求める

という利用方法もあります。まず，等速直線運動のグラフで考えてみましょう。

① 加速度 0 のとき

初速度 v_0，加速度 0 の等速直線運動の v-t グラフを見ると，グラフと t 軸で囲まれる図形は，次ページの図のようになります。

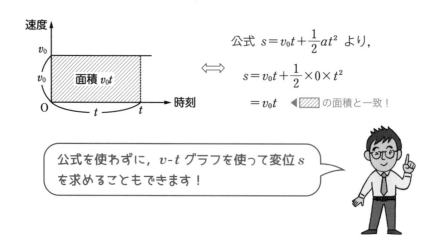

公式 $s = v_0 t + \dfrac{1}{2} a t^2$ より,

$\Longleftrightarrow$

$s = v_0 t + \dfrac{1}{2} \times 0 \times t^2$

$= v_0 t$ ◀ の面積と一致!

公式を使わずに,v-t グラフを使って変位 s を求めることもできます!

グラフの面積と変位の関係は,加速度があるときでも成り立っています。

② 加速度 a のとき

初速度 $v_0 (>0)$,加速度 $a (>0)$ の等加速度直線運動の v-t グラフでは,グラフと t 軸で囲まれる図形は,下の図のようになります。

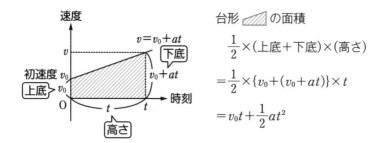

台形 の面積

$\dfrac{1}{2} \times (上底 + 下底) \times (高さ)$

$= \dfrac{1}{2} \times \{v_0 + (v_0 + at)\} \times t$

$= v_0 t + \dfrac{1}{2} a t^2$

正の向きに移動しているので,変位も正となり,

$s = v_0 t + \dfrac{1}{2} a t^2$ ◀公式 $s = v_0 t + \dfrac{1}{2} a t^2$ と一致!

で表されます。

どんな運動の場合でも,v-t グラフの面積から変位を求めることができます!

次に，初速度や加速度が負の場合の変位を求めてみましょう。初速度を $-v_0$ ($v_0 > 0$)，加速度を $-a$ ($a > 0$) として，v-t グラフを描いてみます。

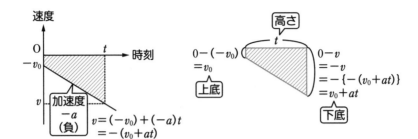

台形 の面積

$$\frac{1}{2} \times (上底 + 下底) \times (高さ)$$

$$= \frac{1}{2} \times \{v_0 + (v_0 + at)\} \times t$$

$$= v_0 t + \frac{1}{2} at^2$$

上の台形面積は移動距離です。負の向きに移動しているので，変位は $-\left(v_0 t + \dfrac{1}{2} at^2\right)$ で表されます。

これは，公式 $s = v_0 t + \dfrac{1}{2} at^2$ で $v_0 \to -v_0$，$a \to -a$ とした式，

$$s = (-v_0) t + \frac{1}{2} (-a) t^2$$

と一致していますね！

t 軸よりも下にある面積は，速度が負なので，負の変位を示しています！

v–t グラフについて，次のことは確実に覚えておきましょう！

v–t グラフの活用

$\boldsymbol{v}$–$\boldsymbol{t}$ グラフにおいて，

　傾き ⟶ 加速度

　グラフと $\boldsymbol{t}$ 軸で囲まれる図形の面積

　　　　⟶ 変位の大きさ（移動距離）

　　（$\boldsymbol{t}$ 軸より上 ⇒ 正の変位，　$\boldsymbol{t}$ 軸より下 ⇒ 負の変位）

練習問題⑤

　一直線上を運動している物体の v–t グラフが，
右図のようになっている。

(1)　時刻 0 から時刻 t_4 までの変位を求めよ。

(2)　時刻 0 から時刻 t_1 までの加速度 a_1 を求めよ。

(3)　時刻 t_1 から時刻 t_3 までの加速度 a_2 を求めよ。

(4)　時刻 t_3 から時刻 t_4 までの加速度 a_3 を求めよ。

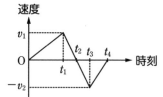

解説

考え方のポイント

(1)　v–t グラフの面積から，変位を求めることができます。t 軸より上ならば正の変位，下ならば負の変位です。

(2)(3)(4)　v–t グラフの傾きから，加速度を求めましょう。

(1)　問題の v–t グラフから，必要な情報を読み取る。まず，時刻 0 から時刻 t_2 までは，t 軸より上にグラフがあり，t 軸とで囲まれる面積を s_1 とする。また，時刻 t_2 から時刻 t_4 までは，t 軸より下にグラフがあり，t 軸とで囲まれる面積を s_2 とする。

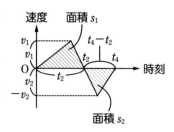

　s_1，s_2 をそれぞれ求めると，

$$s_1 = \frac{1}{2} \times (t_2 - 0) \times v_1 = \frac{1}{2} v_1 t_2$$

$$s_2 = \frac{1}{2} \times (t_4 - t_2) \times v_2 = \frac{1}{2} v_2 (t_4 - t_2)$$

三角形の面積
$\frac{1}{2} \times$（底辺）$\times$（高さ）

また，s_1 は t 軸より上なので正の変位，s_2 は t 軸より下なので負の変位になる。よって，時刻 0 から時刻 t_4 までの変位は，

$$s_1 - s_2 = \frac{1}{2}v_1 t_2 - \frac{1}{2}v_2(t_4 - t_2)$$

ちなみに，時刻 0 から時刻 t_4 までの物体の運動を図で表すと，下図のようになる。

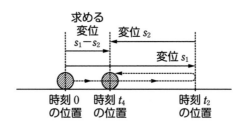

(2) 時刻 0 から時刻 t_1 までの，v–t グラフの傾きから，加速度 a_1 を求めると，

$$a_1 = \frac{v_1 - 0}{t_1 - 0} = \frac{v_1}{t_1} \quad \blacktriangleleft a_1 > 0$$

(3) 時刻 t_1 から時刻 t_3（時刻 t_2 で速度が正から負に変わったが，傾き（加速度）は変わっていない！）までの，v–t グラフの傾きから，加速度 a_2 を求めると，

$$a_2 = \frac{-v_2 - v_1}{t_3 - t_1} = -\frac{v_2 + v_1}{t_3 - t_1} \quad \blacktriangleleft a_2 < 0$$

(4) 時刻 t_3 から時刻 t_4 までの，v–t グラフの傾きから，加速度 a_3 を求めると，

$$a_3 = \frac{0 - (-v_2)}{t_4 - t_3} = \frac{v_2}{t_4 - t_3} \quad \blacktriangleleft a_3 > 0$$

答 (1) $\dfrac{1}{2}v_1 t_2 - \dfrac{1}{2}v_2(t_4 - t_2)$ 　(2) $\dfrac{v_1}{t_1}$ 　(3) $-\dfrac{v_2 + v_1}{t_3 - t_1}$ 　(4) $\dfrac{v_2}{t_4 - t_3}$

v–t グラフは，傾きや面積から，加速度や変位を求めることができるとても便利なグラフです。問題で v–t グラフが与えられていたら，それをうまく利用することを考えましょう。グラフが与えられていない場合でも，自分で描くとわかりやすくなることが多いので，普段からグラフを意識しておきましょう！

Step **4** ベクトルの分解ができるようになろう

I ベクトルとスカラー

Step 3 までで学習してきた速度や加速度は大きさに加えて向き（正，負の符号）も大事でしたね。このような大きさと向きの両方をもつ物理量は**ベクトル**（ベクトル量）といいます。第 3 講で学習する「力」もベクトルとして扱います。

一方，大きさだけを考える物理量は**スカラー**（スカラー量）といいます。速度はベクトルですが，速度の大きさである速さは向きがないのでスカラーです。

> **ポイント** ベクトルとスカラーの違い
>
> スカラー……大きさのみをもつ物理量のこと
> 　　　　　例）速さ，質量，時刻（時間），面積など
> ベクトル……大きさと向きをもつ物理量のこと
> 　　　　　例）速度，加速度，力など

II ベクトルの表し方

物理では図を描いて考えることはとても大事です。速度のようなベクトルを図で表現する場合，大きさと向きをまとめて表現するために，**矢印**を用います。

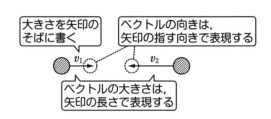

Ⅲ 斜め方向のベクトル

これからさらに物理の学習が進むと，下の図のように，斜めにボールを投げるような斜め方向のベクトルを考えるケースが出てきます。斜め方向の運動をそのまま考えるのは，とても難しいです。では，どうやって考えればいいのか？……それは，

ベクトルを分解して，それぞれの方向について運動を考える

のです！

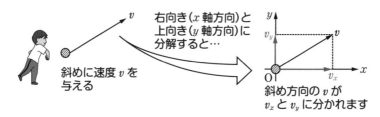

まず，このベクトルの分解の仕方を身につけましょう！

> **ポイント** ベクトルの分解方法
>
> 1. 矢印（ベクトル）の始点から，分解したい方向に直線①を引く
> 2. 矢印（ベクトル）の終点から，直線①に垂線を引く
> 3. 直線①と垂線②の交点に向けて，矢印（ベクトル）を描く

例

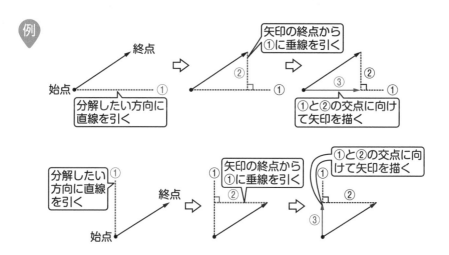

分解したことで，新たに現れた矢印③を，もとの矢印（ベクトル）の**成分**といいます。

Ⅳ 分解したベクトルの向きと大きさ

① 向き

ポイント「ベクトルの分解方法」にしたがって矢印を描けば，前ページの例の矢印③のように向きが求まります。普通は，直交する方向にx軸とy軸をとって，それぞれの方向に分解します。この場合は例のように，2つの成分（2つの矢印③）は垂直になります。

② 大きさ

分解した矢印の長さ（ベクトルの大きさ）を求めるとき，数学で学習する「三角比」が登場します。

ポイント 三角比

下の図のような直角三角形があるとき，

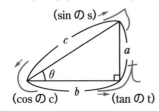

$$\sin\theta=\frac{a}{c}, \quad \cos\theta=\frac{b}{c}, \quad \tan\theta=\frac{a}{b}$$
$$\Downarrow \qquad\qquad \Downarrow$$
$$a=c\sin\theta \quad b=c\cos\theta$$

毎回，上のポイントのように比のかたちをつくってから考えてもいいのですが，次のように暗記しておくと便利です。

ポイント 分解したベクトルの大きさ

θの向かいの辺 → （斜辺の長さ）$\times\sin\theta$

斜辺とθをはさむ辺 → （斜辺の長さ）$\times\cos\theta$

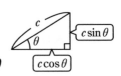

練習問題⑥

右図のような，斜め方向の速度 v を，x 軸方向 v_x と y 軸方向 v_y に分解して図示せよ。また，v_x，v_y をそれぞれ v，θ を用いて表せ。

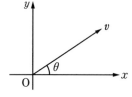

解説

考え方のポイント　v_x，v_y の図示は，**ポイント**「ベクトルの分解方法」にしたがって描きます。次に，**ポイント**「分解したベクトルの大きさ」にしたがって，v_x，v_y を求めます。

まず，**ポイント**「ベクトルの分解方法」にしたがって v_x，v_y を図示すると，下の図のようになる。

①ベクトルの始点から，分解したい方向に直線を引く，この場合は x 軸と y 軸がそのまま使えます

②ベクトルの終点から，直線①に垂線を引く

③直線①と垂線②の交点に向けて，ベクトル v_x，v_y を描く

上の図を見ると，v_x は斜辺に対して θ をはさむ辺と同じ長さに，v_y は斜辺に対して θ の向かいの辺と同じ長さになっている。斜辺の長さは v なので，**ポイント**「分解したベクトルの大きさ」より，

$$v_x = v\cos\theta \quad ◀斜辺と \theta をはさむ辺は（斜辺の長さ）\times\cos\theta$$
$$v_y = v\sin\theta \quad ◀\theta の向かいの辺は（斜辺の長さ）\times\sin\theta$$

答　解説の図を参照，$v_x = v\cos\theta$，$v_y = v\sin\theta$

右図のような，斜め方向のベクトル F（大きさ F）を，x 軸方向 F_x と y 軸方向 F_y に分解して図示せよ。また，F_x，F_y をそれぞれ F，θ を用いて表せ。

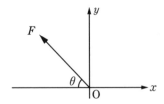

解説

考え方のポイント F_x，F_y の大きさは，**ポイント**「分解したベクトルの大きさ」にしたがって求めますが，向きに気をつけて答えるようにしましょう。

まず，**ポイント**「ベクトルの分解方法」にしたがって F_x，F_y を図示すると，下の図のようになる。

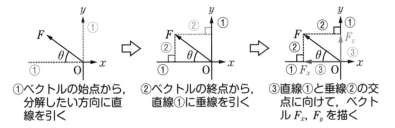

①ベクトルの始点から，分解したい方向に直線を引く

②ベクトルの終点から，直線①に垂線を引く

③直線①と垂線②の交点に向けて，ベクトル F_x，F_y を描く

上の図を見ると，F_x は x 軸負の向きで，斜辺と θ をはさむ辺と同じ長さに，また，F_y は y 軸正の向きで，θ の向かいの辺と同じ長さになっている。斜辺の長さは F なので，**ポイント**「分解したベクトルの大きさ」より，

$$F_x = -F\cos\theta \quad \blacktriangleleft 斜辺と \theta をはさむ辺は，（斜辺の長さ）\times\cos\theta$$

　負の向き

$$F_y = F\sin\theta \quad \blacktriangleleft \theta の向かいの辺は，（斜辺の長さ）\times\sin\theta$$

答 解説の図を参照，$F_x = -F\cos\theta$，$F_y = F\sin\theta$

第 **2** 講

落体の運動

Step 1 「落体」とは何だろう

重力を受けて落下していく物体を，落体といいます。高校物理で学習する落体の運動は，次の5つです。

(1) 自由落下

静かに
はなす

(2) 鉛直投げ下ろし

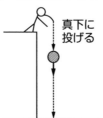

真下に
投げる

(3) 鉛直投げ上げ

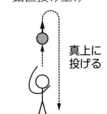

真上に
投げる

(4) 水平投射

水平に投げる

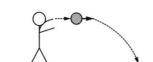

(5) 斜方投射

斜めに投げる

上の図(1)〜(5)すべての場合で，物体にはたらく力は重力のみです。

物体が重力だけを受けている場合，物体の加速度は**重力加速度**になります。重力加速度の向きは鉛直下向きで，その大きさ g は約 $9.8\,\mathrm{m/s^2}$ です。

なお，「鉛直方向」は**重力のはたらく方向**，「水平方向」は**鉛直方向に対して垂直な方向**のことです。

> 落下していく物体の動き方や軌跡を考えると難しく見えるかもしれませんが，「落下する＝鉛直方向の等加速度直線運動」ととらえると，第1講で学んだ知識がそのまま使えます！

Step 2 自由落下の式を立てよう

　ある高さから物体を静かにはなします。すると，物体は初速度 0，加速度の大
　　　　　↳「静かにはなす」とは，初速度が 0！
きさ g の等加速度直線運動を行い，地面に向かって落下していきます。これが，
自由落下という運動です。

　まず正の向きを決めます。問題で
指定されていなければ，正の向きは
自由に決めて構いません。ここでは，
**物体をはなした位置を原点と
して，鉛直下向きを正とした
y軸にします。**

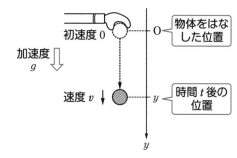

　手をはなしてから時間 t が経過し
たときの，物体の速度 v と位置 y は，
等加速度直線運動の公式で求められます。初速度 $v_0=0$，加速度 $a=g$ として，
等加速度直線運動の公式を用いると，

① 速度

　公式 $v=v_0+at$ に代入して，$v=0+gt$　これより，$v=gt$

② 位置

　公式 $s=v_0t+\dfrac{1}{2}at^2$ に代入して，$y=0\times t+\dfrac{1}{2}gt^2$　これより，$y=\dfrac{1}{2}gt^2$

ポイント 自由落下

$$速度：v=gt$$
$$位置：y=\frac{1}{2}gt^2$$
（鉛直下向きを正とした場合）

　位置 y は物体をはなした位置からの鉛直下向きの変位と同じで，y を落下距離
と考えてもいいですね。

　地面から高さ h の位置で，物体を静かにはなした。このとき，物体をはなしてから地面に達するまでの時間を求めよ。また，地面に達する直前の物体の速さを求めよ。ただし，重力加速度の大きさを g とする。

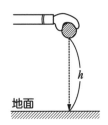

地面

解説

考え方のポイント　　問題を解きやすいように，図を描き換えます。右図のように，物体をはなした位置を原点として，鉛直下向きを正とした y 軸をとります。自由落下なので，物体は初速度 0 ，加速度 g の等加速度直線運動を行います。

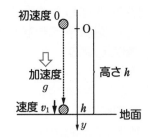

初速度 0　　　O

加速度 g　　　高さ h

速度 v_1　　　h　　　地面

y

　物体をはなしてから地面に達するまでの時間を t_1 とする。上の図より，時間 t_1 後の位置が h なので，

$$h = \frac{1}{2}gt_1^2 \qquad \text{これより，} \qquad t_1 = \sqrt{\frac{2h}{g}}$$ ◀位置 $y = \frac{1}{2}gt^2$ より

　また，地面に達する直前の速さを v_1 とすると，

$$v_1 = gt_1 = g\sqrt{\frac{2h}{g}} = \sqrt{2gh}$$ ◀速度 $v = gt$ より

別解　初速度が 0 で，鉛直下向きの変位 h がわかっているので，

$$v_1^2 - 0^2 = 2gh \qquad \text{これより，} \qquad v_1 = \sqrt{2gh}$$ ◀ v_1 は「速さ」なので $v_1 > 0$

答　　時間：$\sqrt{\dfrac{2h}{g}}$ ，速さ：$\sqrt{2gh}$

地面に達する「直前」というのは，地面の位置に達したけれども，まだ地面と衝突はしていないと考えます！

Step **3**　鉛直投げ下ろしの式を立てよう

　次は，物体を静かにはなすのではなく，はじめに鉛直下向きに速さを与える鉛直投げ下ろしという運動を考えてみましょう。

　自由落下との違いは初速度があることですね。まずは自由落下と同じように，**鉛直下向きに y 軸をとります。物体を投げ下ろした位置を原点とします。**

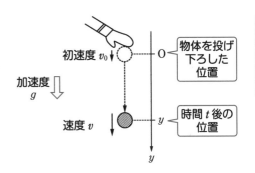

　投げ下ろしてから時間 t が経過したときの，物体の速度 v と位置 y は等加速度直線運動の公式で求められます。初速度 v_0，加速度 $a=g$ として，等加速度直線運動の公式を用いると，

① **速度**

　公式 $v=v_0+at$ に代入して，$v=v_0+gt$

② **位置**

　公式 $s=v_0t+\dfrac{1}{2}at^2$ に代入して，$y=v_0t+\dfrac{1}{2}gt^2$

ポイント　鉛直投げ下ろし

$$速度：v=v_0+gt$$
$$位置：y=v_0t+\frac{1}{2}gt^2$$

（鉛直下向きを正とした場合）

練習問題②

　地面から高さ h の位置で，物体を速さ v_0 で鉛直下向きに投げ下ろした。このとき，物体を投げ下ろしてから地面に達するまでの時間を求めよ。また，地面に達する直前の物体の速さを求めよ。ただし，重力加速度の大きさを g とする。

考え方のポイント 自由落下のときと同じように取り組んでみましょう。まずは，物体を投げ下ろした位置を原点として，鉛直下向きを正とした y 軸をとります。物体は初速度 v_0，加速度 g の等加速度直線運動を行います。

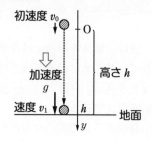

物体を投げ下ろしてから地面に達するまでの時間を t_1 とする。上図より，時間 t_1 後の位置が h なので，

$$h = v_0 t_1 + \frac{1}{2}g t_1{}^2 \quad ◀ 鉛直投げ下ろしの位置 \ y = v_0 t + \frac{1}{2}g t^2 \ より$$

これより，

$$g t_1{}^2 + 2 v_0 t_1 - 2h = 0$$

これは t_1 の2次方程式なので，解の公式を用いて，

$$t_1 = \frac{-2 v_0 \pm \sqrt{(2 v_0)^2 - 4g(-2h)}}{2g} = \frac{-v_0 \pm \sqrt{v_0{}^2 + 2gh}}{g}$$

t_1 は投げ下ろしてからの時間で，$t_1 > 0$ であるから，

$$t_1 = \frac{-v_0 + \sqrt{v_0{}^2 + 2gh}}{g} \quad \cdots\cdots ①$$

また，地面に達する直前の速さを v_1 とすると，

$$v_1 = v_0 + g t_1 \quad ◀ 鉛直投げ下ろしの速度 \ v = v_0 + gt \ より$$

この式に上の t_1 を代入すると，

$$v_1 = v_0 + g \times \frac{-v_0 + \sqrt{v_0{}^2 + 2gh}}{g} \quad これより，\quad v_1 = \sqrt{v_0{}^2 + 2gh}$$

別解 鉛直下向きの変位がわかっているので，

$$v_1{}^2 - v_0{}^2 = 2gh$$

これより，$v_1 = \sqrt{v_0{}^2 + 2gh}$ ◀ v_1 は「速さ」なので $v_1 > 0$

答 時間：$\dfrac{-v_0 + \sqrt{v_0{}^2 + 2gh}}{g}$，速さ：$\sqrt{v_0{}^2 + 2gh}$

Step 4 鉛直投げ上げの式を立てよう

　物体を鉛直上向きに速さ v_0 で投げ上げます。物体はある高さまで上がった後，地面に向かって落ちてきます。これが，鉛直投げ上げという運動です。

　それでは，式で表してみましょう。まずは，正の向きを決めます。ここでは，**物体を投げ上げた位置を原点として，鉛直上向きを正とした y 軸をとります。**

> 初速度の向きを正の向きにとると，考えやすいです！

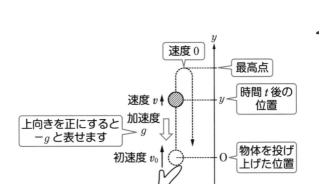

　投げ上げてから時間 t が経過したときの，物体の速度 v と位置 y は，等加速度直線運動の公式で求められます。初速度 v_0，加速度 $a = -g$ として，等加速度直線運動の公式を用いると，

① **速度**

　公式 $v = v_0 + at$ に代入して，

$$v = v_0 + (-g)t \quad これより， \quad v = v_0 - gt$$

② **位置**

　公式 $s = v_0 t + \dfrac{1}{2}at^2$ に代入して，

$$y = v_0 t + \frac{1}{2}(-g)t^2 \quad これより， \quad y = v_0 t - \frac{1}{2}gt^2$$

$$速度：v = v_0 - gt$$

$$位置：y = v_0 t - \frac{1}{2}gt^2 \qquad （鉛直上向きを正とした場合）$$

前ページの図のように鉛直投げ上げは，初速度の向きと加速度の向きが逆にな
→上向き　　→下向き
ります。そのため，鉛直上向きの速度はどんどん小さくなり，あるところで速度
0になります。その後，下向きの速度をもつようになり，地面に向かって落下し
ます。この一瞬，速度が0になった位置が最高点です。

ポイント　最高点

最高点＝物体の鉛直方向の速度が0になる位置

物体が上に向かっている間も，落下している間も，
加速度は鉛直下向きに大きさ g で変わりません。
ですので，「最高点までの運動」と「最高点からの
運動」に分ける必要はありません！

練習問題③

　右図のように，時刻 $t=0$ のとき，初速 v_0 で物体を鉛直に投げ上げた。
鉛直上向きを正の向きとし，重力加速度の大きさを g として，次の問い
に答えよ。
(1)　物体が最高点に達する時刻 t_1 と，最高点の高さ h を求めよ。
(2)　物体が，投げ上げた位置に戻ってくる時刻 t_2 と，そのときの物体の
　　速度 v_2 を求めよ。

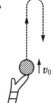

解説

> **考え方のポイント** 問題を解きやすいように，図を描き換えます。下の図のように，物体を投げ上げた位置を原点として，鉛直上向きを正としたy軸をとります。鉛直投げ上げなので，物体は初速度 v_0，加速度 $-g$ の等加速度直線運動を行います。 ↳加速度は鉛直下向きなので

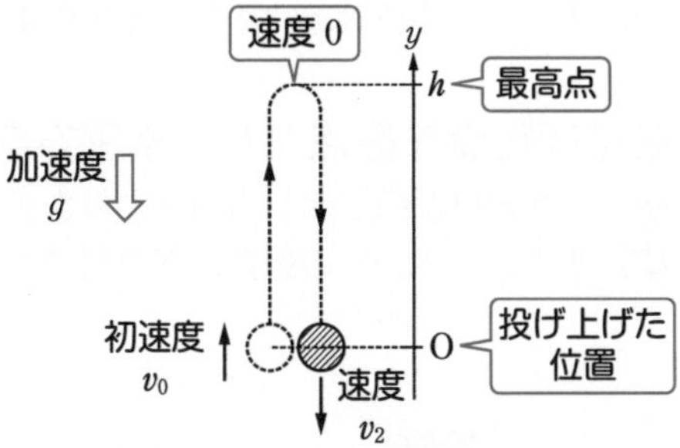

速度：$v = v_0 - gt$ ……①

位置：$y = v_0 t - \dfrac{1}{2}gt^2$ ……②

(1) 最高点（時刻 t_1）では，鉛直方向の速度は 0 となる。このとき，上の式①にあてはめると，

$$0 = v_0 - gt_1 \quad これより， \quad t_1 = \frac{v_0}{g}$$

また，最高点の高さ h は，上の式②より，

$$h = v_0 t_1 - \frac{1}{2}gt_1{}^2 = v_0\left(\frac{v_0}{g}\right) - \frac{1}{2}g\left(\frac{v_0}{g}\right)^2 = \frac{v_0{}^2}{2g}$$

[別解] 速度と変位の関係式 $v^2 - v_0{}^2 = 2as$ を使って，h を求めることもできる。

$v = 0$，$a = -g$，$s = h$ を代入すると，

$$0^2 - v_0{}^2 = 2(-g)h \quad これより， \quad h = \frac{v_0{}^2}{2g}$$

(2) 「投げ上げた位置に戻ってくる」とは，上図のように「位置 $y = 0$ になる」または「変位 0 になる」ということである。このときの時刻 t_2 を求めるには，上の式②を用いる。式②に $y = 0$，$t = t_2$ を代入して，

$$0 = v_0 t_2 - \frac{1}{2}gt_2{}^2 \quad これより， \quad t_2 = 0, \ \frac{2v_0}{g}$$

ここで，t_2 は物体を投げ上げた後の時刻なので，$t_2 > 0$ である。つまり，t_2 は 0 ではないので，$t_2 = \dfrac{2v_0}{g}$

また，このときの速度 v_2 は，上の式①より，

$$v_2 = v_0 - gt_2 = v_0 - g\left(\frac{2v_0}{g}\right) = -v_0 \quad ◀上向きを正としているので，落下するときは負（下向き）になる。$$

答 (1) $t_1 = \dfrac{v_0}{g}$，$h = \dfrac{v_0{}^2}{2g}$ (2) $t_2 = \dfrac{2v_0}{g}$，$v_2 = -v_0$

Step 5 水平投射の式を立てよう

　ある高さからボールを水平に投げると，ボールは前に進みながら下に落ちていきます。これが，水平投射という運動です。

　それでは，式で表してみましょう。まずは，座標軸を決めて，運動のようすを表してみます。

　ここでは，**はじめにボールを投げた点を原点とし，水平方向に x 軸をとります**。x 軸の向きは，ボールを投げた向きを正の向きとします。また，**鉛直下向きに y 軸をとります**。すると，ボールの運動は下の図のように表すことができます。

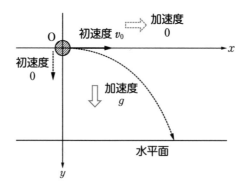

　上の図より，水平投射は 2 つの運動に分けられることがわかります。**水平方向（x 軸方向）の等速直線運動**と，**鉛直方向（y 軸方向）の自由落下**ですね。

> 水平投射は，一見，難しそうに見えるかもしれませんが，単純な運動を組みあわせた結果です。その運動を分けるために分解する方向を決めて，それぞれの方向の運動を考えることが大事になります！

ポイント 水平投射

運動を，水平方向と鉛直方向に分けて考える

水平方向 ⟶ 等速直線運動

鉛直方向 ⟶ 自由落下

練習問題④

　右図のように，地面から高さ h の位置で，物体を水平方向に速さ v_0 で投げ出した。物体が投げ出されてから地面に達するまでの時間と，その間に水平方向に進んだ距離を求めよ。ただし，重力加速度の大きさを g とする。

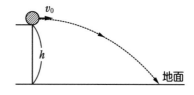

解説

考え方のポイント　水平方向と鉛直方向に分けて考えましょう。

水平方向 → 速さ v_0 の等速直線運動

鉛直方向 → 初速度 0，加速度 g の自由落下

また，高さ h の位置から地面に達するまで，鉛直方向の変位は h になります。

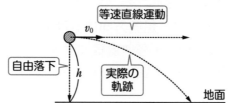

　地面に達するまでの時間を t_1 とする。上図より，時間 t_1 後の鉛直方向の変位が h なので，

$$h = \frac{1}{2}g t_1^2 \qquad これより，\qquad t_1 = \sqrt{\frac{2h}{g}}$$

　また，水平方向に進んだ距離を d とすると，$\quad d = v_0 t_1 = v_0 \sqrt{\frac{2h}{g}}$

答　時間：$\sqrt{\dfrac{2h}{g}}$，距離：$v_0 \sqrt{\dfrac{2h}{g}}$

Step 6 斜方投射の式を立てよう

下の図 a のように，物体に，水平方向となす角 θ の向きに初速 v_0 を与えて投げ出します。これが，斜方投射という運動です。

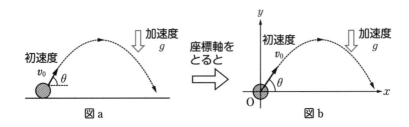

図 a　　　図 b

それでは，式で表してみましょう。まずは，座標軸を決めます。上の図 b のように，**物体のはじめの位置を原点として，水平右向きに x 軸，鉛直上向きに y 軸をとります。**

斜方投射は**水平方向（ x 軸方向）の等速直線運動**と，**鉛直方向（ y 軸方向）の鉛直投げ上げ**の 2 つの運動に分けられます。

ポイント　斜方投射

運動を，水平方向と鉛直方向に分けて考える
　　水平方向 ⟶ 等速直線運動
　　鉛直方向 ⟶ 鉛直投げ上げ

まず，大きさ v_0 の初速度を x 軸方向と y 軸方向に分解します。分解すると右の図のようになり，
　　水平方向：$v_0 \cos\theta$
　　鉛直方向：$v_0 \sin\theta$
と求められます。

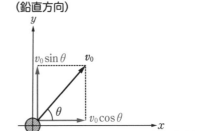

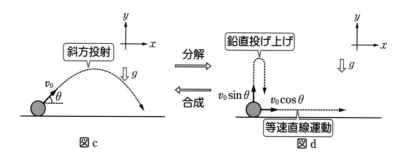

図c　　　　　　　　　　　　　　　　図d

上の図 d のように，x 軸方向は，速度 $v_0\cos\theta$ の等速直線運動となります。よって，物体を投げ出してから時間 t 後の，x 軸方向の速度 v_x，位置 x は，

速度：$v_x = v_0\cos\theta$，　位置：$x = v_0\cos\theta \times t$　……①

また，上の図 d のように，y 軸方向は，初速度 $v_0\sin\theta$，加速度 $-g$ の鉛直投げ上げとなります。よって，物体を投げ出してから時間 t 後の，y 軸方向の速度 v_y，位置 y は，

速度：$v_y = v_0\sin\theta - gt$，　位置：$y = v_0\sin\theta \times t - \dfrac{1}{2}gt^2$　……②

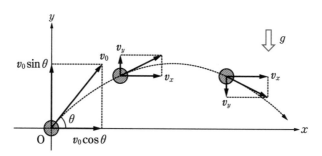

式①と式②を立てることができればまずは OK です！最後に，軌跡が放物線になることを式で示してみましょう！

式①と式②から t を消去すると，軌跡の式が求められます。式①を $t = \dfrac{x}{v_0\cos\theta}$ と変形して，式②に代入すると，

$$y = v_0 \sin\theta \left(\frac{x}{v_0 \cos\theta} \right) - \frac{1}{2} g \left(\frac{x}{v_0 \cos\theta} \right)^2 = \frac{\sin\theta}{\cos\theta} x - \frac{g}{2v_0{}^2 \cos^2\theta} x^2$$

この式から，y は x の 2 次関数であることがわかります。平方完成すると，

$$y = -\frac{g}{2v_0{}^2 \cos^2\theta} \left(x^2 - \frac{2v_0{}^2 \cos^2\theta}{g} \times \frac{\sin\theta}{\cos\theta} x \right)$$

$$= -\frac{g}{2v_0{}^2 \cos^2\theta} \left\{ x^2 - \frac{2v_0{}^2 \sin\theta\cos\theta}{g} x + \left(\frac{v_0{}^2 \sin\theta\cos\theta}{g} \right)^2 \right\}$$

$$+ \frac{g}{2v_0{}^2 \cos^2\theta} \left(\frac{v_0{}^2 \sin\theta\cos\theta}{g} \right)^2$$

$$= -\frac{g}{2v_0{}^2 \cos^2\theta} \left(x - \frac{v_0{}^2 \sin\theta\cos\theta}{g} \right)^2 + \frac{v_0{}^2 \sin^2\theta}{2g}$$

この式は，上に凸の放物線で，頂点が $x = \dfrac{v_0{}^2 \sin\theta\cos\theta}{g}$，$y = \dfrac{v_0{}^2 \sin^2\theta}{2g}$ となることを表しています。図に表すと，下のような軌跡になります。なお，頂点は，最高点を示しています。

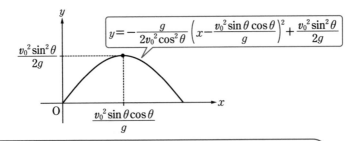

$$y = -\frac{g}{2v_0{}^2 \cos^2\theta} \left(x - \frac{v_0{}^2 \sin\theta\cos\theta}{g} \right)^2 + \frac{v_0{}^2 \sin^2\theta}{2g}$$

結果だけ見ると難しく感じるかもしれませんが，現象をとらえる部分は難しくないはずです。座標軸をきちんと決めて，それぞれの方向の初速度や加速度をはっきりさせて，速度や位置の式を立てる…これができれば，後は数学の計算です。まずは関係式をきちんと立てることを意識してください！

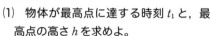
練習問題⑤

右図のように，時刻 $t=0$ のとき，位置
Oから水平面となす角 θ，初速 v_0 で物体
を投げ出した。重力加速度の大きさを g
とする。

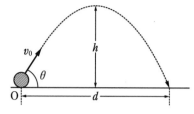

(1) 物体が最高点に達する時刻 t_1 と，最
高点の高さ h を求めよ。

(2) 物体が再び水平面に達する時刻 t_2 と，そのときの点Oとの距離 d を求めよ。

(3) (2)で求めた距離 d が最大となるときの角 θ を求めよ。必要があれば，
$2\sin\theta\cos\theta=\sin 2\theta$ を利用せよ。

解説

考え方のポイント　問題を解きやすいように，図を描き換えます。下図のよ
うに，物体を投げ出した位置を原点として，水平右向きを正とした x 軸，鉛直
上向きを正とした y 軸をとります。斜方投射なので，x 軸方向は等速直線運
動，y 軸方向は鉛直投げ上げです。

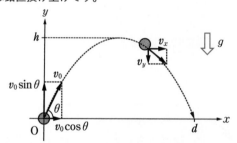

速度

$$\begin{cases} v_x = v_0\cos\theta & \cdots\cdots① \\ v_y = v_0\sin\theta - gt & \cdots\cdots② \end{cases}$$

位置

$$\begin{cases} x = v_0\cos\theta \times t & \cdots\cdots③ \\ y = v_0\sin\theta \times t - \dfrac{1}{2}gt^2 & \cdots\cdots④ \end{cases}$$

(1) 最高点（時刻 t_1）では，鉛直方向の速度 $v_y=0$ となる。上の式②より，

$$0 = v_0\sin\theta - gt_1 \qquad これより，\qquad t_1 = \frac{v_0\sin\theta}{g}$$

また，最高点の高さ h は，上の式④より，

$$h = v_0\sin\theta \times t_1 - \frac{1}{2}gt_1^2$$

$$= v_0\sin\theta\left(\frac{v_0\sin\theta}{g}\right) - \frac{1}{2}g\left(\frac{v_0\sin\theta}{g}\right)^2 = \frac{v_0{}^2\sin^2\theta}{2g}$$

別解 速度と変位の関係式 $v^2 - v_0^2 = 2as$ を使って，h を求めることもできる。

v に 0，v_0 に $v_0 \sin\theta$，a に $-g$，s に h を代入すると，

$$0^2 - (v_0 \sin\theta)^2 = 2(-g)h \qquad これより，\qquad h = \frac{v_0{}^2 \sin^2\theta}{2g}$$

(2) 「再び水平面に達する」とは，「位置 $y = 0$ になる」ということで，このときの時刻 t_2 を求めるには，上の式④を利用する。式④に $y = 0$，$t = t_2$ を代入して，

$$0 = v_0 \sin\theta \times t_2 - \frac{1}{2}g t_2{}^2 \qquad これより，\qquad t_2 = \frac{2v_0 \sin\theta}{g} \qquad ◀ t_2 \neq 0 \ なので$$

また，このときの距離 d は，上の式③より，

$$d = v_0 \cos\theta \times t_2 = v_0 \cos\theta \left(\frac{2v_0 \sin\theta}{g} \right) = \frac{2v_0{}^2 \sin\theta \cos\theta}{g}$$

(3) (2)で求めた距離 d を，与えられた三角関数の公式 $2\sin\theta\cos\theta = \sin 2\theta$ を用いて書き換えると，

$$d = \frac{v_0{}^2 \sin 2\theta}{g}$$

$\sin 2\theta$ がとることのできる範囲は -1 から 1 までなので，この式より，d が最大となるのは $\sin 2\theta = 1$ のときである。このとき，

$$2\theta = 90° \qquad これより，\qquad \theta = 45°$$

答 (1) $t_1 = \dfrac{v_0 \sin\theta}{g}$, $h = \dfrac{v_0{}^2 \sin^2\theta}{2g}$

(2) $t_2 = \dfrac{2v_0 \sin\theta}{g}$, $d = \dfrac{2v_0{}^2 \sin\theta \cos\theta}{g}$

(3) $45°$

「斜方投射では，斜め 45° に投げれば一番遠くに飛ばせる」ということです。実際には空気抵抗や，投げる人の身長などで，一番遠くに飛ばせる角度は少し変わりますが，実体験的にも納得できる値ですね！

第 **3** 講

力のつりあい

この講で学習すること

1 力のつりあいを理解しよう

2 物体にはたらく力の種類を知ろう

Step 1 力のつりあいを理解しよう

第3講ではいよいよ，力についての学習を始めます。

「力」とは

① 物体を支える　◀「力のつりあい」のこと

② 物体の運動のようすを変える　◀「加速度を与える」ということ

③ 物体のかたちを変える

原因となるものです。

①と②は，矛盾しているような感じもしますが，①と②の違いは，**物体にはたらく力が，バランスよくつりあっているか，そうでないか**の違いなのです。

なお，③の「物体のかたちを変える」については，物体を構成する原子や分子のつながりを考える必要があるのですが，高校物理では基本的に扱いません。ですので，高校では①と②を学んでいきます。

> 力のつりあいや，物体に加速度を与える，ということを，しっかり数式で表せるようになりましょう！

I 作用・反作用の法則

力には，力を「与える側」と力を「受ける側」の両方が存在します。

次ページの図 a のように，A さんが箱を押す場合を考えましょう。第1講で説明したように，力はベクトルですので矢印で表され，図に描き込むと，次ページの図 b のようになります。力は英語で force なので，頭文字の F や f で表すことが多いです。

「パワーがある」などと使うパワー（power）は「仕事率」という量を示していて，物理で使う「力」のことではありません！

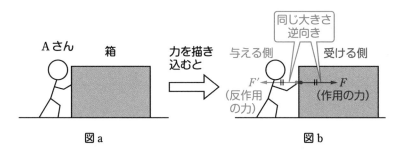

図a

図b

上の図より，力を「与える側」はAさん，「受ける側」は箱です。この力Fを，「箱が受ける力」または「箱にはたらく力」といいます。

上の図によると，力Fは，Aさんにはたらいていません。しかし，力を「与える側」は，与えた力と同じ大きさの力Fで，逆向きに押し返されることがわかっています。つまり，図bで力の大きさは $F'=F$ となります。これが**作用・反作用の法則**です。

> **ポイント** **作用・反作用の法則**
>
> 　物体に力を与えると，与える側も，逆向きに同じ大きさの力で押し返される

Ⅱ 力のつりあい

　下の図 c のように，A さんが箱を押している反対側で，B さんも箱を押していて，箱が動かない場合を考えましょう。A さんが箱を押す力を F，B さんが箱を押す力を f とすると，箱にはたらく力は F と f の 2 つです（下の図 d）。

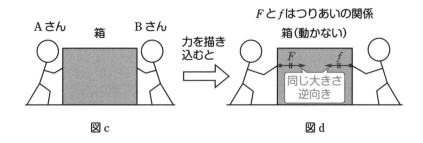

図 c　　　　　　　　　　　　　　　　図 d

　2 つの力 F，f によって箱が静止しているとき，F と f は**同じ大きさで逆向き**にはたらいている**つりあいの関係**にあります。

> **ポイント** 力のつりあい
>
> 　物体が静止しているとき，
> 　　物体にはたらく合力（力の和）が 0
> 　または，
> 　　物体に，一直線上で逆向きに同じ大きさの力がはたらい
> 　　ている

Ⅲ 「作用・反作用の法則」と「力のつりあい」の違い

　この 2 つの関係は，一見，よく似ているので，「違いがわからない…」と思っている人が多いのではないでしょうか？ここで，その同じところ，違うところをはっきりさせておきましょう。
　前項 Ⅰ の図 b と Ⅱ の図 d では，「同じ大きさで逆向きの力がはたらく」ということが共通であるとわかります。しかし，図 b は**異なる 2 つの物体にはたらく力の関係**で，図 d は**1 つの物体にはたらく力の関係**です。

「作用・反作用の法則」と「力のつりあい」の違い

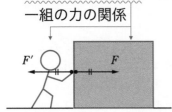

作用・反作用の法則
→ 異なる2つの物体にはたらく
　　一組の力の関係

力のつりあい
→ 1つの物体にはたらく
　　複数の力の関係

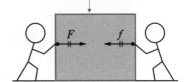

Ⅳ 力のつりあいを表す式

　ここからは，力のつりあいを式で表す方法を説明します。あせらず，一つひとつていねいに理解を進めましょう。

例 下の図のように物体に大きさが f_1, f_2, f_3, f_4, f_5 の5つの力がはたらいて，物体が静止している場合を考えます。

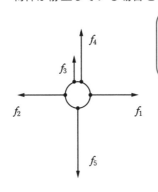

力がたくさん出てくるけど，「物体が静止している」ということは，「物体にはたらく力がつりあっている」ということですね！

　図を見ると，左右の方向に2つの力が，上下の方向に3つの力がはたらいているのがわかります。静止しているのは，左右の方向，上下の方向それぞれで，力がつりあっているからです。

① まず，図の左右の方向を考えます。はたらいている力は，f_1 と f_2 の2つです。**右向きを正**とすると，f_2 は逆向きで負の力になるので，物体にはたらく合力は，

$$f_1+(-f_2)=f_1-f_2$$

になります。よって，力のつりあいを示す式は，合力が0の状態なので，

$$f_1 - f_2 = 0$$

と書けます。あるいは，逆向きで同じ大きさの力がはたらいている状態（右向きの力＝左向きの力）なので，

$$f_1 = f_2$$

とも書けます。

② では，上下方向はどうでしょうか。はたらいている力は，f_3とf_4とf_5の3つです。**上向きを正**とすると，物体にはたらく合力は，

$$f_3 + f_4 + (-f_5) = f_3 + f_4 - f_5$$

になります。よって，力のつりあいを示す式は，

$$f_3 + f_4 - f_5 = 0$$

となります。あるいは，上向きの力＝下向きの力　より

$$f_3 + f_4 = f_5$$

とも書けますね。

上の では「右向き」を正，「上向き」を正としましたが，正の向きは自分の好きな向きに決めていいんです！

もう少し複雑な場合も考えてみましょう。

 下の図のように，物体に大きさが f_1, f_2, f_3 の3つの力がはたらいて，物体が静止している場合を考えます。物体は下の図のような x-y 平面の原点Oにあり，力 f_1, f_2 と x 軸とのなす角を図のようにとります。

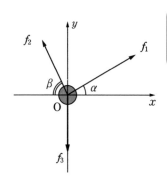

斜め方向の力が出てくるけど，第1講Step 4で学んだ「ベクトルの分解」を使えば，大丈夫！！

力 f_1 と f_2 は，x 軸，y 軸に対して傾いているので，第 1 講 Step 4 のベクトルの分解で学んだように，x 成分，y 成分に分解します。f_3 は y 軸方向にしか成分がないので，分解する必要はありません。

　x 軸，y 軸が設定された場合は，x 軸正の向きを正，y 軸正の向きを正と定めます。

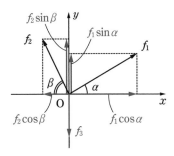

$\boxed{x\text{軸方向の力}}$

$f_1\cos\alpha$　$\cdots$　正の向き

$f_2\cos\beta$　$\cdots$　負の向き

$\boxed{y\text{軸方向の力}}$

$f_1\sin\alpha$　$\cdots$　正の向き

$f_2\sin\beta$　$\cdots$　正の向き

f_3　$\cdots$　負の向き

　上の図より，x 軸方向の力のつりあいを示す式は，

　　　$f_1\cos\alpha - f_2\cos\beta = 0$　（または，$f_1\cos\alpha = f_2\cos\beta$）

y 軸方向の力のつりあいを示す式は，

　　　$f_1\sin\alpha + f_2\sin\beta - f_3 = 0$　（または，$f_1\sin\alpha + f_2\sin\beta = f_3$）

と書けます。

問題文で x 軸，y 軸が設定された場合は，それぞれの正の向きを力の正の向きと定めて考えよう！

Step 2 物体にはたらく力の種類を知ろう

物体にはたらく力を，自分で正確に見つけるスキルが，とても重要になってきます。

地上で物体にはたらく力の基本は，次の2つです。

> **ポイント** 地上で物体にはたらく力
>
> ① 重力（物体が地球から受ける力）
> ② 触れている物体から受ける力

まず，この2つの見つけ方・決め方をしっかり身につけましょう。

I 重力

① 重力の大きさ

重力とは，**物体が地球から受ける力**のことです。質量をもつ物体は，必ず地球から重力を受けます。質量 m の物体にはたらく重力の大きさを W，重力加速度の大きさを $g\,(\fallingdotseq 9.8\,\mathrm{m/s^2})$ とすると，

$$W＝質量 \times 重力加速度の大きさ＝mg$$

と表せます。

また，力の単位は $[\mathrm{N}]＝[\mathrm{kg \cdot m/s^2}]$ です。
（ニュートン）

例 物体の質量が $2.0\,\mathrm{kg}$，重力加速度の大きさが $9.8\,\mathrm{m/s^2}$ であれば，物体にはたらく重力の大きさは，

$$W＝mg＝2.0 \times 9.8＝19.6 \fallingdotseq 20\,\mathrm{N}$$

「重さ」と「質量」の違いがよくわからない…そんな人へ。「重さ」とは，「重力の大きさ」のことです！

よくあることですが，問題文に**軽い糸**や**質量の無視できるばね**などと書かれている場合，**その物体にはたらく重力は 0（無視できる）と考えて，問題を解いてよい**というメッセージになります。

② 重力の向き

重力は**必ず鉛直下向きにはたらきます**。地球の中心へ向かう向きです。物体が床の上に置かれていても，糸でつり下げられていても，斜面上に置かれていても必ず鉛直下向きになります。

ちなみに，「鉛直方向」とは重力のはたらく方向のことで，鉛直方向に対して垂直な方向のことを「水平方向」といいます！

ポイント 重力

$$重力の大きさ：W = mg$$

$$\begin{pmatrix} m：物体の質量 \\ g：重力加速度の大きさ \\ 重力の向き：鉛直下向き \end{pmatrix}$$

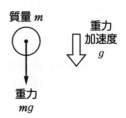

例 下の図の①，②，③における物体の重力の大きさと向きを考えてみましょう。重力加速度の大きさを①，②では g，③では $g = 9.8\,\mathrm{m/s^2}$ とします。

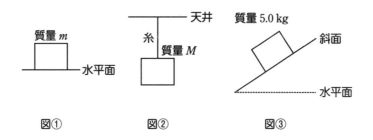

図① 図② 図③

いずれの場合も，重力の向きはすべて鉛直下向きです。図③では斜面の

方向に…などと考えてはいけません！重力の大きさは「質量×重力加速度の大きさ」で決まりますね。

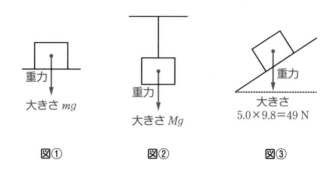

図①　　　　　　図②　　　　　　図③

　ここで，上の例の図③にあるような，斜面上に置かれている物体の重力についてもう少し考えましょう。物理の学習がこれから進んでいくと，斜面上にある物体のつりあいや運動を考えることがあります。そのときに，**重力を斜面に平行な方向とそれに垂直な方向に分解する**必要が出てきますので，分解の仕方を教えますね！

 水平面から角 θ だけ傾いた斜面上に，質量 m の物体が置かれています。重力加速度の大きさを g として，この物体にはたらく重力を，斜面に平行な方向とそれに垂直な方向に分解してみましょう。

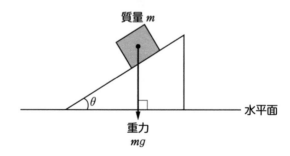

　斜面上にあっても重力は鉛直下向きに大きさ mg ですね。なので，重力の方向は水平面と垂直になります。
　さあ，重力を分解していきましょう！まずは分解したい方向の，斜面に平行な方向と垂直な方向を描き入れます。

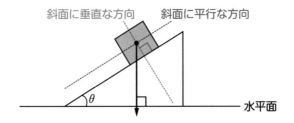

すると，下の図のように，**緑の実線でなぞった2つの直角三角形が相似になっている**ことに気づきましたか？

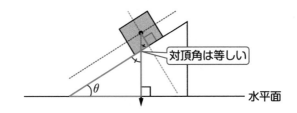

対頂角は等しい

　これで，**重力の方向と斜面に垂直な方向とのなす角が，斜面の傾きの角 θ と同じ角度になる**ことがわかりました。あとは，第1講 Step 4 で学習したように分解できますね！斜面に平行な方向の重力の成分は $mg\sin\theta$，斜面に垂直な方向の重力の成分は $mg\cos\theta$ になります。

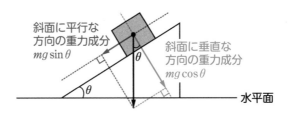

斜面に平行な
方向の重力成分
$mg\sin\theta$

斜面に垂直な
方向の重力成分
$mg\cos\theta$

　この分解方法はこれから何度も登場しますので，しっかり覚えておきましょう！

説明を見るだけでなく，実際に自分で図を描いて考えることが定着の近道です！

Ⅱ 触れている物体から受ける力

触れている物体どうしは力をおよぼしあいます。力の名称はさまざまですが，まずは**物体が何に触れているのかに注目**しましょう。

例 右の図を見てください。

物体は，綱，ばね，水平面に触れていますので，それぞれから力を受けています。右の図を見ると，「物体は引く人から力を受けている」と思いがちですが，よく見ると，**物体と人は直接触れていません**ね！つまり，物体は綱から力を受けているけど，**人からは力を受けていない**と考えます。

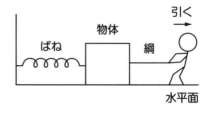

① 糸から受ける力 → 張力

糸が取りつけられている物体には，糸から受ける力 (**張力**) がはたらきます。張力の向きは，糸の内向きです。張力は英語で tension なので，頭文字の T で表すことが多いです。

糸が張るためには，糸の両端で引っ張る必要があります。このとき，糸は自分の両端にある物体を引っ張り返しています。この力が張力で，糸の両端ではたらきます。普通は軽い糸を考えますが，糸の**両端でその力の大きさは同じ**です。

> 糸が付いていても，ピンと張っていないと張力ははたらきません。そんなときは，張力は 0 になります。

▶ **ポイント** 張力

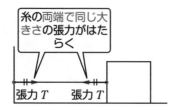
糸の両端で同じ大きさの張力がはたらく

張力 T　　張力 T

糸がたるんでいるとき
張力は 0

糸がピンと張っているとき，張力の向きは糸の内向きになりますが，大きさは物体にはたらく重力のように一定の値ではありません。物体がどんな状態か，他にどんな力がはたらいているかを考えることによって，張力の大きさを求めることができます。

 　右の図のように，質量 m の物体を天井から糸でつり下げて静止させています。重力加速度の大きさを g として，糸の張力を求めてみましょう。

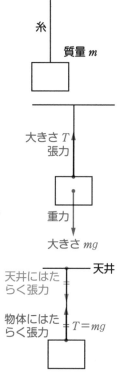

　物体には，重力と糸からの張力がはたらいています。重力は鉛直下向きに大きさ mg です。この場合，物体にはたらく張力の向きは鉛直上向きで，大きさはひとまず T としておきます。
　物体は静止しているので，つりあいの式を立てることができますね。つりあいの式は，
$$T = mg$$
です。つまり，張力の大きさは mg ということです。
　なお，このとき，天井にも張力がはたらいています。向きは鉛直下向きで，大きさは糸の両端で同じなので mg です。

② ばねから受ける力 → 弾性力

　ばねが取りつけられている物体には，ばねから受ける力 (**弾性力**) がはたらきます。弾性力の向きは，ばねが伸びているか，縮んでいるかで異なります。

《ばねが伸びているとき》 《ばねが縮んでいるとき》

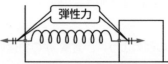

弾性力は，ばねが縮む
向きにはたらく

弾性力は，ばねが伸びる
向きにはたらく

　弾性力の大きさは，自然長からの伸び（または縮み）に比例します。これをフ
└→力を加えられていないときのばねの長さ

ックの法則といい，覚えなければいけない法則です。

ポイント　フックの法則

$$F = kx$$　　$\left(\begin{array}{l} F：弾性力の大きさ \\ k：ばね定数 \\ x：自然長からの伸び（または縮み）\end{array}\right.$

　ばね定数は，「ばねのかたさの度合い」を表す量と考えておけばよいでしょう。
ばね定数の単位は $[\mathrm{N/m}]$ で，ばねを1m伸ばす（または縮める）ために必要な
力の大きさ，あるいは1m伸ばした（または縮めた）ときの弾性力の大きさを示
します。
　弾性力も，張力と同じように，ばねの両端で同じ大きさで逆向きになっていま
す。ばねが自然長から x だけ伸びて（または縮んで）いるとき，弾性力の大きさ
は，ばね定数を k とすると，ばねの両端で kx です。

例　ばね定数 k のばねの両端に物体Aと物体Bを取りつけて，自然長から d だ
　　け伸ばします。このとき，物体Aと物体Bにはたらく弾性力の向きと大き
　　さを求めましょう。

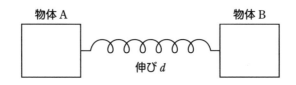

物体A　　　　　　　　　　　　　物体B

伸び d

弾性力の大きさは，フックの法則から「ばね定数×伸び」で kd と決まります。ばねは伸びているので，弾性力の向きは**ばねが縮もうとする向き**で，物体Aには図の右向きに，物体Bには図の左向きにはたらいていますね。

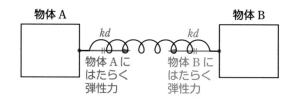

例 右の図のように，質量 m の物体をばね定数 k のばねに取りつけて静止させています。このときのばねの伸びを考えてみましょう。重力加速度の大きさを g とします。

物体にはたらく力は重力とばねからの弾性力だけです。重力は鉛直下向きにはたらくので，物体がつりあうためには弾性力は鉛直上向きにはたらく必要があるので，ばねは伸びているはずですね。求めたいばねの伸びを x とおくと，弾性力の大きさは kx になります。

すると，物体にはたらく力のつりあいの式は，

$$kx = mg \qquad これより， \qquad x = \frac{mg}{k}$$

と求めることができます。

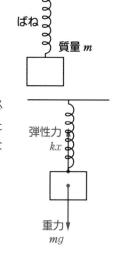

求めたいものやわからないものは，まず文字でおいてみましょう。そして，つりあいの式など成り立つ式を立てて考えていくのが基本です！

③ 水平面から受ける力 → 抗力（垂直抗力＋摩擦力）

床や壁など，接触している面から受ける
力を**抗力**といいます。面に対して垂直な
方向の力を**垂直抗力**，面に対して平行な
方向の力を**摩擦力**といいます。

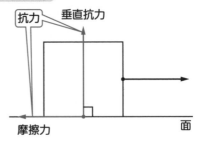

(i) **垂直抗力**

接触している面に対して，垂直な方向
に受ける力です。垂直抗力の大きさは一
定の値に決まっているのではなく，物体が外部から受ける力によります。

 右の図のように，質量 m の物体が水平面の
上で静止している場合，物体にはたらく力
は，重力 mg と垂直抗力 N の2つです。物
体は静止している，つまり，物体にはたらく
力はつりあっているので，この場合は

$$N = mg$$

となります。

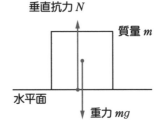

では，下の図のように，この物体に上から大きさ F の力を鉛直下向きにか
けたとします。すると，垂直抗力 N' の大きさはどうなるでしょうか。

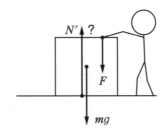

物体にはたらく力は，重力 mg と力 F と垂直抗力 N' の3つです。物体
は静止している，つまり，物体にはたらく力はつりあっているので，この場
合は，

$$N' = mg + F$$

となります。

「垂直抗力は重力と同じ大きさ」と思い込んでいる人も少なくありませんが，間違っていますよ！「垂直抗力の大きさは，力のつりあいなどで決まる力」ということを，頭に入れておいてください！

(ii) **摩擦力**

接触している面に対して，平行な方向に受ける力です。摩擦力には，物体がすべっていないときにはたらく**静止摩擦力**と，物体がすべっているときにはたらく**動摩擦力**があります。

ちなみに，物理の問題では「粗(あら)い面」「なめらかな面」という言葉がよく出てきます。ちゃんと意味があって，
　　粗い → 摩擦がある
　　なめらかな → 摩擦がない
という意味です。覚えておきましょう！

III 静止摩擦力

物体がすべらないようにはたらく摩擦力を静止摩擦力といいます。静止摩擦力も垂直抗力と同じように，大きさは一定の値に決まっていません。やはり，物体が外部から受ける力によります。

ポイント 静止摩擦力

　静止摩擦力は，物体がすべらないようにはたらく力
　──→ 物体を動かそうとする力に応じて変化するので，力のつりあいの式で値が求まる

下の図のように，物体が粗い床の上に置かれています。図①，②，③における静止摩擦力の大きさを考えてみましょう。

図① すべらせようとする力がはたらかないので，静止摩擦力は 0 です。

図② 物体の水平方向の力のつりあいから，静止摩擦力の大きさ F は，10 N となります。

図③ 物体の水平方向の力のつりあいから，静止摩擦力の大きさ F' は，20 N となります。

静止摩擦力の大きさは一定ではない！

　物体が斜面に置かれている場合には，重力の成分によって動こうとします。それを静止摩擦力が支えている場合についても考えてみましょう。

 水平面から角 θ だけ傾いた粗い斜面上に，質量 m の物体を静かに置くとそのまま静止しました。このとき，物体にはたらく静止摩擦力の向きと大きさを求めましょう。

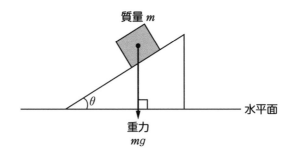

　重力の分解はもう大丈夫ですね。それぞれ，斜面に平行な方向は $mg\sin\theta$，斜面に垂直な方向は $mg\cos\theta$ です。

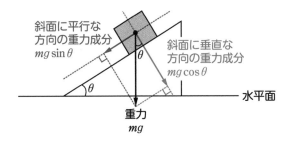

　物体は斜面に触れているので，斜面から垂直抗力と静止摩擦力を受けます。垂直抗力は斜面に垂直な方向にはたらいて，重力の成分 $mg\cos\theta$ とつりあいます。また，斜面に平行な方向では，重力の成分 $mg\sin\theta$ が斜面に沿って下向きに物体を動かそうとするので，静止摩擦力は斜面に沿って上向きにはたらきます。この 2 つの力がつりあうことで，物体がすべらずに斜面上で静止することができます。垂直抗力の大きさを N，静止摩擦力の大きさを f としましょう。

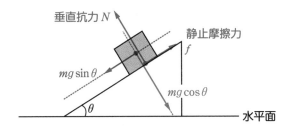

　斜面に平行な方向の力のつりあいより，

　　$f=mg\sin\theta$

　斜面に垂直な方向の力のつりあいより，

　　$N=mg\cos\theta$

　以上より，静止摩擦力の向きは斜面に沿って上向き，大きさは $mg\sin\theta$ と求めることができます。なお，垂直抗力の大きさも $mg\cos\theta$ と決まりますね。

> 垂直抗力や静止摩擦力も，まず N や f など文字でおきましょう！

ただ，物体を押す力（動かそうとする力）がどんどん大きくなると，いつかは物体はすべり出してしまいます。つまり，静止摩擦力には限界の大きさがあるということです。この**静止摩擦力の大きさの限界値**のことを最大摩擦力といいます。最大摩擦力は，**垂直抗力の大きさに比例**し，その比例係数を静止摩擦係数といい，$\overset{\text{ミュー}}{\mu}$で表します。

最大摩擦力

　　最大摩擦力は，静止摩擦力の限界値で，物体がすべり出す直前の静止摩擦力に等しい

$$F_0 = \mu N \quad \left(\begin{array}{l} F_0：最大摩擦力 \\ \mu：静止摩擦係数 \\ N：垂直抗力の大きさ \end{array} \right)$$

例　下の図のように，質量 m の物体が粗い床の上に置かれており，人がその物体を押しています。押す力をどんどん強くしていき，物体がすべる直前の最大摩擦力 F について考えましょう。

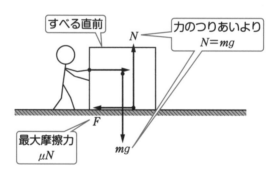

　物体にはたらく鉛直方向の力は，重力 mg と垂直抗力 N の2つです。力のつりあいより，

　　$N = mg$

となります。ここで，静止摩擦係数を μ とすれば，求める最大摩擦力 F は，

　　$F = \mu N = \mu mg$

となります。

　摩擦力が最大摩擦力になるまでは，物体はすべりません。ここで，とても重要な条件式を覚えておきましょう。

ポイント　物体がすべらない条件

静止摩擦力の大きさ ≦ 最大摩擦力

　　　└→力のつりあいから求める　　└→μN で求める

「物体がすべり出す直前」に，物体にはたらく静止摩擦力は最大摩擦力になります！

練習問題①

　傾斜角 θ の粗い斜面上に質量 m の物体を静かに置いたところ，物体は静止したままであった。物体と斜面との間の静止摩擦係数 μ の満たす条件を求めよ。ただし，重力加速度の大きさを g とする。

解説

考え方のポイント　物体にはたらく力は，重力 mg，垂直抗力 N，静止摩擦力 F の3つです。図で表すと，下の図 a のようになります。

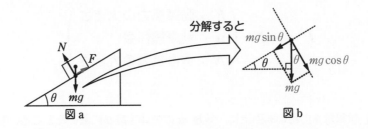

分解すると

$mg\sin\theta$

$mg\cos\theta$

mg

図a　　　　　　　　　　　　図b

　上の図 b のように斜面に平行な方向と，斜面に垂直な方向に重力を分解しましょう。物体は静止しているので，それぞれの方向で力のつりあいの式を立てます。このつりあいの式から静止摩擦力と垂直抗力を求めることができます。その後，すべらない条件 静止摩擦力の大きさ ≦ 最大摩擦力 を用いて，μ の条件を求めましょう。

物体にはたらく垂直抗力の大きさを N，静止摩擦力の大きさを F とする。斜面に平行な方向，垂直な方向それぞれについて，力のつりあいの式は，

斜面に平行：$F = mg\sin\theta$

斜面に垂直：$N = mg\cos\theta$

物体は静止しているので，すべらない条件式を用いると，

$F \leqq \mu N$ すなわち，$mg\sin\theta \leqq \mu mg\cos\theta$

式変形して，

$$\mu \geqq \frac{\sin\theta}{\cos\theta} = \tan\theta$$

答 $\mu \geqq \tan\theta$

Ⅳ 動摩擦力

物体がすべっている場合には，摩擦力は静止摩擦力ではなく，動摩擦力になります。動摩擦力は静止摩擦力と異なり，**物体がすべっている間はつねに一定の大きさ**ではたらきます。この動摩擦力の大きさは垂直抗力の大きさに比例します。その比例係数を**動摩擦係数**といい，μ' で表します。

ポイント 動摩擦力

物体がすべっているとき，動摩擦力は速さによらず一定の大きさではたらく

$$F' = \mu' N \begin{pmatrix} F' : \text{動摩擦力の大きさ} \\ \mu' : \text{動摩擦係数} \\ N : \text{垂直抗力の大きさ} \end{pmatrix}$$

例 傾斜角 θ の粗い斜面上に，質量 m の物体を静かに置いたところ，物体は斜面をすべり下りはじめました。このとき，物体にはたらく動摩擦力を考えましょう。物体と斜面との間の動摩擦係数を μ'，重力加速度の大きさを g とします。

物体にはたらく力は，重力 mg，垂直抗力 N，動摩擦力 F' の3つです。図で表すと，次ページの図 c のようになります。

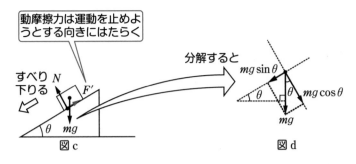

動摩擦力は運動を止めよ
うとする向きにはたらく

すべり
下りる

分解すると

図 c

図 d

　斜面に平行な方向と，斜面に垂直な方向に重力を分解すると，図 d のように
なります。

　斜面に垂直な方向で力のつりあいの式は，

$$N = mg\cos\theta$$

よって，動摩擦力 F' の大きさは，

$$\mu'N = \mu'mg\cos\theta$$

と求まります。

他にも色々な力がありますが，まずはここまでに紹
介した力をきちんと覚えて，物体にはたらく力を自力
で見つけられるようになりましょう！

練習問題②

　傾斜角 θ の粗い斜面上に質量 m の物
体を静かに置いたところ，物体は静止し
たままであった。傾斜角を少しずつ大
きくしていくと，傾斜角が θ_0 を超えた
瞬間に物体はすべり出した。物体と斜
面との間の静止摩擦係数を μ，動摩擦係
数を μ' として，以下の問いに答えよ。ただし，重力加速度の大きさを g とする。

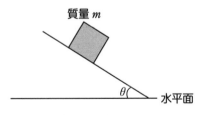

質量 m

水平面

⑴　物体が静止しているとき，物体が斜面から受ける垂直抗力の大きさと摩擦力の
　　大きさをそれぞれ求めよ。

⑵　物体がすべり出す直前の傾斜角 θ_0 について，$\tan\theta_0$ の値を求めよ。

⑶　傾斜角をさらに大きくして $\theta'\,(>\theta_0)$ で物体が斜面をすべり下りているとき，
　　物体が斜面から受ける摩擦力の大きさを求めよ。

考え方のポイント　物体がすべり出す直前，物体にはたらく静止摩擦力がちょうど最大摩擦力になります。(2)では，(1)で求めた垂直抗力と静止摩擦力を利用して関係式をつくりましょう。$\tan\theta = \dfrac{\sin\theta}{\cos\theta}$ なので，まずは $\sin$ や $\cos$ を用いて式を立てて，それから $\tan$ のかたちにすればいいです。また，静止しているときもすべり下りているときも，斜面に垂直な方向に物体は移動していないので，垂直抗力の大きさは変わりません。

(1)　物体は斜面上ですべらずに静止しているので，物体にはたらく摩擦力は静止摩擦力である。物体にはたらく垂直抗力の大きさを N，静止摩擦力の大きさを f とする。

　　斜面に平行な方向，垂直な方向それぞれについて，力のつりあいより，

$$\text{斜面に平行：} f = mg\sin\theta$$
$$\text{斜面に垂直：} N = mg\cos\theta$$

よって，垂直抗力の大きさ $N = mg\cos\theta$，静止摩擦力の大きさ $f = mg\sin\theta$

(2)　傾斜角が θ_0 になったとき，垂直抗力の大きさを N_0，静止摩擦力の大きさを f_0 とすると，(1)の答で $\theta \to \theta_0$ として，

$$N_0 = mg\cos\theta_0, \quad f_0 = mg\sin\theta_0$$

物体がすべり出す直前，静止摩擦力の大きさ＝最大摩擦力　になるので，

$$f_0 = \mu N_0 \qquad \text{よって，} \qquad mg\sin\theta_0 = \mu mg\cos\theta_0$$

したがって，$\dfrac{\sin\theta_0}{\cos\theta_0} = \tan\theta_0 = \mu$

(3)　物体は斜面上ですべっているので物体にはたらく摩擦力は動摩擦力である。垂直抗力の大きさを N' とすると，(1)の N の答で $\theta \to \theta'$ として

$$N' = mg\cos\theta'$$

動摩擦力の大きさを f' とすると，

$$f' = \mu' N' = \mu' mg\cos\theta'$$

答　(1)　垂直抗力の大きさ：$mg\cos\theta$，摩擦力の大きさ：$mg\sin\theta$
　　(2)　μ　　(3)　$\mu' mg\cos\theta'$

第 **4** 講

運動方程式

この講で学習すること

1 運動方程式とは？

2 与えられた状況から運動方程式を立ててみよう

3 2物体系の運動を考えよう

4 運動方程式と等加速度直線運動の公式を用いて問題を解こう

Step 1 運動方程式とは？

17世紀，イギリスの物理学者ニュートンは，物体の運動に関する法則をまとめ上げました。その中で，
・物体に力を加えると，その向きに加速度が生じる
・この加速度の大きさは加えた力の大きさに比例し，物体の質量に反比例することが，実験の結果から導かれました。これを式に表したものが，**運動方程式**です。まずはかたちを覚えてしまいましょう！

ポイント 運動方程式

$$ma = F$$
物体の質量×物体の加速度＝加速度方向にはたらく力

加速度も力も，向きがあるベクトルでしたね。運動方程式では，正の向きをそろえることも重要なことです。

> 正の向きを決めて，向きに注意して運動方程式が立てれないといけません。まずは簡単なかたちから身につけていきましょう！

基本事項の確認のため，以下の **I** 〜 **IV** では，物体にはたらく重力など，図に描かれていない力はないものとします。

I 物体にはたらく力が1つのとき

下の図のように，質量 m の物体に大きさ f の力を加えます。このときの物体の加速度 a を，運動方程式を使って求めてみましょう。

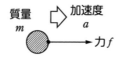

質量　　加速度
m　　　a
　　　　力 f

右向きを正とすると，物体の運動方程式は，

$$ma = f \quad \text{これより,} \quad a = \frac{f}{m}$$

Ⅱ 物体にはたらく力が逆向きに2つのとき

下の図のように，質量 m の物体に，大きさ f_1 と f_2 の力を加えます。このときの，物体の加速度 A を，運動方程式を使って求めてみましょう。

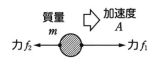

右向きを正とすると，

　　大きさ f_1 の力は右向きなので，**正**

　　大きさ f_2 の力は左向きなので，**負**

になります。よって，物体の運動方程式は，

$$mA = f_1 - f_2 \quad \text{これより,} \quad A = \frac{f_1 - f_2}{m}$$

> 上の加速度 A の式で，$f_1 > f_2$ なら $A > 0$ となるので，加速度は右向きになります。もし，$f_1 < f_2$ なら $A < 0$ で左向きですね！

Ⅲ 物体にはたらく力がたくさんあるとき

質量 m の物体に，大きさ f_1，f_2，f_3，f_4，f_5 の力を，それぞれ下の図の向きに加えます。このときの，x 軸方向の加速度 a_x と，y 軸方向の加速度 a_y を，運動方程式を使って求めてみましょう。

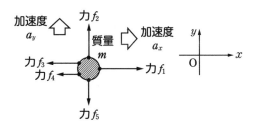

① まずは x 軸方向について考えます。x 軸方向にはたらく力は，前ページの図より，f_1，f_3，f_4 です。x 軸は右向きを正としているので，

　　　大きさ f_1 の力は右向きなので，**正**

　　　大きさ f_3 の力は左向きなので，**負**

　　　大きさ f_4 の力は左向きなので，**負**

になります。よって，物体の x 軸方向の運動方程式は，

$$ma_x = f_1 - f_3 - f_4 \qquad \text{これより,} \qquad a_x = \frac{f_1 - f_3 - f_4}{m}$$

② 次に，y 軸方向について考えます。y 軸方向にはたらく力は，f_2，f_5 です。y 軸は上向きを正としているので，

　　　大きさ f_2 の力は上向きなので，**正**

　　　大きさ f_5 の力は下向きなので，**負**

になります。よって，物体の y 軸方向の運動方程式は，

$$ma_y = f_2 - f_5 \qquad \text{これより,} \qquad a_y = \frac{f_2 - f_5}{m}$$

Ⅳ 物体に斜め方向の力がはたらくとき

　下の図のように，物質 M の物体に，x 軸となす角 θ の向きに大きさ F の力を加えます。このときの，x 軸方向の加速度 a_x と，y 軸方向の加速度 a_y を，運動方程式を使って求めてみましょう。

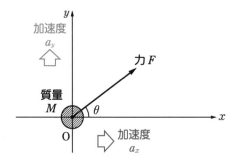

　力を x 軸方向と y 軸方向に分解すると，次ページの図のようになります。

図中のラベル：

y

加速度 a_y　力 $F\sin\theta$　F

質量 M　θ　x

力 $F\cos\theta$

加速度 a_x

① まずはx軸方向について考えます。x軸方向にはたらく力は，$F\cos\theta$ です。x軸は右向きを正としているので，

　　　　大きさ $F\cos\theta$ の力は右向きなので，**正**

になります。よって，物体のx軸方向の運動方程式は，

$$Ma_x = F\cos\theta \quad \text{これより，} \quad a_x = \frac{F\cos\theta}{M}$$

② 次はy軸方向について考えます。y軸方向にはたらく力は，$F\sin\theta$ です。y軸は上向きを正としているので，

　　　　大きさ $F\sin\theta$ の力は上向きなので，**正**

になります。よって，物体のy軸方向の運動方程式は，

$$Ma_y = F\sin\theta \quad \text{これより，} \quad a_y = \frac{F\sin\theta}{M}$$

4つのパターンを説明しましたが，考え方の流れはすべて同じです。正の向きと力の向きをしっかり確認して，ていねいに運動方程式を立てましょう！

質量 m の物体に，大きさ f_1, f_2, f_3 の力が右図のようにはたらいている。図の右向きに x 軸，上向きに y 軸をとったとき，x 軸方向と y 軸方向の加速度をそれぞれ求めよ。ただし，重力は考えなくてよいものとする。

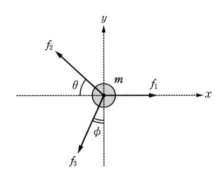

解説 -

考え方のポイント 加速度を求めるために運動方程式を立てます。x 軸方向と，y 軸方向それぞれで運動方程式を立てる必要があるので，下図のように f_2 と f_3 は分解します。力の正負に気をつけて式を立てていきましょう。

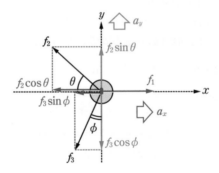

x 軸方向，y 軸方向の加速度を，それぞれ a_x, a_y とする。
x 軸方向の運動方程式は，

$$ma_x = f_1 - f_2\cos\theta - f_3\sin\phi \qquad \text{これより,} \qquad a_x = \frac{f_1 - f_2\cos\theta - f_3\sin\phi}{m}$$

y 軸方向の運動方程式は，

$$ma_y = f_2\sin\theta - f_3\cos\phi \qquad \text{これより,} \qquad a_y = \frac{f_2\sin\theta - f_3\cos\phi}{m}$$

答 　x 軸方向の加速度：$\dfrac{f_1 - f_2\cos\theta - f_3\sin\phi}{m}$

　　y 軸方向の加速度：$\dfrac{f_2\sin\theta - f_3\cos\phi}{m}$

Step 2 与えられた状況から運動方程式を立ててみよう

第3講でも確認した通り，物体にはたらく力の向きや大きさは自分で見抜かなくてはいけません。第3講で学んだ「物体にはたらく力」を思い出しながら，いろいろな状況で，運動方程式を考えてみましょう！いずれの場合も重力加速度の大きさを g とします。

I 自由落下の運動方程式

下の図のように，質量 m の物体が自由落下しています。このときの，鉛直下向きの加速度 a が g になることを，運動方程式を使って求めてみましょう。

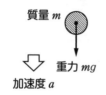

質量 m

重力 mg

加速度 a

――――――――地面

物体にはたらく力は重力 mg のみです。よって，物体の運動方程式は，鉛直下向きを正とすると，

$$ma = mg \quad これより，\quad a = g$$

II なめらかな斜面上の運動方程式

下の図 a のように，傾斜角 θ のなめらかな斜面上を，質量 m の物体がすべり下りています。このときの，斜面に沿って下向きの加速度 a を，運動方程式を使って求めてみましょう。

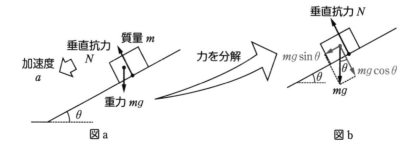

加速度 a　垂直抗力 N　質量 m　重力 mg

力を分解

垂直抗力 N　$mg\sin\theta$　$mg\cos\theta$　mg

図 a　　　　　　　　　　　　図 b

83

物体にはたらく力は，重力 mg と垂直抗力 N です。

斜面に沿った方向の運動方程式を立てたいので，力を分解しましょう。すると，前ページの図 b のようになり，斜面に沿った方向で物体にはたらく力は，重力の成分 $mg\sin\theta$ のみとわかります。◀斜面に垂直な $mg\cos\theta$ と垂直抗力 N は，ここでは使いません！

よって，斜面に沿った方向の，物体の運動方程式は，斜面下向きを正とすると，
$$ma = mg\sin\theta \qquad これより，\qquad a = g\sin\theta$$
第 3 講で学んだように，斜面に垂直な方向には，物体は動いていません（物体が斜面から離れたり，斜面を突き破って下に落ちたりしていませんので…）。したがって，斜面に垂直な方向には，力のつりあいの式を立てることができるので，
$$N = mg\cos\theta$$

Ⅲ 粗い斜面上の運動方程式

下の図 c のように，傾斜角 θ の粗い斜面上を，質量 m の物体がすべり下りています。このときの，斜面に沿って下向きの加速度 A を，運動方程式を使って求めてみましょう。ただし，物体と斜面との間の動摩擦係数を μ' とします。

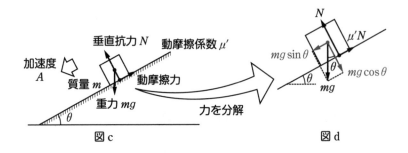

図 c　　　　　　　　　　　　図 d

物体にはたらく力は，重力 mg と垂直抗力と動摩擦力の 3 つです。垂直抗力の大きさを N とすれば，動摩擦力の大きさは $\mu'N$ と表せます。

斜面に沿った方向の運動方程式を立てたいので，力を分解しましょう。すると，上の図 d のようになり，斜面に沿った方向で物体にはたらく力は，重力の成分 $mg\sin\theta$ と動摩擦力 $\mu'N$ の 2 つとわかります。よって，斜面に沿った方向の，物体の運動方程式は，斜面下向きを正とすると，
$$mA = mg\sin\theta - \mu'N$$
　　　　　↳斜面上向きなので負となる！

斜面に垂直な方向には力のつりあいの式が成り立つので，図 d より，

$$N = mg\cos\theta$$

この式を，上の運動方程式に代入して，N を消去すると，

$$mA = mg\sin\theta - \mu' mg\cos\theta \quad \text{これより，} \quad A = g(\sin\theta - \mu'\cos\theta)$$

Ⅳ ばねにつながれた物体の運動方程式

　下の図 e のように，なめらかな水平面上で，質量 M の物体が，ばね定数 k のばねにつながれています。ばねの自然長からの縮みが d のときの，物体に生じる加速度 a を，運動方程式を使って求めてみましょう。

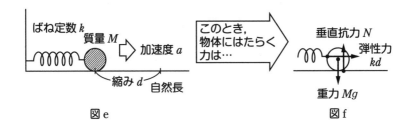

図 e　　　　　　　　　　　　　　　　　図 f

　物体にはたらく力は，重力 Mg と垂直抗力 N と弾性力 kd の 3 つです。

　上の図 f より，水平方向で物体にはたらく力は，弾性力 kd のみとわかります。よって，物体の運動方程式は，水平右向きを正とすると，

$$Ma = kd \quad \text{これより，} \quad a = \frac{kd}{M}$$

　ちなみに，鉛直方向は力がつりあっているので，力のつりあいの式を立てることができ，

$$N = Mg$$

となります。

練習問題②

　次ページの図のように，傾斜角 θ の粗い斜面上で，ばね定数 k のばねにつながれた質量 m の物体が斜面下向きにすべり下りている。ばねの伸びが x のとき，物体の斜面下向きの加速度を求めよ。ただし，物体と斜面との間の動摩擦係数を μ'，重力加速度の大きさを g とする。

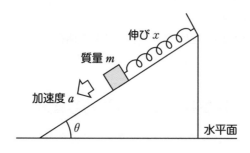

伸び x

質量 m

加速度 a

θ

水平面

解説

考え方のポイント　斜面下向きの加速度を求めたいので，斜面下向きを正として運動方程式を立てましょう。物体にはたらく力は重力，垂直抗力，動摩擦力，弾性力です。動摩擦力はすべり下りる向きと逆向きの，斜面上向きにはたらいています。また，ばねは伸びているので，弾性力も斜面上向きにはたらいています。斜面方向の力について，斜面下向きなら正，斜面上向きなら負として運動方程式にあてはめましょう。

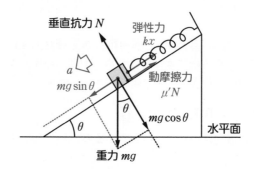

垂直抗力 N

弾性力 kx

a

$mg\sin\theta$

動摩擦力 $\mu'N$

θ

$mg\cos\theta$

水平面

θ

重力 mg

　斜面下向きの物体の加速度を a，物体が斜面から受ける垂直抗力の大きさを N とすると，斜面に平行な方向の運動方程式は，

$$ma = mg\sin\theta - \mu'N - kx \quad \cdots\cdots①$$

また，斜面に垂直な方向の力のつりあいの式は，

$$N = mg\cos\theta \quad \cdots\cdots②$$

式②を式①に代入して N を消去すると，

$$ma = mg\sin\theta - \mu'mg\cos\theta - kx$$

これより，　　$a = g(\sin\theta - \mu'\cos\theta) - \dfrac{kx}{m}$

答　$g(\sin\theta - \mu'\cos\theta) - \dfrac{kx}{m}$

Step 3　2 物体系の運動を考えよう

運動方程式の立て方に慣れてきたでしょうか？それでは，少しレベルを上げましょう！

Step 2 までは 1 つの物体の運動だけを見てきましたが，複数の物体の運動を考える問題もあります。

Step 3 では，右の図のように，な

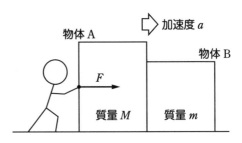

めらかな水平面上に質量 M の物体Aと質量 m の物体Bを並べて置いて，物体Aを水平右向きに大きさ F の力で押し続ける場合を考えていきましょう。

Ⅰ　2 物体系の運動の加速度

上の図のように，物体Aと物体Bは右向きに加速していきます。物体Bは物体Aに押されることで運動しているため，物体Aからは離れません。そのため，物体Aと物体Bは同じ加速度 a で運動します。

図の右向きを正として，水平方向の加速度を求めていきましょう。

Ⅱ　それぞれの物体にはたらく力

ここで，それぞれの物体にはたらく力について，1つ注意です。2物体をまとめて押しているので，「物体Aに与えた力 F が物体Bにもそのままの大きさで伝わっている」と考えてしまう人がいますが，それは誤りです！

第 3 講でも確認した通り，力は接触している物体どうしでおよぼしあいます。**人は直接物体Bに触れていないので，人は物体Bに力をおよぼすことはできません。**「物体Bは物体Aに押される」といいましたが，これは物体Aと物体Bとの接触面でおよぼしあう抗力（垂直抗力）で，物体Bにはこの力がはたらきます。この抗力の大きさを f とすると，次ページの図のように表せます。

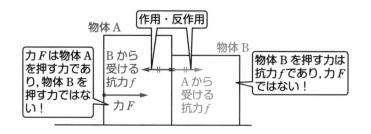

Ⅲ 物体Aの運動方程式

それでは物体Aと物体Bの運動方程式を立てていきます。まず物体Aの運動方程式を立てるので、物体Aだけを見ましょう（物体Bのことはとりあえず忘れましょう！）。物体Aにはたらく力は、右の図のようになります。

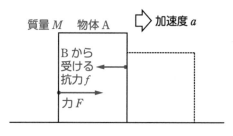

図より、水平方向で物体Aにはたらく力は、力Fと抗力fの2つになります。よって、物体Aの運動方程式は、右向きを正とすると、

$$Ma = F - f \quad \cdots\cdots ①$$

Ⅳ 物体Bの運動方程式

次に、物体Bの運動方程式を立てます。こちらも物体Bだけを見るようにしましょう。物体Bにはたらく力は、右の図のようになります。

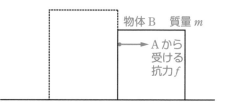

右の図より、水平方向で物体Bにはたらく力は、抗力fのみです。よって、物体Bの運動方程式は、右向きを正とすると、

$$ma = f \quad \cdots\cdots ②$$

Ⅴ 物体系 AB の運動方程式

式①と式②を両辺加えてみましょう。すると，

$$(M+m)a=F \quad \text{……③}$$

となり，これは**物体Aと物体Bを1つの物体とみなした運動方程式**になります。このような物体Aと物体Bのまとまりを，「**物体系** AB」，2物体のまとまりなので「2物体系」ということがあります。
└➤まとまりのこと

式③には f がありません。これは，f が物体系 AB の内部でおよぼしあう**内力**，すなわち同じ大きさで逆向きの一組の力なので，打ち消されているからです。物体Aだけを見た場合，物体Bだけを見た場合は，f は別の物体から受けた**外力**なので力として考える必要があります。この内力と外力の違いは覚えておきましょう。式③から，物体系 AB の加速度 a は，

$$a=\frac{F}{M+m}$$

と求めることができます。

求めた加速度 a を式②に代入すると，

$$f=ma=\frac{m}{M+m}F$$

となり，前項 Ⅱ で説明した「物体Aが物体Bを押す力は，F ではない」ということも，明白ですね！

練習問題③

下図のように，なめらかな水平面上に質量 M の物体Aと質量 m の物体Bを並べて置き，物体Bに水平左向きに大きさ F の一定の力を加え続けると，物体AとBは水平左向きに一定の加速度 a で運動した。以下の問いに答えよ。

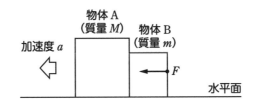

(1) 物体Aと物体Bがおよぼしあう力の大きさを R として，水平方向の物体Aと Bの運動方程式をそれぞれ書け。

(2) 加速度 a を，M，m，F を用いて表せ。

(3) 物体Aと物体Bがおよぼしあう力の大きさ R を，M，m，F を用いて表せ。

解説

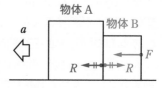

考え方のポイント まずは，各物体にはたらく力を図示しましょう（水平方向の力のみ図示しました）。運動方程式を立てる際に，加速度の向きの水平左向きを正にする，と決めましょう。物体Aの運動方程式には物体Aにはたらく力のみ，物体Bの運動方程式には物体Bにはたらく力のみを用います。この2つの式を両辺加えると R が消えるので，a を表すことができますね。さらに，この a をどちらかの運動方程式に代入すると R も表せます。

(1) 物体Aには水平左向きに大きさ R の力がはたらいているので，物体Aの運動方程式は，

$$Ma = R \quad \cdots\cdots ①$$

物体Bには水平左向きに大きさ F，水平右向きに大きさ R の力がはたらいているので，物体Bの運動方程式は，

$$ma = F - R \quad \cdots\cdots ②$$

(2) 式①と式②を両辺加えると，

$$(M + m)a = F \quad これより，\quad a = \frac{F}{M + m} \quad \cdots\cdots ③$$

(3) 式③を式①に代入すると，

$$M \times \frac{F}{M + m} = R \quad これより，\quad R = \frac{M}{M + m}F$$

答
(1) 物体A：$Ma = R$，物体B：$ma = F - R$

(2) $\dfrac{F}{M + m}$　(3) $\dfrac{M}{M + m}F$

運動方程式

運動方程式の立て方，加速度の求め方は身につきましたね？それでは，運動方程式だけではなく，等加速度直線運動の公式も必要な問題に取り組んでみましょう！

例 傾斜角 θ の粗い斜面上に，質量 m の物体を静かに置いたところ，物体は斜面に沿ってすべり下りました。物体が斜面をすべり始めてから，距離 l だけすべり下りるのにかかる時間 t を求めましょう。ただし，物体と斜面との間の動摩擦係数を μ'，重力加速度の大きさを g とします。

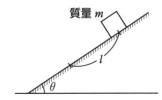

質量 m

　まずは，斜面に沿った方向の，物体の加速度を求めましょう。

　加速度を含む公式は，等加速度直線運動の公式と運動方程式しかありません。速度や変位，時間がわかっていれば等加速度直線運動の公式を，物体にはたらく力がわかっていれば運動方程式を使う，というように使い分けられます。公式ではなく，$v\text{-}t$ グラフの傾きから加速度を求める，という方法もありますね。

> **ポイント** 物体の加速度を求める方法

① 速度，変位，時間がわかっているとき
　　　 $\longrightarrow$ 等加速度直線運動の公式を用いる
② 物体にはたらく力がわかっているとき
　　　 $\longrightarrow$ 運動方程式を立てる
③ $v\text{-}t$ グラフが与えられていたり，$v\text{-}t$ グラフを描いたとき
　　　 $\longrightarrow$ $v\text{-}t$ グラフの傾きから求める

第4講

運動方程式

91

今回は物体にはたらく力がわかるので,「運動方程式を立てる」ことで加速度を求めましょう。

まずは,斜面に沿って下向きの加速度 a を,運動方程式を使って求めてみましょう。物体にはたらく力を図に描きこむと,下の図 g のようになります。

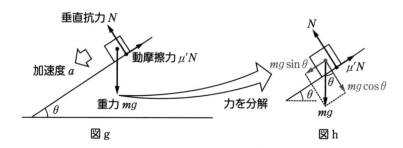

図 g　　　　　　　　図 h

物体にはたらく力は,重力 mg と垂直抗力と動摩擦力の 3 つです。垂直抗力の大きさを N とすれば,動摩擦力の大きさは $\mu'N$ と表せます。

斜面に沿った方向の運動方程式を立てたいので,力を分解しましょう。すると,上の図 h のようになり,斜面に沿った方向で物体にはたらく力は,重力の成分 $mg\sin\theta$ と動摩擦力 $\mu'N$ の 2 つとわかります。よって,斜面に沿った方向の,物体の運動方程式は,斜面下向きを正とすると,

$$ma = mg\sin\theta - \mu'N$$

↳斜面上向きなので負となる!

ここで,斜面に垂直な方向の力のつりあいより $N = mg\cos\theta$ とわかるので,上の運動方程式は,

$$ma = mg\sin\theta - \mu'mg\cos\theta$$

これより,

$$a = g(\sin\theta - \mu'\cos\theta) \quad \cdots\cdots①$$

↳いずれも一定

式①より,**加速度 a は一定で,物体は等加速度直線運動**で斜面をすべり下りていることがわかります。

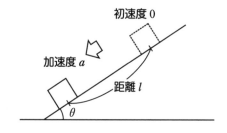

よって，初速度 0 なので，距離 l だけすべり下りるのにかかる時間 t は，等加速度直線運動の公式 $s = v_0 t + \dfrac{1}{2} at^2$ より，

$$l = 0 \times t + \frac{1}{2} at^2 \qquad これより，\qquad t = \sqrt{\frac{2l}{a}}$$

これに先ほど求めた a を代入すると，

$$t = \sqrt{\frac{2l}{g(\sin\theta - \mu'\cos\theta)}}$$

と求まります。

運動方程式を立てることで物体の加速度を求めることができますが，加速度を求めることは最終ゴールではありません。その加速度は，物体がどのように運動をしていくのか考えるためのものです。等加速度直線運動の公式など，前に学習したことも組みあわせて解けるようになりましょう！

> きちんと運動方程式を立てることができれば，いろいろな問題が解けます。しっかり練習しましょう！

練習問題④

右図のように，傾斜角 θ の粗い斜面上に質量 m の物体を置き，斜面に沿って上向きに初速度 v_0 を与えると，斜面上向きに距離 l だけ進んだところで物体は静止し，速さが 0 になった。斜面と物体との間の動摩擦係数を μ'，重力加速度の大きさを g として，以下の問いに答えよ。

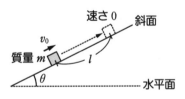

(1) 物体が斜面上向きに進んでいるとき，斜面上向きを正として物体の加速度 a を求めよ。

(2) 物体が移動した距離 l を求めよ。

考え方のポイント 物体が斜面上向きに運動しているとき，物体にはたらく力は重力，垂直抗力と，斜面下向きの動摩擦力です。斜面上向きの力はありませんが「斜面上向きを正として」と問題文に書かれているので，斜面上向きを正として運動方程式を立てましょう。さらに，加速度が一定であれば，等加速度直線運動の公式が使えます。

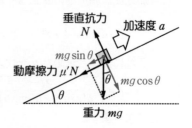

(1) 物体が斜面から受ける垂直抗力の大きさを N とすると，斜面に垂直な方向の力のつりあいより，

$$N = mg\cos\theta$$

物体が斜面から受ける動摩擦力の大きさは，$\mu'N = \mu'mg\cos\theta$ となるので，物体の運動方程式は，

$$ma = -mg\sin\theta - \mu'mg\cos\theta$$

これより，$a = -g(\sin\theta + \mu'\cos\theta)$ ◀ a は下向きで一定の値になっている

(2) (1)より，物体の加速度は一定で等加速度直線運動をするので，等加速度直線運動の公式 $v^2 - v_0^2 = 2as$ を用いて，(1)の a を代入すると，

$$0^2 - v_0^2 = 2\{-g(\sin\theta + \mu'\cos\theta)\}l$$

これより，$l = \dfrac{v_0^2}{2g(\sin\theta + \mu'\cos\theta)}$

答 (1) $-g(\sin\theta + \mu'\cos\theta)$ (2) $\dfrac{v_0^2}{2g(\sin\theta + \mu'\cos\theta)}$

第 **5** 講

仕事とエネルギー

この講で学習すること

Step 1 仕事とエネルギーの関係を知ろう

　中学校のときに「仕事」や「エネルギー」について一度学んでいると思います。「エネルギーとは，**仕事をする能力**のこと」と覚えたのではないでしょうか？

> 「能力」って…イメージがつきにくい表現ですよね。私たちの生活の中で例えると，「体力」といったところでしょうか。

はじめに，仕事とエネルギーの関係を確認しましょう。

I 仕事をするときのエネルギー変化

　物体のもつエネルギーは，そのときの状態によって変化します。エネルギーの単位は〔J〕が使われます。
_{ジュール}

　いま，物体Aが 100 J のエネルギーをもっているとします。これは，物体Aが「100 J の仕事をする能力がある」ことを示しています。
　　　　　　　　　└→体力がある

　もし，この状態から外部へ 30 J の仕事をしたとすると，仕事をした分だけエネルギーが減って，物体に残っているエネルギーは，

　　　$100-30＝70$ J

となります。

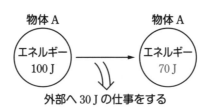

物体A
エネルギー 100 J → 物体A エネルギー 70 J

外部へ 30 J の仕事をする

Ⅱ　仕事をされるときのエネルギー変化

　物体が仕事をするのではなく，他の物体から「仕事をされる」場合も考えてみましょう。

　100 J のエネルギーをもっている物体Aが，他の物体Bから 40 J だけ仕事をされました。つまり，この 40 J を，物体Aはもらうことになるので，仕事をされた後の物体Aのエネルギーは，

物体 A　　　　　　　　　　物体 A

エネルギー 100 J　→　エネルギー 140 J

物体 B から 40 J の仕事をされる

　　　100＋40＝140 J

となります。

Ⅲ　仕事とエネルギー変化の関係

　前項 Ⅰ と Ⅱ のように，物体は仕事をしたり，されたりすることで，エネルギーを変化させていきます。逆にいうと，仕事のやり取りがなければエネルギーは変化しません。

仕事については，「物体のした仕事」を考えるよりも，「物体がされた仕事」を考える方がわかりやすいので，次のように覚えておきましょう！

ポイント　仕事とエネルギーの関係

物体のエネルギー変化は，物体がされた仕事に等しい
エネルギー変化＝された仕事

　仕事とエネルギーの関係は，とても単純な足し算・引き算で表されます。仕事やエネルギーの表し方がわかれば，関係式を立てることができるようになります。次の Step 2 から，その表し方を学んでいきましょう！

仕事を求められるようになろう

エネルギーは仕事をする能力，といいましたが，そもそも「仕事」とは何でしょうか。物理ではきちんと定義されているので，まずは覚えてしまいましょう。

ポイント 仕事の定義

$$W = fx\cos\theta$$

W：仕事　　f：力の大きさ
x：変位の大きさ
θ：力と変位のなす角

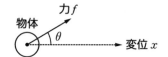

仕事の定義を言葉で表すと，「力×力の向きの変位」または「変位の向きの力×変位」となります。力の向きにどれくらい変位したのか，を考える必要があります。

> 仕事を求めるときには，力の大きさ，変位の大きさに加えて，力と変位のなす角 θ が非常に重要です！

まだちょっとわかりにくいと思いますので，実際に仕事を求めてみましょう！

Ⅰ 力と変位が同じ向き（$\theta=0°$）のとき

例 右の図のように，物体に一定の大きさ F [N] の力がはたらいていて，物体は力と同じ向きに x [m] だけ進みました。

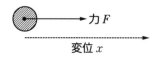

　力 F と変位 x は同じ向きです。このとき，力 F によって物体がされた仕事 W は，└→力 F と変位のなす角は $0°$

$$W = F \times x \times \cos 0° = Fx \text{ [J]}$$
└→$\cos 0° = 1$

◀仕事の単位はエネルギーと同じ [J] で表される。

力と変位が同じ向きのときは，そのまま掛け算をすることで仕事を求めることができます。この仕事は正になります。

Ⅱ 力と変位が垂直（$\theta = 90°$）のとき

例 右の図のように，物体に一定の大きさ F_1 [N] と
F_2 [N] の力が図の上向きと下向きにはたらいて
いて，物体は図の右向きに x [m] だけ進みました。
　力 F_1 と力 F_2 は，変位に対して垂直（$\theta = 90°$）
になっています。このとき，F_1 によって物体が
された仕事 W_1，F_2 によって物体がされた仕事 W_2 はそれぞれ，

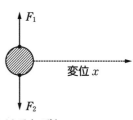

$$W_1 = F_1 \times x \times \underbrace{\cos 90°}_{\cos 90° = 0} = 0 \text{ [J]}$$
$$W_2 = F_2 \times x \times \underbrace{\cos 90°}_{\cos 90° = 0} = 0 \text{ [J]}$$

力と変位の向きが垂直のときは，力の向きには変位していないので仕事は 0 になります。

Ⅲ 力と変位が逆向き（$\theta = 180°$）のとき

例 右の図のように，物体に一定の大きさ f [N]
の力が図の左向きにはたらいていて，物体は
図の右向きに x [m] だけ進みました。
　力 f と変位は逆向きで，力と変位のなす角は $\theta = 180°$ になっています。
このとき，力 f によって物体がされた仕事 W は，

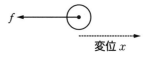

$$W = f \times x \times \underbrace{\cos 180°}_{\cos 180° = -1} = -fx \text{ [J]}$$

力と変位が逆向きのとき，仕事は負になります。仕事の大きさは
「力の大きさ×変位の大きさ」で求めることができます。

> 力と変位が逆向きのときは，仕事は負とわかっているので，$\cos 180° = -1$ にこだわらず，仕事の大きさを求めてそれに－（マイナス）をつける，と考えてもいいですね。

Ⅳ 力と変位が斜め向きのとき

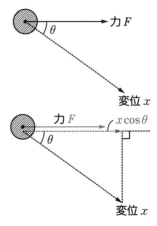

例 右の図のように，物体に一定の大きさ F [N] の力が図の右向きにはたらいていて，物体は力の向きから角 θ 傾いた向きに x [m] だけ進みました。

「力の向きにどれだけ変位したか」を考えましょう。つまり，力の方向に変位 x を分解します。力の向きは図の右向きなので，変位 x の右向き成分を求めると右の図のように，$x\cos\theta$ になります。このとき，力 F によって物体がされた仕事 W は，

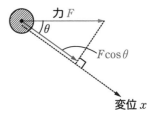

$$W = F \times x\cos\theta = Fx\cos\theta \text{ [J]}$$

となり，仕事の定義通りのかたちになりました。

あるいは，「変位の向きにはたらく力の成分はどれくらいか」を考えてもかまいません。変位の方向に力 F を分解してみると，右の図のように $F\cos\theta$ になります。

このとき，力 F によって物体がされた仕事 W は，

$$W = F\cos\theta \times x = Fx\cos\theta \text{ [J]}$$

となり，変位を分解した場合と同じ結果ですね。

前項 Ⅰ～Ⅳ の考え方をまとめると，次のようになります。

> **ポイント** 仕事の求め方
>
> 力と変位が
> $\begin{cases} \text{同じ向き} \longrightarrow \text{仕事は正} \\ \text{逆向き} \longrightarrow \text{仕事は負} \\ \text{垂直} \longrightarrow \text{仕事は } 0 \\ \text{斜め向き} \longrightarrow \text{力と変位のどちらかの方向にあわせて成} \\ \qquad\qquad\qquad\qquad\quad \text{分をとって考える} \end{cases}$
>
> 仕事の大きさ＝
> 力の大きさ×変位の大きさ

　右図のように，質量 m の物体を粗い水平面上に置き，水平方向から角 θ 傾いた向きに大きさ F の力を加えて，物体を右向きに距離 d だけ移動させた。この間に，物体に加えた大きさ F の力，物体にはたらく重力，垂直抗力，動摩擦力が物体にした仕事

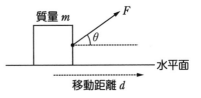

質量 m

水平面

移動距離 d

をそれぞれ求めよ。物体と水平面との間の動摩擦係数を μ'，重力加速度の大きさを g とする。

解説

考え方のポイント　物体にはたらく力は，大きさ F の力，重力，垂直抗力，動摩擦力です。物体は水平右向きに d だけ変位しているので，大きさ F の力を水平方向と鉛直方向に分解しておきましょう。重力 mg と垂直抗力 N は，ともに変位と垂直にはたらくので仕事は 0 です。また，動摩擦力は変位と逆向きにはたらくので，仕事は負になります。動摩擦力の大きさ $\mu'N$ は，垂直抗力の大きさ N を鉛直方向のつりあいから求めればいいですね。

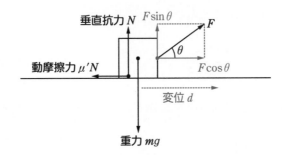

垂直抗力 N　　$F\sin\theta$　　　F

動摩擦力 $\mu'N$　　　　　　　$F\cos\theta$

変位 d

重力 mg

　大きさ F の力の水平右向きの成分は $F\cos\theta$ なので，大きさ F の力が物体にした仕事を W_F とすると，
$$W_F = F\cos\theta \times d = Fd\cos\theta$$
　重力は鉛直下向きにはたらいていて，水平右向きの変位と垂直になっているので，重力が物体にした仕事を W_g とすると，
$$W_g = 0$$
　垂直抗力は鉛直上向きにはたらいていて，水平右向きの変位と垂直になっているので，垂直抗力が物体にした仕事を W_N とすると，
$$W_N = 0$$

垂直抗力の大きさを N とすると，物体の鉛直方向の力のつりあいより，

$N + F\sin\theta = mg$　　これより，　　$N = mg - F\sin\theta$

動摩擦力の大きさは

$\mu'N = \mu'(mg - F\sin\theta)$

となる。動摩擦力は水平左向きにはたらいていて，水平右向きの変位と逆向きなので，仕事は負になる。よって，動摩擦力が物体にした仕事を $W_{\mu'}$ とすると，

$W_{\mu'} = -\mu'N \times d = -\mu'(mg - F\sin\theta)d$

答　大きさ F の力が物体にした仕事：$Fd\cos\theta$

重力が物体にした仕事：0

垂直抗力が物体にした仕事：0

動摩擦力が物体にした仕事：$-\mu'(mg - F\sin\theta)d$

Step 3 力の大きさが変わる場合の仕事を求めよう

基本的な仕事の求め方は Step 1, 2 で身についたと思います。ここから少しレベルが上がります！

力×力の向きの変位 で仕事を求められるのは, 力が一定の場合だけです。移動する間に力の大きさが変化する場合, 単純に掛け算では仕事を求めることができません。

Ⅰ F-x グラフと仕事の関係

仕事の大きさを求める方法の1つとして, F-x グラフの利用があります。F-x グラフは, 下の図のように, 縦軸を物体にはたらく力 F, 横軸を物体の位置 x としたものです。**この F-x グラフと x 軸で囲まれる部分の面積が, 物体にはたらく力のした仕事の大きさを表しています。**

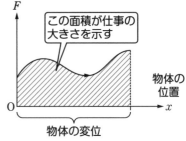

物体にはたらく力

この面積が仕事の大きさを示す

物体の位置

物体の変位

ポイント F-x グラフ

グラフと x 軸 (横軸) で囲まれる部分の面積が, 仕事の大きさを示す

Ⅱ 弾性力による F-x グラフと仕事

例として, ばねの弾性力による仕事を取り上げてみましょう。ばねの弾性力の大きさは, ばねの伸び縮みによって変化しますね。一定の力ではないので, F-x グラフを利用してみます。

第5講

仕事とエネルギー

103

例 下の図のように，ばね定数 k のばねに物体を取りつけます。ばねの伸びが d になる位置で手をはなしたとき，物体は弾性力によって自然長に向かって進んでいきます。ばねが自然長になるまでに，弾性力によって物体がされた仕事を求めてみましょう。

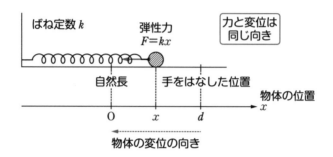

弾性力の大きさ F は，自然長から x だけのびた位置ではフックの法則より，

$$F = kx$$

です。F と x は比例するということなので，F-x グラフは下のようなグラフになります。

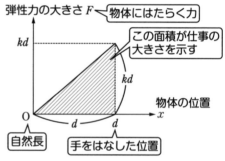

手をはなした位置 $(x=d)$ から自然長 $(x=0)$ までの範囲で，グラフと x 軸で囲まれる面積を求めると，

$$\frac{1}{2} \times d \times kd = \frac{1}{2}kd^2$$ ◀これは仕事の「大きさ」で，仕事の「正負」は含まれていません！

仕事には正，負，0 がありますが，いまの場合，力と変位が同じ向きなので，求める仕事は正です。したがって，弾性力によって物体がされた仕事 W は，

$$W = \frac{1}{2}kd^2$$

と決めることができます。

Step 4 運動エネルギーと仕事の関係を考えよう

ここから再び，エネルギーと仕事の関係に戻ります。

Ⅰ 運動エネルギーとは

運動している物体がもつエネルギーとして，**運動エネルギー**があります。運動エネルギーはきちんと定義されているので，まずは覚えてしまいましょう。

> **ポイント** 運動エネルギー
>
> 質量 m の物体が速さ v で運動しているとき，この物体がもつ運動エネルギーKは
>
> $$K=\frac{1}{2}mv^2$$

質量 m ＿＿＿ 速さv

Ⅱ 運動エネルギーと仕事の関係

Step 1 の「仕事とエネルギーの関係」より，物体がもつ運動エネルギーは，物体がされた仕事によって変化します。

> **ポイント** 運動エネルギーと仕事の関係
>
> 物体がもつ運動エネルギーの変化は，物体がされた仕事に等しい
>
> （変化後の運動エネルギー）−（変化前の運動エネルギー）
> ＝物体がされた仕事

例 質量 m の物体が速さ v_0 で運動していたところ，仕事 W をされて，速さが v に変化しました。

このときの，運動エネルギーと仕事の関係を，式で表してみましょう。

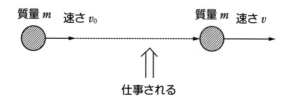

質量 m　速さ v_0　　　　　　質量 m　速さ v

仕事される

仕事をされる前の運動エネルギーは $\dfrac{1}{2}mv_0{}^2$，仕事をされた後の運動エネルギーは $\dfrac{1}{2}mv^2$ です。すると，運動エネルギーと仕事の関係式は，

$$\underset{\substack{\text{変化後の運動}\\\text{エネルギー}}}{\underline{\dfrac{1}{2}mv^2}}-\underset{\substack{\text{変化前の}\\\text{運動エネルギー}}}{\underline{\dfrac{1}{2}mv_0{}^2}}=\underset{\text{物体がされた仕事}}{W}$$

運動エネルギーと仕事の関係式は，そんなに難しくないです！

例 右の図のように，質量 m の物体を，地面から高さ h の位置から，自由落下させます。地面に着く直前の物体の速さを v，重力加速度の大きさを g とし，運動エネルギーと仕事の関係を式で表してみましょう。

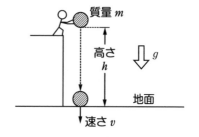

質量 m

高さ h

g

地面

速さ v

はじめ，速さは 0 なので物体の運動エネルギーは 0，地面に着く直前の運動エネルギーは $\dfrac{1}{2}mv^2$ と表せます。

重力によって物体がされる仕事がわかれば，運動エネルギーと仕事の関係式を立てることができます。

物体にはたらく力は重力 mg のみで，右の図より，重力によって物体がされる仕事は，

$$mg \times h = mgh$$

以上より，運動エネルギーと仕事の関係式は，

$$\frac{1}{2}mv^2 - 0 = mgh$$

変化後の運動
エネルギー ↑ 物体がされた仕事
変化前の運動エネルギー

変位
h

力と変位が
同じ向き

mg

mg

なお，上の式から地面に着く直前の物体の速さが，

$$v = \sqrt{2gh}$$

と求められます。自由落下なので，第2講で学んだ落体の運動として等加速度直線運動の公式を使っても v は求められます。

> 仕事とエネルギーの関係は式を立てることがゴールではなく，その式を使って速さや距離を求めることが大事です。次は，「速さを求める」という目的をもって，式を立ててみましょう！

Ⅲ いろいろな力による仕事と運動エネルギー

物体にはたらく力の種類はさまざまです。運動エネルギーと仕事の関係を考える際にも，まずは**どんな力がはたらいている**のか，正しく見極めることが重要です。

例 下の図 a のように，粗い水平面上に質量 m の物体を置き，初速 v_0 を与えます。この物体が水平面上を距離 d だけ進んだときの，物体の速さ v を求めてみましょう。ただし，物体と水平面との間の動摩擦係数を μ'，重力加速度の大きさを g とします。

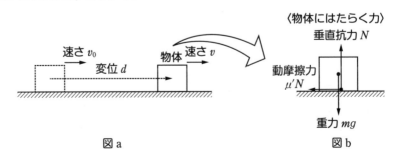

〈物体にはたらく力〉
垂直抗力 N

速さ v_0
変位 d
物体 速さ v

動摩擦力
$\mu'N$

重力 mg

図 a   図 b

第5講 仕事とエネルギー

107

このとき，物体にはたらく力は，重力 mg，垂直抗力 $N(=mg)$，動摩擦力 $\mu'N(=\mu'mg)$ の3つになります（前ページの図b）。　→鉛直方向の力のつりあいより

図a，bより，物体にはたらく力によって，物体がされた仕事を考えると，

- ・重力　　→ 力と変位が垂直になっている ⇒ 仕事 0
- ・垂直抗力 → 力と変位が垂直になっている ⇒ 仕事 0
- ・動摩擦力 → 力と変位が逆向きになっている
　　　　　⇒ 仕事 $-\mu'mg \times d = -\mu'mgd$

となります。一方，仕事をされる前の物体の運動エネルギーは $\frac{1}{2}mv_0^2$，仕事をされた後の物体の運動エネルギーは $\frac{1}{2}mv^2$ です。

以上より，運動エネルギーと仕事の関係式は，

$$\frac{1}{2}mv^2 - \frac{1}{2}mv_0^2 = -\mu'mgd$$

これを v について，式変形していきます。

$$\frac{1}{2}\cancel{m}v^2 = \frac{1}{2}\cancel{m}v_0^2 - \mu'\cancel{m}gd$$

$$v^2 = v_0^2 - 2\mu'gd$$

よって，求める速さは $v = \sqrt{v_0^2 - 2\mu'gd}$ となります。

次は距離を求めてみましょうか！

 下の図のように，粗い水平面上に質量 m の物体を置き，初速 v_0 を与えると，物体は水平面上を距離 D だけ進んだところで，静止しました。このとき，物体の移動距離 D を求めましょう。ただし，物体と水平面との間の動摩擦係数を μ'，重力加速度の大きさを g とします。

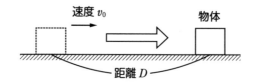

速度 v_0　　　　物体

距離 D

物体が静止すると速度は 0 になり，運動エネルギーも 0 になります。物体にはたらく力は，重力，垂直抗力，動摩擦力の3つです。力と変位の向きを考えると，物体に仕事をしているのは動摩擦力のみとわかります。

すると，運動エネルギーと仕事の関係式は，

$$0 - \frac{1}{2}mv_0{}^2 = -\mu' mgD$$

仕事後の運動　　　　仕事前の　　物体がされた仕事
エネルギー　　　　運動エネルギー

これより，求める距離は $D = \dfrac{v_0{}^2}{2\mu' g}$ となります。

　水平面上を動いていると，重力や垂直抗力の仕事は 0 なので式も簡単ですね。ですが，斜面上などを動くときには必ず 0 になるとは限りません。それに注意して，練習問題に取り組んで下さい！

練習問題②

　右図のように，質量 m の物体を，傾き θ の粗い斜面上に置き，斜面に沿って上向きに大きさ F の力を加え続ける。速さ v_1 の位置から斜面上を l だけすべり上がった位置における，物体の速さ v_2 を求めよ。ただし，物体と斜面との間の動摩擦係数を μ'，重力加速度の大きさを g とする。

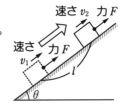

解説

考え方のポイント　下の図 **a** のように，物体にはたらく力は，力 F，重力 mg，垂直抗力 N，動摩擦力 $\mu' N$ の 4 つです。

〈物体にはたらく力〉

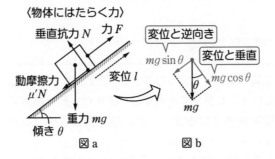

図a　　　　　　図b

　それぞれの力によって物体がされた仕事を考えると，

- 力 F → 力と変位が同じ向き ⇒ 仕事 $F \times l = Fl$
- 重力 → 力と変位が斜め向き
  → 力を分解して考えると,
    重力の成分 $mg\sin\theta$ が変位と逆向き(前ページの図 b)
  ⇒ 仕事 $-mg\sin\theta \times l = -mgl\sin\theta$
- 垂直抗力 → 力と変位が垂直 ⇒ 仕事 0
- 動摩擦力 → 力と変位が逆向き
  ⇒ 仕事 $-\mu'N \times l = -\mu'mgl\cos\theta$
    └→斜面に垂直な方向の力のつりあいより, $N = mg\cos\theta$

となります。以上を参考に,運動エネルギーと仕事の関係を用いて,v_2 を求めます。

運動エネルギーと仕事の関係式は,

$$\underbrace{\frac{1}{2}mv_2^2}_{\substack{\text{仕事後の運動}\\\text{エネルギー}}} - \underbrace{\frac{1}{2}mv_1^2}_{\substack{\text{仕事前の}\\\text{運動エネルギー}}} = \underbrace{Fl - mgl\sin\theta - \mu'mgl\cos\theta}_{\text{物体がされた仕事}}$$

$v_2{}^2$ について式変形すると,

$$\frac{1}{2}mv_2^2 = \frac{1}{2}mv_1^2 + Fl - mgl\sin\theta - \mu'mgl\cos\theta$$

$$v_2{}^2 = v_1{}^2 + \frac{2Fl}{m} - 2gl\sin\theta - 2\mu'gl\cos\theta$$

$$= v_1{}^2 + 2l\left(\frac{F}{m} - g\sin\theta - \mu'g\cos\theta\right)$$

よって,求める速さ v_2 は,

$$v_2 = \sqrt{v_1{}^2 + 2l\left(\frac{F}{m} - g\sin\theta - \mu'g\cos\theta\right)}$$

答 $v_2 = \sqrt{v_1{}^2 + 2l\left(\frac{F}{m} - g\sin\theta - \mu'g\cos\theta\right)}$

だんだん複雑になってきましたね…。問題全体を見ると,「わ!難しい!」とあきらめたくなりますが,実は基本的なことの積み重ねでできています。落ち着いて一つひとつ,わかるところから読み解いていきましょう!

Step 5 位置エネルギーと仕事の関係を考えよう

　ここまでの話のなかで，「**位置エネルギー**」というものは登場しませんでしたが，中学校のときにも位置エネルギーは学習したと思います。この位置エネルギーがどのようなものか，ここできちんと確認しましょう。

I 重力による位置エネルギー

　右の図のように，質量 m の物体が，地面から高さ h の位置にあるとします。

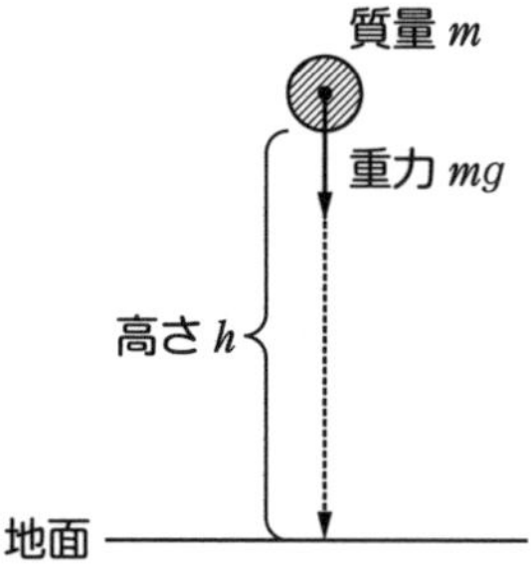

　右の図より，物体が地面まで進む間に，**重力によって物体がされる仕事**は $mg \times h$ となります。これはつまり，重力は物体に対して，**地面に進むまでに mgh だけ仕事をする能力がある**ということです。この，**物体が基準の高**

↳エネルギーのこと

さまで進む間に，物体に対して重力ができる仕事を重力による位置エネルギーといいます。

↳今の場合，地面

右上図：

質量 m

重力 mg

高さ h

地面

▶ **ポイント** 重力による位置エネルギー

　質量 m の物体が基準の位置から高さ h の位置にあるとき，物体がもつ重力による位置エネルギー U は，
$$U = mgh \quad (g：重力加速度の大きさ)$$

例 下の図のようないくつかの場合で，重力による位置エネルギーを表してみましょう。

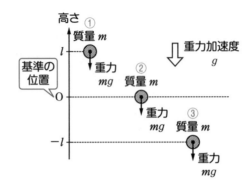

①の物体は，基準の位置（高さ0）よりも l だけ高い位置にあります。よって，重力による位置エネルギーを U_1 とすると，

$$U_1 = mgl$$

②の物体は，基準からの高さが0です。よって，重力による位置エネルギーを U_2 とすると，

$$U_2 = mg \times 0 = 0$$

③の物体は，基準の位置よりも l だけ低い位置にあります。よって，重力による位置エネルギーを U_3 とすると，↳高さとしては $-l$

$$U_3 = mg \times (-l) = -mgl$$ ◀物体が基準の位置まで進むためには，重力と逆向きの変位になる。そのため，重力がする仕事は負になり，位置エネルギーも負になる。

基準の位置（高さ0）をはっきり決めておくことが，とても重要です！

Ⅱ 保存力

重力は，保存力といわれる力の1つです。保存力とは**物体が移動するとき，途中の経路によらず，はじめの位置と最後の位置だけで仕事が決まる力**のことです。

下の図のように，位置Aにあった質量 m の物体が，ぐにゃぐにゃした経路（移動距離 l）を進み，最終的にAよりも h だけ低い位置Bに達したとします。

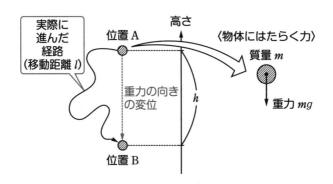

実際に進んだ経路に沿って，重力のした仕事をいままで通り「変位の向きにはたらく力×変位」で求めようとすると…あれれ？力と変位の向きがいろいろ変化しているので，求められませんね。

しかし，重力の向きはつねに図の下向きで，大きさは mg で一定です。重力の向きの変位は l ではなく h なので，重力のした仕事は mgh と求められます。

つまり，重力は**途中どんな経路を進んだとしても，結局は最終的な高低差 h だけで仕事が決まる**保存力だったのです。

この mgh は，前項 **Ⅰ** の重力による位置エネルギーの考え方を用いると，位置Bを基準としたときの位置Aでもつ重力による位置エネルギーと見ることもできますね。

保存力は「位置エネルギーを考えることができる力」ともいえます。高校物理で登場する保存力は，「物理基礎」の範囲では重力と弾性力だけで，「物理」の範囲になると万有引力と静電気力が加わります！

　物体が移動するとき，途中の経路によらず，はじめの位置と最後の位置だけで仕事が決まる力 ◀位置エネルギーを考えることができる力

例）　重力，弾性力，万有引力，静電気力

なお，保存力以外の力を非保存力ということがあります。摩擦力などですね！

Ⅲ 弾性力による位置エネルギー

次に，弾性力による位置エネルギーを確認しておきましょう。

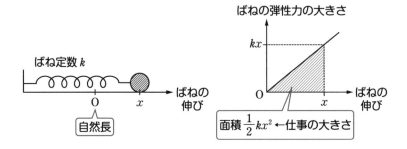

ばねの弾性力の大きさ

ばね定数 k

自然長

面積 $\dfrac{1}{2}kx^2$ ←仕事の大きさ

　弾性力の場合は，**自然長（伸び 0）を基準の位置にします**。ばねが x だけ伸びているとき，Step 3 の Ⅱ で学習したように，物体が自然長まで進む間に弾性力によってされる仕事は $\dfrac{1}{2}kx^2$ となります。

　これはつまり，弾性力は物体に対して，**自然長に戻るまでに $\dfrac{1}{2}kx^2$ だけ仕事をする能力がある**ということです。これが弾性力による位置エネルギーになります。

ポイント 弾性力による位置エネルギー

ばね定数 k のばねにつながれた物体が，ばねの伸び（また
　　　　　　　　　　　　　↱自然長の位置を基準とする
は縮み）が x のときにもつ弾性力による位置エネルギー U は，

$$U = \frac{1}{2}kx^2$$
　　↳ x が正でも負でも（ばねが伸びていても，縮んでいても），
　　　2乗するので，U は必ず正になる

弾性力による位置エネルギーは，ばねが蓄えている
弾性エネルギーともいいます！

Ⅳ 位置エネルギーと仕事の関係

　運動エネルギーと仕事の間に関係式が成り立ったように，位置エネルギーと仕事の間にも関係式が成り立ちます。

　例えば，重力による位置エネルギーは，重力が仕事をすることができる能力なので，実際に仕事をするとその分だけ位置エネルギーは減ります。

　この関係は重力に限らず，位置エネルギーを考えることのできる保存力すべてで成り立ちます。

ポイント 位置エネルギーと仕事の関係

位置エネルギーの減少＝保存力がした仕事

エネルギーを「体力」みたいなものと考えると，仕事した分だけ減る，というイメージがわきやすいですよ！

第5講　仕事とエネルギー

下の図のように，質量 m の物体がはじめ地面から高さ h_1 の位置にあり，そこから落下して高さ h_2 の位置に到達しました。この落下での重力がした仕事と位置エネルギーの関係を考えてみましょう。

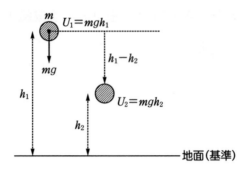

　このとき，物体は鉛直下向きに $h_1 - h_2$ だけ変位しています。
　重力がした仕事を W とすると，

$$W = mg \times (h_1 - h_2) = mg(h_1 - h_2)$$

になります。
　次に重力による位置エネルギーは，地面を基準の位置（高さ 0）にすると，$U_1 = mgh_1$ から $U_2 = mgh_2$ に変化しています。この位置エネルギーの減少を $\varDelta U$ とすると，

$$\varDelta U = U_1 - U_2 = \underset{\text{変化前}}{mgh_1} - \underset{\text{変化後}}{mgh_2} = mg(h_1 - h_2)$$

になります。これで，

$$\varDelta U = W$$

つまり，位置エネルギーの減少＝保存力がした仕事　ということがいえますね。
　この関係を使って仕事を求めることもあるので，しっかり覚えておきましょう！

Step 6 力学的エネルギーを使いこなそう

I 力学的エネルギーとは

物体がもつ運動エネルギーと位置エネルギーをあわせて，**力学的エネルギー**といいます。

> **ポイント** 力学的エネルギー
>
> **物体がもつ運動エネルギーと位置エネルギーの和**

まずは，力学的エネルギーをきちんと表せるようになりましょう！

例 下の図のように，傾き θ のなめらかな斜面上で，質量 m の物体が運動しています。下の図の瞬間，物体の速さは v，水平面からの高さは h でした。このときの，物体の力学的エネルギーを表してみましょう。ただし，重力加速度の大きさを g とし，水平面を重力による位置エネルギーの基準（高さ 0 ）とします。

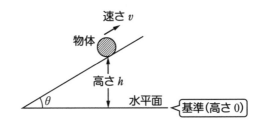

上の図より，物体の運動エネルギーは $\frac{1}{2}mv^2$，重力による位置エネルギーは mgh となります。よって，力学的エネルギーは，

$$\frac{1}{2}mv^2 + mgh$$

例 下の図のように，傾き θ のなめらかな斜面上で，質量 m の物体が運動しています。物体は，ばね定数 k，自然長 l_0 のばねにつながれて運動しており，図の瞬間のばねの長さは l，速さは v でした。このときの，物体の力学的エネルギーを表してみましょう。ただし，重力加速度の大きさを g とし，重力による位置エネルギーは水平面を基準（高さ 0）とします。

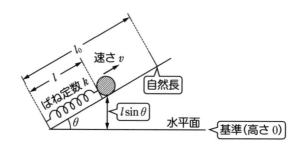

上の図より，物体の運動エネルギーは $\frac{1}{2}mv^2$，重力による位置エネルギーは $mg \times l\sin\theta$，ばねの弾性力による位置エネルギーは $\frac{1}{2}k(l_0-l)^2$ となります。よって，力学的エネルギーは，

$$\frac{1}{2}mv^2 + mgl\sin\theta + \frac{1}{2}k(l_0-l)^2$$

II 力学的エネルギーの変化と仕事

物体の力学的エネルギーが変化するかどうかは，物体がどのような仕事をされるかできまります。「エネルギーの変化＝された仕事」でしたよね。

このエネルギーを「力学的エネルギー」で考える場合は，**保存力以外の力（非保存力）によってされた仕事の分だけ，力学的エネルギーは変化する**，という関係になります。

→動摩擦力や張力など

ポイント 力学的エネルギーの変化と仕事の関係

物体がもつ力学的エネルギーの変化は，物体が非保存力によってされた仕事に等しい

位置エネルギーを考えることと，保存力の仕事を考えることは，同じことでしたね。なので，力学的エネルギーについて式を立てるときは，保存力によってされた仕事は考える必要はありません。

例 右の図 a のように，傾き θ の粗い斜面上に，質量 m の物体を置きます。この物体に初速度 v_0 を与えたところ，斜面に沿って上方へ距離 l だけ進んだときの速さが v になりました。このときの，力学的エネルギーの変化と仕事の関係を式で表してみましょう。ただし，物体と斜面との間の動摩擦係数を μ'，重力加速度の大きさを g とします。

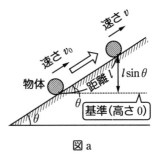

図 a

下の図 b より，物体にはたらく力は重力 mg（分解すると図 c），垂直抗力 N，動摩擦力 $\mu'N$ の 3 つです。

〈物体にはたらく力〉

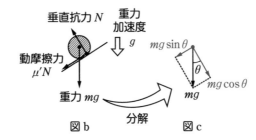

図 b　　分解　　図 c

それぞれの力によって物体がされた仕事を考えると，

・重力 → 保存力 ⇒ 仕事を考える必要なし
・垂直抗力 → 力と変位が垂直 ⇒ 仕事 0
・動摩擦力 → 力と変位が逆向き
　　　　⇒ 仕事 $-\mu'N \times l = -\mu'mgl\cos\theta$
　　　　↳斜面に垂直な方向の力のつりあいより，$N = mg\cos\theta$

となります。よって，力学的エネルギーの変化と仕事の関係式は，

$$\left(\frac{1}{2}mv^2 + mgl\sin\theta\right) - \left(\frac{1}{2}mv_0^2 + mg \times 0\right) = -\mu'mgl\cos\theta$$

変化後の力学的エネルギー　　変化前の力学的エネルギー　　非保存力の仕事

例 右の図dのように，粗い水平面上で，ばね定数 k のばねに質量 m の物体を取りつけました。ばねの縮み x_1 の位置でこの物体に初速度 v_1 を与えたところ，ばねの伸び x_2 のときの速さが v_2 になりました。

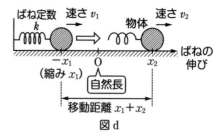

このときの，力学的エネルギーの変化と仕事の関係式を表してみましょう。ただし，物体と水平面との間の動摩擦係数を μ'，重力加速度の大きさを g とします。

下の図e，fより，物体にはたらく力は重力 mg，垂直抗力 N，動摩擦力 $\mu'N$，弾性力の4つです。

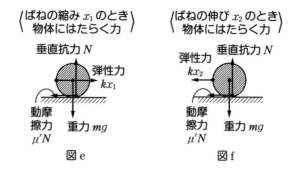

それぞれの力によって物体がされた仕事を考えると，

- ・重力 → 保存力 ⇒ 仕事を考える必要なし
- ・垂直抗力 → 力と変位が垂直 ⇒ 仕事 0
- ・動摩擦力 → 力と変位が逆向き
  - ⇒ 仕事 $-\mu'N \times (x_1 + x_2) = -\mu'mg(x_1 + x_2)$
  - └→鉛直方向の力のつりあいより，$N = mg$
- ・弾性力 → 保存力 ⇒ 仕事を考える必要なし

となります。重力による位置エネルギーについては，水平面を基準の位置にすると，高さはつねに 0 ですね。よって，力学的エネルギーの変化と仕事の関係式は，

$$\left(\frac{1}{2}mv_2^2 + mg \times 0 + \frac{1}{2}kx_2^2\right) - \left(\frac{1}{2}mv_1^2 + mg \times 0 + \frac{1}{2}kx_1^2\right)$$

変化後の力学的エネルギー　　　変化前の力学的エネルギー

$$= -\mu'mg(x_1 + x_2)$$

非保存力の仕事

高さが変わらないとき，重力による位置エネルギーは変わらないので，関

係式から省略してもいいでしょう。

重力による位置エネルギーについて，特に指定されて
いなければ基準の位置は自分で決めて構いません！

練習問題③

　右図のように，傾き θ の粗い斜面上で，ば
ね定数 k のばねに質量 m の物体を取りつけ
た。ばねの伸び x_1 の位置でこの物体に初速
度 v_1 を与えたところ，ばねの縮み x_2 のとき
の速さが v_2 になった。このときの，力学的
エネルギーの変化と仕事の関係式を表せ。
ただし，物体と斜面との間の動摩擦係数を μ'，重力加速度の大きさを g とする。

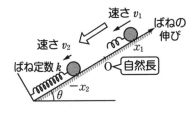

解説

考え方のポイント　下の図 **a**，**b** のように，物体にはたらく力は，重力 mg，
垂直抗力 N，動摩擦力 $\mu'N$，弾性力の 4 つです。

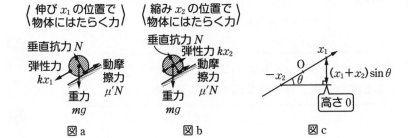

これらの力によって物体がされた仕事を考えます。
　また，変化後の物体の位置を基準の位置（高さ 0）として，重力による位置
エネルギーを考えると，上の図 **c** より，

$$\text{変化前の重力による位置エネルギー}=mg\times(x_1+x_2)\sin\theta$$
$$\text{変化後の重力による位置エネルギー}=mg\times0$$

となります。

はじめに，変化前の力学的エネルギーを求めると，

$$\frac{1}{2}mv_1{}^2 + mg(x_1 + x_2)\sin\theta + \frac{1}{2}kx_1{}^2 \quad \cdots\cdots\text{①}$$

運動エネルギー　　重力による位置エネルギー　　弾性力による位置エネルギー

次に，変化後の力学的エネルギーを求めると，

$$\frac{1}{2}mv_2{}^2 + mg \times 0 + \frac{1}{2}kx_2{}^2 \quad \cdots\cdots\text{②}$$

運動エネルギー　　　　　　　弾性力による位置エネルギー
　　　　　　　　重力による位置エネルギー

ここで，物体にはたらく力によって，物体がされた仕事を考えると，

・重力 → 保存力 ⇒ 仕事を考える必要なし

・垂直抗力 → 力と変位が垂直 ⇒ 仕事 0

・動摩擦力 → 力と変位が逆向き

$$\Rightarrow \text{仕事} \quad -\mu'N \times (x_1 + x_2) = -\mu'mg(x_1 + x_2)\cos\theta \quad \cdots\cdots\text{③}$$

斜面に垂直な方向の力のつりあいより，$N = mg\cos\theta$

・弾性力 → 保存力 ⇒ 仕事を考える必要なし

以上より，力学的エネルギーの変化と仕事の関係式は，

$$\left(\frac{1}{2}mv_2{}^2 + mg \times 0 + \frac{1}{2}kx_2{}^2\right) - \left\{\frac{1}{2}mv_1{}^2 + mg(x_1 + x_2)\sin\theta + \frac{1}{2}kx_1{}^2\right\}$$

式②　　　　　　　　　　　　式①

$$= -\mu'mg(x_1 + x_2)\cos\theta$$

式③

答　$$\left(\frac{1}{2}mv_2{}^2 + \frac{1}{2}kx_2{}^2\right) - \left\{\frac{1}{2}mv_1{}^2 + mg(x_1 + x_2)\sin\theta + \frac{1}{2}kx_1{}^2\right\}$$

$$= -\mu'mg(x_1 + x_2)\cos\theta$$

きちんと式を立てられるようになりましたか？力がたくさん出てきても，基本的な式の立て方は同じです！

① 運動エネルギーを考えるのか，力学的エネルギーを考え

└→位置エネルギーも含めて考えるのか

　るのか決める

② 物体にはたらく力によって，物体がされた仕事を求める

③ （変化後のエネルギー）－（変化前のエネルギー）

　　　＝された仕事

の式を立てる

運動エネルギーの変化に等しいのはすべての力によってされた仕事，力学的エネルギーの変化に等しいのは非保存力によってされた仕事です。きちんと区別することが大事です！

Ⅲ 力学的エネルギー保存の法則

第5講　仕事とエネルギー

　物体のもつ運動エネルギーや位置エネルギーがそれぞれ変化しても，それらの和である力学的エネルギーが変化しない場合もあります。この状態を，**物体の力学的エネルギーが保存されている**といいます。

　前項 Ⅱ で学習したように，

　　（変化後の力学的エネルギー）－（変化前の力学的エネルギー）

　　　　＝非保存力の仕事

でしたね。この関係は，**非保存力によって仕事がされなければ，物体の力学的エネルギーは変化しない**ことも示しており，これが**力学的エネルギー保存の法則**です。

　　物体にはたらく非保存力が仕事をしないとき，物体の力学

└→動摩擦力や張力など

的エネルギーは変化しない

　　（変化前の力学的エネルギー）＝（変化後の力学的エネルギー）

それでは，いろいろな状況で実際に力学的エネルギー保存の法則の式を立ててみましょう。いずれの場合も，物体の質量は m，重力加速度の大きさは g とします。

 下の図のように，地面から高さ h の位置で，物体に初速 v_0 を与えたところ，物体が地面に落ちる直前の速さが v となりました。

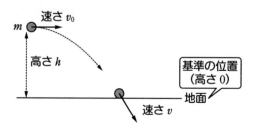

物体にはたらく力は重力のみです。重力は保存力であり，仕事を考える必要がないので，この場合，力学的エネルギーが保存します。重力による位置エネルギーの基準の位置（高さ 0）を地面とすると，物体の力学的エネルギー保存の法則の式は，

$$\underbrace{\frac{1}{2}mv_0{}^2 + mgh}_{\substack{\text{変化前の力学的}\\\text{エネルギー}}} = \underbrace{\frac{1}{2}mv^2 + mg \times 0}_{\substack{\text{変化後の力学的}\\\text{エネルギー}}}$$

 下の図 b のように，なめらかな水平面上で，物体にばね定数 k のばねを取りつけました。ばねの縮み x_1 の位置でこの物体に速さ v_1 を与えたところ，ばねの伸び x_2 のときの速さが v_2 になりました。

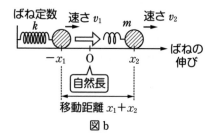

図 b

物体にはたらく力は重力 mg，垂直抗力，弾性力の 3 つです。それぞれの力によって，物体がされた仕事を考えると，

- 重力 → 保存力 ⇒ 仕事を考える必要なし
- 垂直抗力 → 力と変位が垂直 ⇒ 仕事 0
- 弾性力 → 保存力 ⇒ 仕事を考える必要なし

となり，力学的エネルギーが保存されることがわかります。水平面上を運動しているので高さが変わりません。なので，重力による位置エネルギーは省略します。すると，物体の力学的エネルギー保存の法則の式は，

$$\frac{1}{2}mv_1^2 + \frac{1}{2}kx_1^2 = \frac{1}{2}mv_2^2 + \frac{1}{2}kx_2^2$$

変化前の力学的エネルギー　　変化後の力学的エネルギー

エネルギーの関係式は，立てることがゴールではなかったですよね。この式を利用して速さを求める問題に取り組んで第5講をしめくくりましょう！

練習問題④

右図のように，傾き θ のなめらかな斜面上で，ばね定数 k のばねに質量 m の物体を取りつけた。ばねの伸び x_1 の位置でこの物体に初速 v_1 を与えたところ，ばねの縮みが x_2 のときの速さが v_2 となった。重力加速度の大きさを g として，次の問いに答えよ。

(1)　力学的エネルギー保存の法則の式を書け。

(2)　(1)より，v_2 を求めよ。

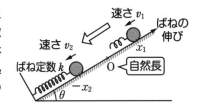

解説

考え方のポイント　物体にはたらく力は重力，垂直抗力，弾性力の3つです。このうち，重力と弾性力は保存力なので，仕事を考える必要はありません。また，垂直抗力は変位に対して垂直なので，仕事は0です。よって，物体の力学的エネルギーは保存されます。

ここで，変化後の物体の位置を基準の位置（高さ0）として，重力による位置エネルギーを考えると，右の図より，

変化前の重力による位置エネルギー $= mg \times (x_1 + x_2)\sin\theta$

変化後の重力による位置エネルギー $= mg \times 0$

125

重力による位置エネルギーの基準の位置は，変化前と変化後のうち，低い方にするとわかりやすいです！

(1) はじめに，変化前の力学的エネルギーを求めると，

$$\frac{1}{2}mv_1{}^2 + mg(x_1+x_2)\sin\theta + \frac{1}{2}kx_1{}^2 \quad \cdots\cdots①$$

運動エネルギー　　重力による位置エネルギー　　弾性力による位置エネルギー

次に，変化後の力学的エネルギーを求めると，

$$\frac{1}{2}mv_2{}^2 + 0 + \frac{1}{2}kx_2{}^2 \quad \cdots\cdots②$$

運動エネルギー　↑　弾性力による位置エネルギー
　　　　　　　重力による位置エネルギー

式①，②より，力学的エネルギー保存の法則の式は，

$$\frac{1}{2}mv_1{}^2 + mg(x_1+x_2)\sin\theta + \frac{1}{2}kx_1{}^2 = \frac{1}{2}mv_2{}^2 + \frac{1}{2}kx_2{}^2 \quad \cdots\cdots③$$

(2) 式③を v_2 について解くと，

$$v_2{}^2 = v_1{}^2 + 2g(x_1+x_2)\sin\theta + \frac{k}{m}(x_1{}^2 - x_2{}^2)$$

$v_2 > 0$ より，　$v_2 = \sqrt{v_1{}^2 + 2g(x_1+x_2)\sin\theta + \frac{k}{m}(x_1{}^2 - x_2{}^2)}$

答 (1) $\dfrac{1}{2}mv_1{}^2 + mg(x_1+x_2)\sin\theta + \dfrac{1}{2}kx_1{}^2 = \dfrac{1}{2}mv_2{}^2 + \dfrac{1}{2}kx_2{}^2$

　　　 (2) $v_2 = \sqrt{v_1{}^2 + 2g(x_1+x_2)\sin\theta + \dfrac{k}{m}(x_1{}^2 - x_2{}^2)}$

第6講

相対運動

この講で学習すること

Step 1 相対運動のイメージをつかもう

　これまで，速度や加速度，変位を扱ってきましたが，これらは

地面や床の上に静止している観測者

　　　　　　　　　　　↳物体の運動を見ている人のこと

から見た値でした。しかし，第6講では

運動している観測者

から見た物体の運動を考えていきます。このような運動を**相対運動**といいます。

　下の図のように，物体Aが位置Pに，物体Bが位置Qにあったとします。同じ時刻に，物体Aは初速 v_A で鉛直投げ上げ，物体Bは初速 v_B で水平投射されました。

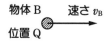

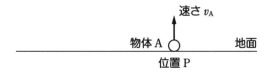

　物体 A，Bの運動を，地面で静止している観測者が見ると，下の図のように，
　　　物体A：**一直線上（鉛直線上）の往復運動**
　　　物体B：**放物運動**
をしているように見えます。

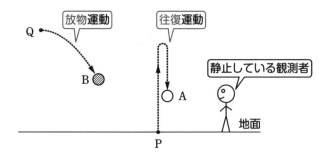

それでは，下の図のように，物体Aと一緒に運動している観測者が，放物運動する物体Bを見ると，どのような運動をしているように見えると思いますか？

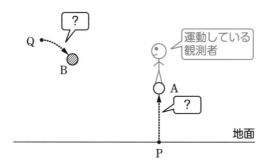

　このAと一緒に運動している観測者から見た物体Bの運動を，**Aに対するBの相対運動**といいます。第6講ではこの運動について学んでいきましょう！

　　観測者**A**から見た物体**B**の運動
　　⟶　「**Aに対するBの相対運動**」という

具体的にどのように見えるかは，この講の最後で検討することにしましょう。まずは，いま考えたような「一方の物体から見たもう一方の運動」が相対運動というものである，ということを頭に入れておいてください！

Step 2 相対速度を表せるようになろう

まずは一直線上の運動で考えていきましょう！相対運動における速度を**相対速度**といいます。

ポイント 相対速度①

運動する観測者**A**から見た物体**B**の速度
── 「**A**に対する**B**の相対速度」という

例 右の図 a のように，はじめ物体Aと物体Bが同じ位置 $x=0$ にあります。同じ時刻に，物体Aは一定の速さ v_A [m/s]，物体Bは一定の速さ v_B [m/s] $(v_A < v_B)$ で，右向きに進み始めました。このときの，Aに対するBの相対速度を求めてみましょう。

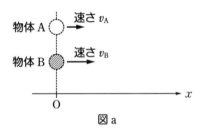

はじめの位置から時間 t [s] が経過したときの状態は下の図 b のようになります。

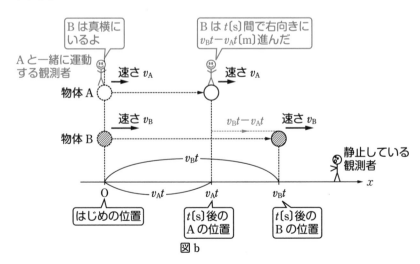

図 b

観測者は**物体Aと一緒に運動していて**,「Aから見たBの速度」を求める…と考えるといいです！

　動き始めて時間 t [s] が経過したとき，静止している観測者からは，物体Aは速さ v_A [m/s] で距離 $v_A t$ [m] 進み，物体Bは速さ v_B [m/s] で距離 $v_B t$ [m] 進んでいるように見えています。しかし，物体Aから見ると，物体Bは右向きに $v_B t - v_A t = (v_B - v_A)t$ [m] だけ進んだようにしか見えません。物体Aに対して時間 t [s] で距離 $(v_B - v_A)t$ [m] 進んだので，このときの速さは，

$$速さ = \frac{距離}{時間} = \frac{(v_B - v_A)t}{t} = v_B - v_A \ [m/s]$$

◀ Aから見たBの速度，すなわちAに対するBの相対速度の大きさ！

　つまり，物体Aと一緒に運動している観測者には，この運動が下の図のように見えています。

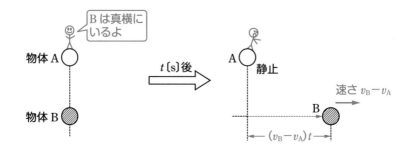

　したがって，Aに対するBの相対速度は，右向きに大きさ $v_B - v_A$ [m/s] となります。

AとBが逆向きに進む場合の相対速度はどうなるでしょうか。

例　次ページの図cのように，はじめ物体Aと物体Bが同じ位置にあります。同じ時刻に，物体Aは一定の速さ V_A [m/s] で右向きに，物体Bは一定の速さ V_B [m/s] で左向きに進み始めました。このときの，Aに対するBの相対速度を求めてみましょう。

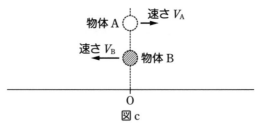

図 c

はじめの位置から時間 t [s] が経過したときの状態は図 d のようになります。

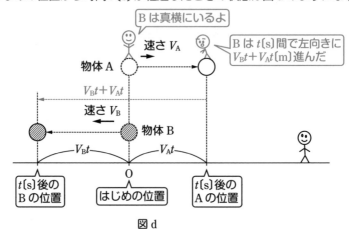

図 d

動き始めてから t [s] だけ時間が経過したとき，物体Aから見ると，物体Bは左向きに

$$V_B t + V_A t = (V_B + V_A) t \text{ [m]}$$

だけ進んだように見えます。時間 t [s] で距離 $(V_B + V_A) t$ [m] 進んだので，このときの速さは，

$$速さ = \frac{距離}{時間} = \frac{(V_B + V_A) t}{t} = V_B + V_A \text{ [m/s]}$$

◀ Aから見たBの速度，すなわちAに対するBの相対速度の大きさ！

物体Aと一緒に運動している観測者には，この運動が下の図のように見えています。

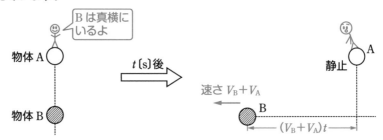

したがって，Aに対するBの相対速度は，左向きに大きさ $V_B + V_A$ [m/s] となります。

ここまでをまとめると，相対速度の大きさは，

2つの物体の進む向きが $\begin{cases} \text{同じ向きのとき → 速さを引く} \\ \text{逆向きのとき → 速さを足す} \end{cases}$

となります。ただ，場合分けがしにくいときもあるので，相対速度の向きも含めて，もう少し統一したかたちで覚えましょう！

ポイント 相対速度②

Aに対するBの相対速度＝Bの速度 － Aの速度

「速度」なので向きによって，正だったり負だったりします。運動全体の正の向きを最初に決めて，それぞれの速度が正か負か，ていねいに考えよう！

先ほどのAとBが同じ向きに進んでいる <mark>例</mark> では，図の右向きを正とすると，Aの速度は $+v_A$，Bの速度は $+v_B$ なります。よって，Aに対するBの相対速度は，

$+v_B - (+v_A) = v_B - v_A$ ◀図の右向きに，速さ $v_B - v_A$

また，AとBが逆向きに進んでいる <mark>例</mark> では，図の右向きを正とすると，Aの速度は $+V_A$，Bの速度は $-V_B$ になります。すると，Aに対するBの相対速度は，

$-V_B - (+V_A) = -(V_B + V_A)$ ◀図の左向きに，速さ $V_A + V_B$

と求めることができます。

等加速度直線運動の公式や運動方程式でも，正の向きを決めることはとても大事でしたよね。ここでも同じです！

　右図のように，物体Aが速さ 5 m/s で右向きに，物体Bが速さ 4 m/s で左向きに，物体Cが速さ 10 m/s で左向きに運動している。このとき，次の問いに答えよ。

(1)　物体Aに対する物体Bの，相対速度の大きさと向きを求めよ。

(2)　物体Bに対する物体Cの，相対速度の大きさと向きを求めよ。

(3)　物体Cに対する物体Bの，相対速度の大きさと向きを求めよ。

物体 A

物体 B

物体 C

解説

考え方のポイント　まず，正の向きを決めましょう。それから物体の速さを，正負の符号をつけて速度として表します。あとは，「物体〇〇に対する〜」とあれば，〇〇側の速度を引くかたちで相対速度を求めます。もし負になれば，正の向きと逆向きということになりますね。

(1)　左向きを正とすると，物体Aの速度は -5 m/s，物体Bの速度は 4 m/s なので，物体Aに対する物体Bの相対速度は，

　　　　（Bの速度）−（Aの速度）＝$4-(-5)=9$ m/s　◀正なので左向き

　　　よって，相対速度の大きさは 9 m/s，向きは左向き

(2)　左向きを正とすると，物体Bの速度は 4 m/s，物体Cの速度は 10 m/s なので，物体Bに対する物体Cの相対速度は，

　　　　（Cの速度）−（Bの速度）＝$10-4=6$ m/s　◀正なので左向き

　　　よって，相対速度の大きさは 6 m/s，向きは左向き

(3)　左向きを正とすると，物体Cに対する物体Bの相対速度は，

　　　　（Bの速度）−（Cの速度）＝$4-10=-6$ m/s　◀負は左向きの逆で右向き

　　　よって，相対速度の大きさは 6 m/s，向きは右向き

答　(1)　相対速度の大きさ：9 m/s，向き：左向き
　　　(2)　相対速度の大きさ：6 m/s，向き：左向き
　　　(3)　相対速度の大きさ：6 m/s，向き：右向き

Step 3 相対加速度に挑戦してみよう

Step 1，2では等速直線運動している物体について考えましたが，等加速度直線運動している物体についても同様に，相対速度を求めることができます。

例 下の図のように，板A上の左端に物体Bを置き，この状態から右向きを正として，板は初速度 V_0，加速度 a で，物体Bは初速度 v_0（$> V_0$），加速度 b（$> a$）でそれぞれ等加速度直線運動を始めます。運動を始めてから時間 t 後の，板Aに対する物体Bの相対速度を求めてみましょう。

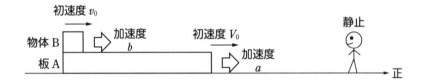

まず，静止している観測者から見た板Aの速度 v_A と，物体Bの速度 v_B は，

板A：$v_A = V_0 + at$

物体B：$v_B = v_0 + bt$

板Aに対する物体Bの相対速度を求めると，

$v_B - v_A = (v_0 + bt) - (V_0 + at)$　◀Aに対するBの相対速度＝Bの速度−Aの速度

$= (v_0 - V_0) + (b - a)t$

この式を，等加速度直線運動の公式 $v = v_0 + at$ と比べてみると，

$v \rightarrow v_B - v_A$，$v_0 \rightarrow (v_0 - V_0)$，$a \rightarrow (b - a)$ に対応します。

これより，板Aと一緒に運動している観測者には，下の図のように，物体Bは初速度 $v_0 - V_0$，加速度 $b - a$ の等加速度直線運動に見えることがわかります。

第6講

相対運動

ここで，加速度の差 $b-a$ は，板Aに対する物体Bの**相対加速度**を表しています。また，v_0-V_0 は初速度の差ですので，板Aに対する物体Bの相対初速度ということになります。

ポイント 相対加速度

Aに対するBの相対加速度＝Bの加速度 － Aの加速度

速度だけではなく，加速度も初速度も，さらに変位でも「相対〜」を考えることができます。物体がいくつか出てくるときは，この考え方が重要になることがあります！

Step 4 相対運動の軌跡を考えてみよう

ここで，Step 1 で取り上げた運動に戻ってみます。Step 1 の運動とは，次のようなものでした。

下の図のように，物体Aが位置Pに，物体Bが位置Qにあったとします。同じ時刻に，物体Aは初速 v_A で鉛直投げ上げ，物体Bは初速 v_B で水平投射されました。

下の右図のように，物体Aと一緒に運動している観測者が，放物運動する物体Bを見ると，どのような運動をしているように見えるのでしょうか？

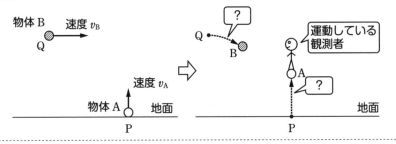

まず，この観測者から見た物体Aの運動を考えると，Aと一緒に運動している観測者には，「**Aは静止している**」ように見えます。

次に，この観測者から見た物体Bの運動を考えましょう。物体Bに対する物体Aの相対運動を考えると，軌跡がわかります。

下の図のように，水平右向きに x 軸，鉛直上向きに y 軸をとって，動き始めてから時間 t 後の物体Aの速度の x 成分，y 成分をそれぞれ v_x, v_y，物体Bの速度の x 成分，y 成分をそれぞれ u_x, u_y とします。重力加速度の大きさを g として，これらを表してみます。

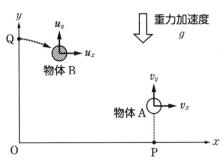

物体Aの速度について，　　　　　物体Bの速度について，

x 成分：$v_x=0$　　　　　　　　x 成分：$u_x=v_B$

y 成分：$v_y=v_A-gt$　　　　　y 成分：$u_y=0-gt=-gt$

ですね。

Aに対するBの相対速度は，x 成分と y 成分それぞれで求めると，

x 成分：$\underset{B}{u_x}-\underset{A}{v_x}=v_B-0=v_B$

◀ Aに対するBの相対速度
＝Bの速度－Aの速度

y 成分：$\underset{B}{u_y}-\underset{A}{v_y}=(-gt)-(v_A-gt)=-v_A$

となります。この相対速度は，x 成分にも y 成分にも**時間 t がありません**ので，**時間によらず，つねに一定**であることを示しています。

つまり，物体Aと一緒に運動している観測者には，「Bは右向きに速さ v_B，下向きに速さ v_A の一定の速度で進んでいる」ように見えます。したがって，下の図のように，物体Aと一体となって運動している観測者が見ると，

物体A：静止

物体B：等速直線運動

となります。つまり，物体Bの軌跡は「直線」とわかります。

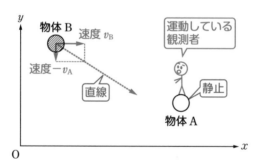

２つの物体が登場して，それぞれが別々に動くと，わかりづらくなることが多いです。そこで，「相対運動」という見方をすると，「一方が静止していると考えて，もう一方の運動を見る」ことができます。はじめはとっつきにくいですが，実はとても便利な考え方です。相対運動の考え方をしっかりと身につけてください！

　右図のように，水平右向きに x 軸，鉛直上向きに y 軸をとる。原点Oから物体Aを速さ v_0 で水平方向から角 θ だけ傾いた方向に投射し，それと同時にある地点Pから物体Bを静かにはなした。重力加速度の大きさを g として，次の問いに答えよ。

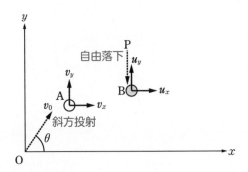

(1)　物体Aを投射してから時間 t 後の，物体Aに対する物体Bの相対速度の x 成分と y 成分をそれぞれ求めよ。

(2)　物体Aから見ると，物体Bはどのような運動をしているように見えるか答えよ。

解説

考え方のポイント　　まずは，時間 t 後の物体Aと物体Bの速度を，x 軸方向と y 軸方向でそれぞれ表します。物体Aは斜方投射，物体Bは自由落下ですね（速度の表し方がわからなくなったら，第2講に戻ってください）。

それから，x 軸方向と y 軸方向で「物体Bの速度－物体Aの速度」で相対速度を求めます。その相対速度が時間 t によって変化するか，変化しないのかを式を見て考えてみましょう。

(1)　物体Aを投射してから時間 t 後の，物体Aの速度の成分を v_x，v_y とすると，
$$x\text{軸方向}：v_x = v_0\cos\theta \qquad y\text{軸方向}：v_y = v_0\sin\theta - gt$$
物体Bの速度の成分を u_x，u_y とすると，
$$x\text{軸方向}：u_x = 0 \qquad y\text{軸方向}：u_y = -gt$$
よって，物体Aに対する物体Bの相対速度の x 成分は，

$$u_x - v_x = 0 - v_0 \cos\theta = -v_0 \cos\theta$$

物体Aに対する物体Bの相対速度の y 成分は,

$$u_y - v_y = (-gt) - (v_0 \sin\theta - gt) = -v_0 \sin\theta$$

(2) 物体Aに対する物体Bの相対速度は, x 軸方向は左向きに速さ $v_0 \cos\theta$, y 軸方向は下向きに $v_0 \sin\theta$ となる。時間 t によらず変化しないので, 速さと向きは変わらない。よって, 等速直線運動するように見える。

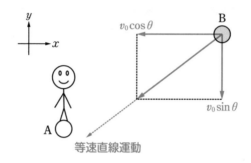

答 (1) x 成分：$-v_0 \cos\theta$　　y 成分：$-v_0 \sin\theta$　　(2) 等速直線運動

運動量と力積

この講で学習すること

Step 1 運動量を表せるようになろう

　まず，この Step で「物体の運動のようす（運動の激しさ）」を表す**運動量**について理解しましょう。運動量は，エネルギーと区別がつかなくなってしまう人も多いのですが，物理ではとても大事なものです。頑張って学びましょう！

Ⅰ 運動量の定義

　運動量はきちんと定義されていて，物体の質量と速度の積で表されます。定義なので覚えましょう！

> **ポイント**　運動量
>
> 　質量 m の物体が速度 v で運動しているとき，物体の運動量 p は，
>
> $$p = mv$$　◀運動量＝物体の質量×物体の速度
>
> 質量 m ◯ 速度 v →

　運動量の単位については，質量 [kg] と速度 [m/s] を掛けているので，運動量 p は [kg·m/s] になります。

Ⅱ 運動量の正負

　運動量を表すときに大事なことは，**速さではなく「速度」を用いる**ということです。速度は向きも含むものでしたね。運動量にも向きがあり，正の向きを決めて扱う必要があります。

　運動量は正の場合もあれば負の場合もあります！

例 右の図のように，質量 m の物体が，右向きに速さ v で運動している場合を考えます。右向きを正とすると物体の「速度」は $+v$ になるので，物体の運動量は，mv と表されます。

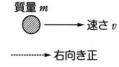

例 右の図のように，質量 M の物体が左向きに速さ V で運動している場合を考えます。右向きを正とすると物体の「速度」は $-V$ になるので，物体の運動量は，$M(-V)=-MV$ と表されます。

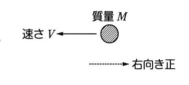

Ⅲ 運動量の分解

前項 Ⅰ Ⅱ より，運動量はベクトルだということがわかりましたね。そのため**運動量も分解することができます。**

例 質量 m の物体が速さ v で，x 軸方向から角 θ だけ傾いた向きに運動しているとします。

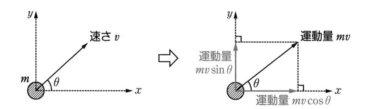

　物体の運動量の大きさは mv になります。この運動量を x 軸方向に分解すると $mv\cos\theta$，y 軸方向に分解すると $mv\sin\theta$ となります。

Step **2** 運動量と力積の関係を導いてみよう

Step 1 で学習した運動量ですが，物体に力が加わると速度が変化するため，運動量も変化します。この Step 2 では，運動量の変化と力の関係について，考えてみましょう。

Ⅰ 力積

下の図のように，質量 m の物体が速度 v_0 で運動していたとします。この物体に時間 t の間，一定の力 F を加え続けたところ，物体の速度が v に変化しました。

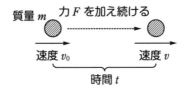

質量 m　力 F を加え続ける

速度 v_0　　　　速度 v

時間 t

上の図より，はじめの運動量は mv_0，時間 t 後の運動量は mv ですね。

さて，ここで，この間の加速度 a を考えてみると，

$$a = \frac{v - v_0}{t}$$　◀加速度＝$\dfrac{速度の変化}{運動時間}$

と表せます。この a を運動方程式 $ma = F$ に代入すると，

$$m \times \frac{v - v_0}{t} = F$$

式変形して，

$$mv - mv_0 = Ft$$

つまり，運動量の変化 $mv - mv_0$ は，力 F×時間 t と等しいのです！上の式の右辺にある力と時間の積 Ft のことを**力積**といいます。

▶ ポイント　力積

力積＝物体にはたらく力×力がはたらいた時間

単位については，力〔N〕と時間〔s〕の掛け算で，〔N・s〕となります。
〔N〕＝〔kg・m/s²〕の関係から〔N・s〕＝〔kg・m/s〕となり，力積の**単位は運動量と同じ**になります。

Ⅱ 力積の正負

　力積を考えるときに注意してほしいのは，運動量と同じく**力積はベクトルなので，正の向きを決めて正負をはっきりさせる**ということです。

> **ポイント** 「力積」を考えるときの注意点
>
> ## 正の向きを決めて，正か負かはっきりさせること

例 右の図のように，ある物体に大きさ f で一定の力を，右向きに与えます。右向きを正とすると，力の向きと正の向きが同じなので，力積は正になります。よって，時間 Δt の間に物体に与えられた力積は，$f\Delta t$ です。

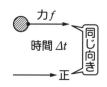

例 右の図のように，ある物体に大きさ F で一定の力を，左向きに与えます。右向きを正とすると，力の向きと正の向きが逆なので，力積は負になります。よって，時間 t の間に物体に与えられた力積は，$-Ft$ です。

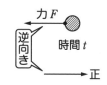

例 右の図のように，質量 m の物体を高さ h から自由落下させます。物体が地面に達するまでの間の，重力の力積を求めましょう。鉛直下向きを正として，重力加速度の大きさを g とします。

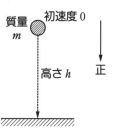

　まず，物体にはたらく重力の大きさは mg で一定です。次に，地面に達するまでの時間を t とすると，高さ h の自由落下なので，$h=\dfrac{1}{2}gt^2$ より，

$$t=\sqrt{\dfrac{2h}{g}}$$

となります。正の向きと重力の向きは同じなので，力積は正となります。

以上より，重力の力積は，

$$mg \times t = mg\sqrt{\frac{2h}{g}} = m\sqrt{2gh}$$

になります。

Ⅲ 運動量と力積の関係

改めて，運動量と力積の関係を考えましょう。前項 Ⅰ で求めた式 $mv - mv_0 = Ft$ より，**運動量の変化は力積に等しい**ことがわかります。

ポイント 運動量と力積の関係

物体の運動量は，物体が受けた力積の分だけ変化する

$$\boldsymbol{mv - mv_0 = Ft}$$

関係式のかたちは，
変化後の運動量－変化前の運動量＝物体が受けた力積
でもいいし，
変化前の運動量＋物体が受けた力積＝変化後の運動量
でもいいです！

 右の図のように，質量 m の物体に大きさ f で一定の力を，右向きに時間 t だけ加え続けたところ，右向きの速さが V_0 から V_1 に変化しました。

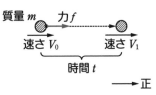

右向きを正とすると，この間に物体の運動量は mV_0 から mV_1 に変化しています。また，この間に物体が受けた力積は ft です。以上より，運動量と力積の関係は，

$$mV_1 - mV_2 = ft$$

と表せます。

例 右の図のように，質量 M の物体に大きさ F で一定の力を，左向きに時間 t_1 だけ加え続けたところ，物体は右向きの速さ v_1 から左向きの速さ v_2 に変化しました。

右向きを正とすると，変化前の運動量は Mv_1 ですが，変化後の運動量は速度が $-v_2$ と表されるので，$M(-v_2)=-Mv_2$ になります。また，物体が受けた力積も左向きの力を受けているので，$-Ft_1$ です。以上より，運動量と力積の関係は，

$$(-Mv_2)-Mv_1=-Ft_1$$

と表せます。

> エネルギーと仕事の関係と同じように，関係式を立てること自体がゴールではありません！この関係式から速度や時間を求められるようになりましょう！

練習問題①

右図のように，粗い水平面上で，質量 m の物体に大きさ v_0 の初速度を与えたところ，水平面上のある位置で静止した。物体と水平面との間の動摩擦係数を μ'，重力加速度の大きさを g として，物体が動き始めてから静止するまでの時間 t を求めよ。

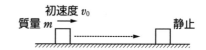

解説

考え方のポイント 運動量と力積の関係を使って，物体の運動時間を求めます。正の向きを決めて，向きに注意して式を立てましょう。

まずは正の向きを決めます。はじめに右向きに動くので，この向きと同じ右向きを正としましょう。

動き始めたときの物体の運動量は mv_0 で，静止したときの運動量は $m\times 0=0$ になります。

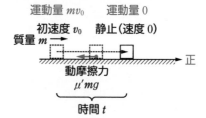

次に，力積を求めるため，物体にはたらく力に注目します。物体には重力，垂直抗力，動摩擦力がはたらいています。いまは水平方向の運動なので，水平方向成分のない重力と垂直抗力は使いません。動摩擦力は大きさが $\mu'mg$ で，物体が進む向きと逆向きにはたらいています。以上より，力積は $-\mu'mgt$ です。

運動量と力積の関係より，

$$0-mv_0=-\mu'mgt \qquad \text{これより，} \qquad t=\frac{v_0}{\mu'g}$$

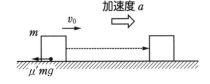

別解　時間 t は，運動方程式と等加速度
　直線運動の公式を使って求めることも
　できます。
　　物体の水平右向きの加速度を a とす
　ると，物体の運動方程式より，

$$ma=-\mu'mg$$

　これより，　　$a=-\mu'g$
　また，等加速度直線運動の公式 $v=v_0+at$ より，

$$0=v_0+(-\mu'g)t \qquad \text{よって，} \qquad t=\frac{v_0}{\mu'g}$$

答　$\dfrac{v_0}{\mu'g}$

どちらでも同じ答になりますね。ただ，運動量と力積の関係の方が早く求められそうです。別解を考えると，問題演習がより意味のあるものになりますよ！

Step 3 運動量保存の法則を導いてみよう

Step 1，2 では，1つの物体の運動量や力積について学習しました。Step 3 では，物体が2つあるときの運動量や力積について考えてみましょう。

Ⅰ 運動量保存の法則

下の図のように，右向きを正として，一直線上を質量 m の物体Aが速度 v_0 で，質量 M の物体Bが速度 V_0 で運動しています。$v_0 > V_0$ のとき，すなわち物体Bよりも物体Aの方が速ければ，この2物体は衝突します。衝突後，物体Aの速度は v，物体Bの速度は V になったとします。

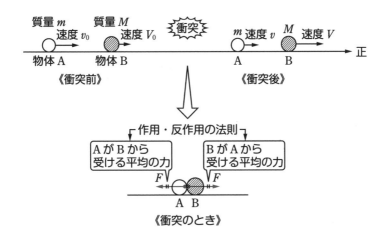

2物体が衝突している（接触している）とき，物体Bは物体Aから力を受け，また物体Aも物体Bから力を受けます。作用・反作用の法則から，この力は**逆向きで同じ大きさ**になっています。衝突はきわめて短い時間で起こりますが，この力の大きさは時間とともに変化します。そこで，この力の大きさの平均を考えることにします。衝突の間，物体Aと物体Bがおよぼしあう力は，平均の力で一定となります。

衝突していた時間を t として，この間におよぼしあった平均の力の大きさを F とします。物体の運動量と力積の関係の式を立ててみましょう。

まずは「Aだけ」見て考えると，衝突前の運動量は mv_0，受けた力積は $-Ft$，

衝突後の運動量は mv になっているので，

物体A：$mv - mv_0 = -Ft$ ……①

次に，「Bだけ」見ると，衝突前の運動量は MV_0，受けた力積は Ft，衝突後の運動量は MV になっているので，

物体B：$MV - MV_0 = Ft$ ……②

式①と式②を辺々加える（左辺どうし，右辺どうし足しあわせる）と，力積の項が消えますね。すると，

$$mv - mv_0 + MV - MV_0 = 0 \qquad \text{これより，} \qquad \underbrace{mv_0 + MV_0}_{\substack{\text{衝突前の2物体} \\ \text{の運動量の和}}} = \underbrace{mv + MV}_{\substack{\text{衝突後の2物体} \\ \text{の運動量の和}}}$$

この式から，衝突前と衝突後の運動量の和が変わらない，つまり「運動量の和が保存されている」とわかります。これが**運動量保存の法則**です。

ポイント 運動量保存の法則

変化前の運動量の和＝変化後の運動量の和

物体Aと物体Bを1つのグループ（**物体系**）と考えると，力 F は物体系 AB の内部ではたらく力（**内力**）となり，物体系 AB に他の物体から受ける力（**外力**）は，水平方向には加わっていません。そのために，物体系 AB の水平方向の運動量は変わらなかったんですね。すなわち，**運動量保存の法則は，注目している物体系に対して，外力による力積が加わらない方向について成り立ちます。**

ポイント 運動量保存の法則が成り立つ条件①

物体系に外力による力積が加わらない方向について成り立つ

物体を手で押すなど，外から力を加えていなければ，衝突の直前・直後で2物体の運動量の和は保存されます！また，運動量はベクトルなので，外力を受けていても，外力が加わらない方向があれば，その方向については運動量の和は保存されます！！

Ⅱ 反発係数

また，物体の衝突では**反発係数（はねかえり係数）**という値も用いられます。これも定義として覚えましょう！

ポイント　反発係数（はね返り係数）e

$$e=-\frac{衝突直後の相対速度}{衝突直前の相対速度}$$

または，

$$-e×（衝突直前の相対速度）＝衝突直後の相対速度$$

衝突直後の相対速度は，衝突直前の相対速度の $-e$ 倍になる

例　前項 Ⅰ の図の衝突において，「**物体Aに対する物体Bの相対速度**」を考えると，

衝突直前のAに対するBの相対速度：V_0-v_0

衝突直後のAに対するBの相対速度：$V-v$

この衝突の反発係数が e であれば，次のような関係式が立てられます。

$$-e(V_0-v_0)=V-v \quad ……③$$

例　Ⅰ の図の衝突において，「**物体Bに対する物体Aの相対速度**」を考えると，

衝突直前のBに対するAの相対速度：v_0-V_0

衝突直後のBに対するAの相対速度：$v-V$

この衝突の反発係数 e を用いて，次のような関係式が立てられます。

$$-e(v_0-V_0)=v-V \quad ……④$$

上の **例** の式③と式④は変形すると同じ式になっています。衝突の直前・直後で，「Aに対するBの相対速度」か「Bに対するAの相対速度」かにそろえていれば，どちらでも正しい式になります。

衝突をテーマにした問題では,「2物体の相対速度が$-e$倍になる」という関係を思い出してください!

　なお,反発係数eは0から1までの範囲の値です。下の表に,反発係数eの値と衝突の名称,衝突の特徴についてまとめておきます。

eの値	衝突の名称	衝突の特徴
$e=1$	弾性衝突(完全弾性衝突)	衝突の前後で力学的エネルギーが保存される。
$0 \leqq e < 1$	非弾性衝突	力学的エネルギーが保存されない。※熱や音,物体の変形などに使われる
$e=0$	完全非弾性衝突	衝突直後に2物体が一体となって運動する。

Ⅲ　2物体の衝突

　ここまでの知識を使って衝突の問題に取り組んでみましょう!

　2物体の衝突の問題で,まず立てるべき式は**運動量保存の法則の式**と**反発係数の式**です。このときに大事なことは,運動量も反発係数も「速度」を用いて表すので,求めたいものが「速さ」であっても,きちんと**正の向きを決めて「速度」の式で表す**ことです。

ポイント　2物体の衝突の問題の解き方

・運動量保存の法則の式
・反発係数の式
の2式を立てて計算する

◀正の向きを決めて,「速度」で式を立てること!

　右図のように，なめらかな水平面上に静止した状態で置かれた質量 M の物体Qに，速さ v_0 で質量 $m\,(<M)$ の物体Pを衝突させた。次の問いに答えよ。

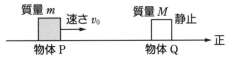

(1)　衝突直後の物体Qの速度 V を求めよ。速度は水平右向きを正とし，物体Pと物体Qとの間の反発係数を e とする。

(2)　(1)の衝突後に物体Pが左向きに進むための，反発係数 e が満たすべき条件を表せ。

解説

考え方のポイント　衝突直後の物体Pの速度を v とすると，物体P，Qの運動のようすは下の図のように表されます。この図をもとに，運動量保存の法則の式と反発係数の式を立てましょう。

衝突直後の物体Pは，とりあえず正の向きに進むものと仮定します！

(1)　衝突直後の物体Pの速度を v とすると，運動量保存の法則より，

$$\underbrace{mv_0+M\times0}_{\text{衝突前の運動量}}=\underbrace{mv+MV}_{\text{衝突後の運動量}}$$

反発係数 e を用いて，Pに対するQの相対速度の関係を表すと，

$$-e\underbrace{(0-v_0)}_{\text{衝突前}}=\underbrace{V-v}_{\text{衝突後}}$$

上の2式より，

$$v=\frac{m-eM}{m+M}v_0,\qquad V=\frac{(1+e)m}{m+M}v_0$$

(2) 右向きを正としているので，左向きに進むのであれば衝突直後の物体Pの速度 v は負となればよく，

$$v = \frac{m - eM}{m + M} v_0 < 0 \qquad \text{これより,} \qquad e > \frac{m}{M}$$

答 (1) $\dfrac{(1+e)m}{m+M} v_0$ (2) $e > \dfrac{m}{M}$

なお，物体Pと物体Qが**同じ質量 $m = M$** で，**なおかつ弾性衝突 $e = 1$** であったとすると，

衝突直後の物体Pの速度 $\quad v = \dfrac{m - 1 \times m}{m + m} v_0 = 0$ ◀衝突直前の物体Qの速度

衝突直後の物体Qの速度 $\quad V = \dfrac{(1+1)m}{m + m} v_0 = v_0$ ◀衝突直前の物体Pの速度

となり，**衝突の直前・直後で物体Pと物体Qの速度が入れ替わる**結果となります。

ポイント 同じ質量の2物体の弾性衝突

衝突の直前と直後で，2物体の速度が入れ替わる

Step 4 運動量が保存されるパターンをおさえよう

運動量保存の法則が成り立つ運動としては，2物体の衝突が一番わかりやすいと思いますが，他のケースもあります。ここでは，代表的なものとして，重ねた2物体，ばねでつながれた2物体，斜面をもつ台車と小物体の3つを挙げます。

ポイント 運動量保存の法則が成り立つ条件②

物体系に外力による力積が加わらない方向について成り立つ
↓
物体系に内力による力積のみが加わる方向について成り立つ
↓
2物体があり，それらの受ける力が，逆向き・同じ大きさ，を満たす方向について成り立つ

Ⅰ 重ねた2物体

下の図のように，なめらかな水平面上に置かれた板の上に小物体を置き，小物体に初速度を与えます。板と小物体との間に摩擦があると，動摩擦力がはたらきます。この動摩擦力は**作用・反作用の法則**より，小物体と板に対して互いに逆向きで同じ大きさの関係になっているので，水平方向の運動量の和が保存されます。なお，重力や垂直抗力は鉛直方向にはたらいているので，水平方向の運動量には関係ありません。

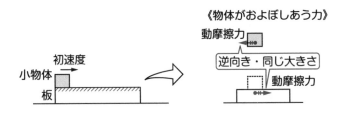

Ⅱ ばねでつながれた2物体

　下の図のように，なめらかな水平面上に，ばねにつながれた2物体が置かれています。弾性力は，**ばねの両端で逆向きに同じ大きさ**になっています。この関係は，ばねが伸びているときでも縮んでいるときでも変わらず，ばねにつながれた2物体はつねに逆向きで同じ大きさの力を受けていることになります。つまり，水平方向の運動量の和が保存されます。

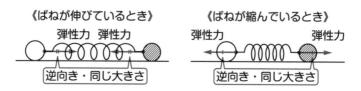

Ⅲ 斜面をもつ台車と小物体

　下の図のように，なめらかな水平面上に置かれたなめらかな斜面をもつ台車と，斜面上に置かれた小物体の運動を考えます。台車の斜面上を小物体がすべるとき，台車と小物体が互いにおよぼしあう垂直抗力は，台車と小物体に対して互いに逆向きで同じ大きさの力になっています。この垂直抗力を水平方向に分解してみると，下の右図のように，互いに逆向きで同じ大きさの力の関係になります。水平方向には，他にはたらく力はないので，この2物体について水平方向の運動量の和が保存されます。

　Ⅰ～Ⅲは，「水平方向の」と限定しています。いずれの場合も重力を受けていますが，2物体にはたらく重力はどちらも鉛直下向きで，逆向きの関係になっていませんね。したがって，重力の成分が0になっている水平方向だけで，運動量保存の法則が成り立っています。

下図のように，なめらかな水平面上に，粗く水平な上面をもつ質量 M の板Aを置く。静止している板Aの上に質量 m の物体Bを置き，物体Bのみに初速度 v_0 を与えたところ，物体Bは板Aの上をすべり始め，板Aも水平面上をすべり始めた。水平右向きを速度の正の向きとして，次の問いに答えよ。

(1) 板Aの速度が V，物体Bの速度が v になった。水平方向の運動量保存の法則を示す式を書け。

(2) 物体Bが板Aに対して静止したときの物体Bの速度を，運動量保存の法則を用いて求めよ。

物体B(質量 m)　$\xrightarrow{\quad} v_0$　板A(質量 M)　水平面

解説

考え方のポイント　下の図のように，板Aは水平面から摩擦力を受けず，板Aと物体Bは互いに動摩擦力をおよぼしあいながら運動しますが，Ⅰ で説明した通り，動摩擦力は物体Bと板Aに対して逆向きに同じ大きさではたらくので，水平方向の運動量の和が保存されます。

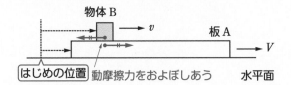

物体B　$\xrightarrow{\quad} v$　板A　$\xrightarrow{\quad} V$

はじめの位置　動摩擦力をおよぼしあう　水平面

(2)の「物体Bが板Aに対して静止した」というのは，「板Aに対する物体Bの相対速度が 0 になった」ということです。このとき，

$$v - V = 0 \quad これより，\quad v = V$$

つまり，板Aと物体Bは同じ速度になります。物体Bの速度が 0 になるわけではないので気をつけましょう。

(1) はじめ，板Aの速度は 0 なので運動量も 0 です。物体系のはじめの運動量は，物体Bの mv_0 だけである。水平方向の運動量保存の法則を示す式は，

$$M \times 0 + mv_0 = MV + mv \quad これより，\quad mv_0 = MV + mv$$

(2) 物体Bが板Aに対して静止したとき，物体Bと板Aは一体となって運動し，同じ速度になる。この速度を U とすると，水平方向の運動量保存の法則より，

$$M \times 0 + mv_0 = MU + mU \quad \blacktriangleleft \text{はじめの運動量の和}$$
$$ = \text{速度 } U \text{ のときの運動量の和}$$

これより， $U = \dfrac{m}{M+m}v_0$

答 (1) $mv_0 = MV + mv$　　(2) $\dfrac{m}{M+m}v_0$

2物体がおよぼしあう力の関係（逆向き・同じ大きさ）をきちんと確認することも大事ですし，「物体系に外力がはたらかないから運動量保存の法則が成り立つ！」とスパっと見抜くことも大事です。物体系の問題では，運動量保存の法則の式を立てることが重要になります！

第 8 講

慣性力

この講で学習すること

慣性力とは何かを知ろう

　第6講の相対運動では，**「静止している観測者」**と**「運動している観測者」**では，**物体の運動の見え方が違う**ということを学びました。

　見え方は違うけれど，同じ1つの運動…頭が混乱しそうですが，今までの運動の考え方に慣性力という考え方をプラスすることで，正しく表せるようになります。

Ⅰ 慣性力とは

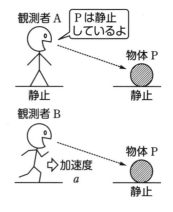

　右の図のように，静止している物体Pを，「静止している観測者A」が観測すると，どのように見えるでしょうか？

　もちろん，観測者Aには，物体Pが静止しているように見えます。

　では，静止している物体Pを，**「加速度 a で運動している観測者B」**が観測すると，どのように見えるでしょうか？

　右向きを正とすると，物体Pの加速度は0，観測者Bの加速度は a です。よって，観測者Bから見た物体Pの相対加速度は，

$$0-a=-a$$
<u>左向きに大きさ a</u>　◀観測者Bには，物体Pが加速度
　　　　　　　　　 運動しているように見える！

　ここで，運動方程式を思い出すと，**加速度は物体が「力」を受けることで生じる**ものでした。次ページの図のように，観測者Bには，物体Pが加速度をもって見えるので，この加速度をもつための力が物体Pにはたらいているように見えているはずです。とりあえずこの力を，見えている加速度と同じ左向きに，大きさ f としましょう。

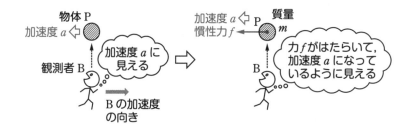

すると，観測者Bから見た物体Pの運動方程式を立てることができて，

$$ma = -f$$

となります。この力 f を**慣性力**といいます。あくまでも，**加速度運動している観測者からだけ見える力**で，静止している観測者や等速直線運動をしている観測者からは見えません。**実際には物体にはたらいていない力**で，**見かけの力**ともよばれます。

ポイント 慣性力

　加速度運動している観測者が物体を見たとき，物体にはたらいて見える力

　　大きさ：見ている物体の質量×観測者の加速度の大きさ
　　向き：観測者の加速度の向きと逆向き

では，いくつかの観測者の立場を考えて，慣性力の考え方を身につけましょう。

Ⅱ 慣性力の考え方

　次ページの図のように，右向きに大きさ α の加速度で運動している列車があるとします。この列車の中にいる観測者A，列車の外で右向きに大きさ $\beta\,(<\alpha)$ の加速度で運動している観測者B，列車の外で静止している観測者Cには，列車の中にある質量 m の物体に，それぞれどのように慣性力がはたらいて見えるでしょうか。

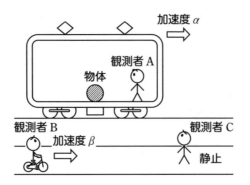

① 観測者A

　右の図のように，観測者Aは列車と同じく，右向きに大きさαの加速度で運動しています。そのため，観測者Aから見ると，物体には

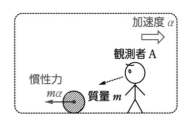

　　大きさ：$m\alpha$　◀物体の質量×観測者の加速度の大きさ

　　向き：左向き　◀観測者の加速度と逆向き

の慣性力がはたらいているように見えます。

② 観測者B

　右の図のように，観測者Bは列車とは無関係に，右向きに大きさβの加速度で運動しています。そのため，観測者Bから見ると，物体には

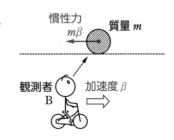

　　大きさ：$m\beta$

　　向き：左向き

の慣性力がはたらいているように見えます。

③ 観測者C

　右の図のように，観測者Cは静止しているので，加速度がありません。そのため，慣性力がはたらいているようには見えず，慣性力は0です。

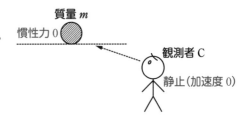

　慣性力がどのようにはたらいて見えるか，わかってきたでしょうか。特に②と③に気をつけてください。「加速度運動する列車の中にあるから慣性力がはたらく」わけではありません。①は観測者が(列車と同じ)加速度をもっているというところがポイントです！

観測者が加速度をもっていれば慣性力がはたらいて見え，加速度がなければ慣性力ははたらいて見えません。「観測者の立場をきちんと考える」ことを意識しましょう！

練習問題①

質量 M の物体を天井から糸でつるしているエレベーターが，右図のように鉛直上向きに一定の大きさ α の加速度で上昇している。重力加速度の大きさを g として，次の問いに答えよ。

(1) エレベーターの外で静止している観測者Aの立場で，糸の張力の大きさ T を求めよ。

(2) エレベーターの中にいる観測者Bの立場で，糸の張力の大きさ T' を求めよ。

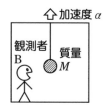

解説

考え方のポイント 観測者A，Bそれぞれの立場で，物体にはたらく力を描き出します。

観測者Aから見ると物体はエレベーターとともに運動しているので，運動方程式が成り立ちます。また，観測者Aは静止しているので，慣性力ははたらきません。一方，観測者Bから見ると物体はエレベーターの中で静止しているので，力のつりあいの式が成り立ちます。このとき，観測者Bは鉛直上向きに大きさ α の加速度で運動しています。そのため，観測者Bから見ると，物体には

　　　大きさ：$M\alpha$　◀物体の質量×観測者の加速度の大きさ

　　　向き：鉛直下向き　◀観測者の加速度と逆向き

の慣性力がはたらいているように見えます。

(1) 観測者Aから見ると，物体にはたらく
力は，重力 Mg，糸の張力 T の2つにな
る。

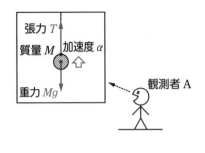

　右図のように，物体は鉛直上向きに加
速度 α の等加速度直線運動をして見え
るので，運動方程式は，

$$Ma = T - Mg$$

これより，求める張力の大きさ T は，

$$T = Mg + M\alpha = M(g + \alpha)$$

(2) 観測者Bから見ると，物体にはたらく力は，
重力 Mg，糸の張力 T'，慣性力 $M\alpha$ の3つに
なる。右図のように，物体は静止して見える
ので，力のつりあいの式は，

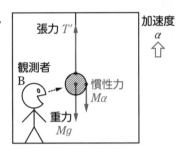

$$T' = Mg + M\alpha$$

これより，求める張力の大きさ T' は，

$$T' = M(g + \alpha)$$

答 (1) $M(g + \alpha)$　　(2) $M(g + \alpha)$

この T' は，観測者Aから見た場合の張力の大きさ T
と同じですね。観測者の立場が違っていても，慣性
力を正しく利用すれば，どの立場でも同じ正しい結果
を得ることができます！

Step 2 見かけの重力を使って考えよう

Step 1 で学習した慣性力は「見かけの力」ともよばれます。この考え方を応用して,「見かけの重力」を使えるようになると, いろんな問題をスムーズに解けるようになります。

Ⅰ 見かけの重力とは

Step 1 の 練習問題① の観測者Bから見た場合を思い出して下さい。下の図のように, 観測者Bから見ると物体は静止しているので, 力のつりあいとして,

$T' = Mg + M\alpha$　◀張力＝重力と慣性力の合力

が成り立ちました。

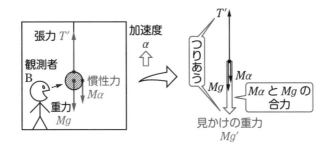

この重力と慣性力の合力 $Mg + M\alpha$ は, 観測者Bにとって物体にはたらく重力に相当し, **見かけの重力**とよばれます。重力加速度の大きさが g ではなく g' になっていると考えると, 見かけの重力の大きさは Mg' と表されるので,

$Mg' = Mg + M\alpha$　　これより,　$g' = g + \alpha$

となります。この g' は**見かけの重力加速度**とよばれます。

> **ポイント** 見かけの重力
>
> 見かけの重力＝重力と慣性力の合力
>
> 見かけの重力加速度＝$\dfrac{見かけの重力}{物体の質量}$

例 右の図のように加速度運動している
列車を考えて，今度は質量 m の物体
を列車の天井から糸でつるします。
列車が右向きに一定の大きさ a の加
速度で進んでいるとき，糸は鉛直方
向から角 θ だけ傾いて，列車に対し
て物体が静止しているとします。こ
の傾き θ と重力加速度の大きさ g を
用いて，列車の加速度の大きさ a を
表してみましょう。

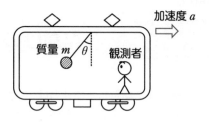

　列車に乗っている観測者を考えると，観測者は右向きに大きさ a の加速
度で運動しています。そのため，観測者から見ると，物体には

　　　大きさ：ma

　　　向き：左向き

の慣性力がはたらいているように見えます。

　このとき，物体にはたらく力は，重力 mg，糸の張力，慣性力 ma の3つ
であり，下の図のように3つの力がつりあうことで，物体は列車に対して静
止しています。

　上の図のように，見かけの重力（重力と慣性力の合力）を使って考えると，
張力は見かけの重力とつりあっているので，見かけの重力の向きは張力と
逆向きで，同じ大きさになります。

　したがって，重力と慣性力の大きさの関係は，

　　　$\tan\theta = \dfrac{ma}{mg}$　　これより，　$a = g\tan\theta$

と表すことができます。

参考 なお，上の図の状態から糸を切ると物体は落下していきますが，列車に乗っている観測者にとっては，物体には見かけの重力がはたらいているように見えるので，**落下するのは見かけの重力の向き**になります。

観測者

見かけの重力の向きに落下

θ

θ

エレベーターや列車のような加速度運動する空間で，物体がどのように運動するのか考えるとき，見かけの重力はとても重要になります。うまく使いこなせるようになりましょう！

練習問題②

質量 m の物体を天井から糸でつるしているエレベーターが，右図のように鉛直上向きに一定の大きさ A の加速度で上昇している。はじめ，物体はエレベーターの床から高さ h の位置にあり，糸を切るとエレベーターの床に落下した。糸を切ってから物体がエレベーターの床に落下するまでの時間を求めよ。ただし，重力加速度の大きさを g とする。

加速度 A

質量 m

h

解説

考え方のポイント　加速度運動するエレベーターの中での物体の運動を考えるので，エレベーターの中にいる観測者から見ることにします。すると，物体には，鉛直下向きに大きさ mA の慣性力がはたらくように見えるので，見かけの重力 $mg+mA$ から，見かけの重力加速度の大きさ g' がわかります。物体は見かけの重力加速度の大きさ g' でエレベーターの中を落下するように見えるので，自由落下と同じように式を立てて求めましょう。

糸が切れると

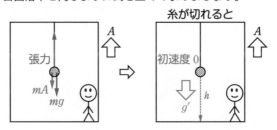

A

張力

mA

mg

$\Rightarrow$

初速度 0

g'

h

A

エレベーターの中にいる観測者から見ると，物体には鉛直下向きに大きさ mA の慣性力がはたらくので，物体にはたらく見かけの重力の大きさは $mg+mA$ となる。見かけの重力加速度の大きさを g' とすると，

$$mg'=mg+mA \qquad これより，\qquad g'=g+A$$

　この観測者から見ると糸が切れた瞬間の物体の速さは 0 なので，求める時間を t とすると，自由落下の式と同様に，

$$h=\frac{1}{2}g't^2 \qquad これより，\qquad t=\sqrt{\frac{2h}{g'}}$$

g' を代入すると，$t=\sqrt{\frac{2h}{g+A}}$

答　$\sqrt{\dfrac{2h}{g+A}}$

慣性力というものの便利さが伝わったでしょうか？
どういう立場の観測者で物体の運動を見ればわかりやすいのか，色々考えてみましょう！

第**9**講

円運動

この講で学習すること

1 円運動の基本を学ぼう

2 円運動の運動方程式を立てられるようになろう

3 遠心力の使い方を理解しよう

4 速さが変わる場合の円運動を考えてみよう

5 円運動の実戦問題を解いてみよう

Step 1 円運動の基本を学ぼう

　第9講では，円運動を学びます。第10講で学ぶ「単振動」を理解するためにも必要な運動ですので，基本事項をしっかり身につけましょう。

I 円運動の速度

　円運動は，ある円周上を進む物体の運動です。特に，速さが一定（等速）の場合には，**等速円運動**といいます。

　右の図のように，**円運動する物体の進行方向は，つねに変化しています。**このような円運動をしている物体の，ある瞬間の**速度の向きは，円の接線方向**になります。

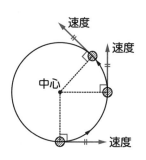

ポイント 円運動の速度

　円運動の速度の向きは，円の接線方向になる

II 円運動の加速度

　等速円運動は，速度の大きさ（速さ）が一定です。しかし，上の図のように，速度の向きはつねに変化しています。速度の向きが変化しているので，**円運動している物体は加速度をもっている**ということになります。

　右の図のように，物体が等速円運動をすると，速度の向きは円の中心に向かう側に傾いていきます。これより，**加速度は円の中心向き**とわかります。そのため，円運動する物体の加速度のことを**向心加速度**とよびます。
┗→「中心向き」の意味

　向心加速度の大きさは，円運動の速さ v と円の半径 r を用いて，$\dfrac{v^2}{r}$ のかたちで表されます。

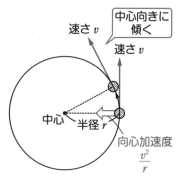

ポイント 円運動の加速度（向心加速度）

向き：円の中心に向かう向き

大きさ：速さを v，半径を r とすると， $\dfrac{v^2}{r}$

Ⅲ 弧度法

円運動の問題では，「どれだけ進んだか」ではなく，「**どれだけ回転したか**」に注目することもあります。角度の表し方には， 1周を360°とする度数法のほかに， 1周を 2π〔rad〕とする**弧度法**というものもあります。

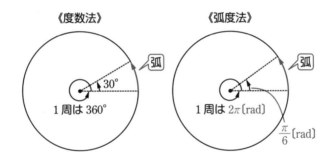

《度数法》

弧

30°

1周は360°

《弧度法》

弧

1周は 2π〔rad〕

$\dfrac{\pi}{6}$〔rad〕

弧度法は，**中心角 θ を， 半径 r と弧の長さ l の比で表す方法**です。弧の長さ l は半径 r の何倍か？を考えて，この「何倍か」で角度 θ を表します。

弧の長さ l は r の何倍？

半径 r

中心角 θ $l = r \times \theta$

r

上の図より，

$$l = r \times \theta \quad \text{これより，} \quad \theta = \frac{l}{r}$$

あらためて書きますが，この弧度法で角 θ の単位は〔rad〕です。

これから先，度数法よりも弧度法の方が計算しやすいこともあります。今のうちに，どんな値か理解しておきましょう！

Ⅳ 角速度

前項 Ⅲ で学習した弧度法を用いて，円運動の速さや加速度を表してみましょう。

右の図のように，ある物体が一定の速さ v で，半径 r の等速円運動をしているとします。ある時間 t の間に物体が円周上を進んだ距離，つまり弧の長さ l は，$l=vt$ です。

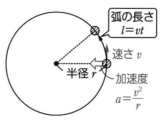

この弧の長さ l に対応する中心角を θ [rad] とすると，$l=r\theta$ と表すことができ，時間 t [s] で角 θ [rad] だけ回転したことになります。中心角に注目して，**単位時間あたり（1 秒あたり）に中心角の角度でどれだけ回転したか**を示したものを，角速度とよびます。角速度の単位は [rad/s] です。この角速度を $\overset{\text{オメガ}}{\omega}$ とすると，

$$\omega=\frac{\theta}{t} \quad \text{これより，} \quad \theta=\omega t \quad \cdots\cdots①$$

弧の長さ $l=r\theta$ および $l=vt$ から，

$$\theta=\frac{l}{r}=\frac{vt}{r} \quad \cdots\cdots②$$

式①，式②より，

$$\frac{vt}{r}=\omega t \quad \text{よって，} \quad v=r\omega$$

◀角速度を用いた円運動の速さ

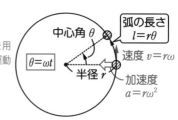

すると，向心加速度の大きさ a は，

$$a=\frac{v^2}{r}=\frac{(r\omega)^2}{r}=r\omega^2$$

◀角速度を用いた円運動の加速度

と表すことができます。

半径 r，角速度 ω の円運動において，

速さ：$v=r\omega$

向心加速度の大きさ：$a=r\omega^2$

Ⅴ 周期

等速円運動では，何周回転しても1周にかかる時間は変わりません。この1周するのにかかる時間を**周期**といいます。周期を T 〔s〕，速さを v 〔m/s〕，半径を r 〔m〕とすると，次の関係式が成り立ちます。

$vT=2\pi r$ ◀速さ×1周にかかる時間＝円周

これより，　$T=\dfrac{2\pi r}{v}$

また，角速度 ω 〔rad/s〕を用いる場合は，$v=r\omega$ ですから，

$T=\dfrac{2\pi r}{r\omega}$　　これより，　$T=\dfrac{2\pi}{\omega}$

と表すことができます。

半径 r の等速円運動において，周期 T は，

速さ v を用いた場合：$T=\dfrac{2\pi r}{v}$

角速度 ω を用いた場合：$T=\dfrac{2\pi}{\omega}$

特に，ω を用いた周期の表し方は，単振動や他の分野でも使うことがあるのでしっかり覚えてください！

173

　右図のように，物体が半径 r，速さ v で点Oを中心とする等速円運動をしている。このとき，物体の向心加速度の向きと大きさ，また円運動の周期を求めよ。円周率を π とする。

解説

考え方のポイント　円運動する物体は，中心向きの加速度をもっていますね。また速さが与えられているときは，円周と速さで周期を表すことができます。

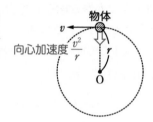

向心加速度の向きは円の中心向きで，点Oに向かう向き。

また，半径 r，速さ v より，向心加速度の大きさは，$\dfrac{v^2}{r}$

円周 $2\pi r$ を速さ v で進むので，1周するのにかかる時間である周期 T は，

$$T = \frac{2\pi r}{v}$$

答　向き：点Oに向かう向き，大きさ：$\dfrac{v^2}{r}$，周期：$\dfrac{2\pi r}{v}$

Step 2 円運動の運動方程式を立てられるようになろう

円運動についても，物体にはたらく力を考えていきましょう。加速度をもつので，運動方程式を立てることができます。第4講運動方程式で学習した内容と，Step 1で学習した内容を組みあわせていきます。

Ⅰ 向心力

第4講運動方程式で学習したように，加速度は物体が力を受けることで生じるものです。そのため，円運動の**向心加速度についても，力が必要**になります。この，**向心加速度を与える力**を向心力といいます。向心加速度は円の中心向きなので，向心力も円の中心向きです。

物体の向心加速度の大きさは $\dfrac{v^2}{r}$ または $r\omega^2$ となるので，物体の中心向きの運動方程式は，向心力の大きさを F とすると，

$$m \times \frac{v^2}{r} = F \qquad \text{または，} \qquad m \times r\omega^2 = F$$

と書くことができます。

Ⅱ 円運動の運動方程式

円運動をしている物体は中心向きに力を受け，中心向きの加速度をもっているので，**運動方程式を立てることができます**。この運動方程式は**中心向きを正**とします。

> **ポイント** 円運動の運動方程式
>
> 　　中心向きの円運動の運動方程式は，中心向きを正として，
> 　　　　物体の質量×向心加速度＝向心力

例 右の図のように半径 r，速さ v で等速円運動している質量 m の物体があります。

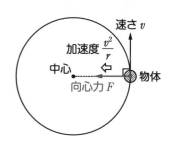

「向心力となる力」はさまざまで，重力や糸の張力，ばねの弾性力など，色々あります。重力や弾性力などと同じように，向心力という力が実際にあるわけではないことに注意しましょう。向心力に該当する力を総称してよんでいるだけです。

 右の図のように，なめらかな水平面上で，長さ d の軽い糸の一端を棒に結び，他端に質量 m の物体をつなぎます。糸が張っている状態で，物体

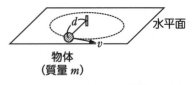

に糸と垂直な向きに初速 v を与えると，物体は半径 d，速さ v の等速円運動をしました。

この等速円運動について考えてみましょう。

円運動するためには向心力が必要です。物体にはたらく力は，重力，垂直抗力，糸の張力の3つです。

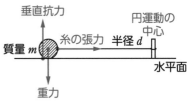

この中で，円運動の中心に向かう力は糸の張力だけです。この張力が円運動をさせるための向心力になっています。物体の円運動の半径は糸の長さ d，速さは v なので，向心加速度の大きさは $\dfrac{v^2}{d}$ と表すことができます。

糸の張力の大きさを S とすると，物体の中心向きの円運動の運動方程式は，

$$m \times \frac{v^2}{d} = S$$

となります。なお，この式から，糸の張力の大きさは，

$$S = \frac{mv^2}{d}$$

と求めることができますね。

円運動を考えるときは，物体の速さや円運動の半径を見るだけでなく，「向心力となっている力は何か」を見抜くことが重要になります！

　下図のように，なめらかな水平面上で，ばね定数 k，自然長 x_0 のばねの一端を棒に固定し，他端には質量 m の物体をつないだ。ばねの長さが x となる位置までばねを伸ばして，ばねと垂直な向きに初速 v を与えたところ，物体は速さ v，半径 x の等速円運動をした。このとき，物体の中心向きの円運動の運動方程式を書け。

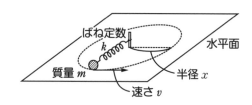

解説

考え方のポイント　　まず，物体にはたらいている力を確認しましょう。力を正しく図に描いて，中心向きを正にして円運動の運動方程式を立てます。

　右図のように，物体には重力，垂直抗力，ばねの弾性力の **3** つの力がはたらいています。この中で，円の中心向きの力は弾性力だけです。そのため，**弾性力が向心力**となります。

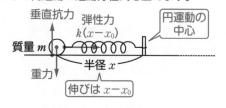

　ばねの長さが x なので，自然長からの伸びは $x-x_0$ で，弾性力の大きさは $k(x-x_0)$ と表せます。また，円運動の半径は x です。

　物体の円運動の速さは v，半径は x であり，中心向きに大きさ $k(x-x_0)$ の弾性力がはたらくので，円運動の運動方程式は，

$$m \times \frac{v^2}{x} = k(x-x_0)$$ ◀物体の質量×向心加速度＝向心力

答　$m\dfrac{v^2}{x} = k(x-x_0)$

Step 3　遠心力の使い方を理解しよう

　みなさんの日常生活において，物を振り回したり，カーブを曲がるときに「遠心力」という言葉を聞いたことがあるのではないでしょうか。この Step 3 では遠心力について，どのようなものか，その使い方を学習しましょう。

Ⅰ 遠心力とは

　遠心力は第 8 講で学習した**慣性力の 1 つ**です。慣性力は，
　　「加速度運動している観測者から見ると，見ているすべての物体に，観測者
　　　の加速度とは逆向きに慣性力がはたらくように見える」
というものでした。円運動には向心加速度という加速度があるので，**向心加速度に対する慣性力**があります。これが**遠心力**です。遠心力は，物体とともに**円運動する観測者から見える慣性力**になります。

例　右の図のように，速さ v，半径 r の等速円運動をしている質量 m の物体があります。物体とともに運動している観測者Aと，円運動の外で静止した観測者Bを考え，それぞれの立場で遠心力について考えてみましょう。
　　右の図のように，観測者Aは物体と同じく，円の中心向きに大きさ $\dfrac{v^2}{r}$ の向心加速度をもち，円運動しています。そのため，観測者Aから見ると，物体には

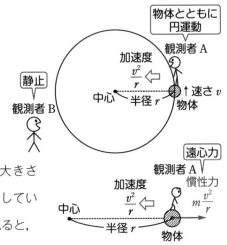

　　大きさ：$m\dfrac{v^2}{r}$　◀物体の質量×観測者の加速度の大きさ

　　向き：円の中心から外向き　◀観測者の加速度と逆向き
の慣性力がはたらいて見えます。これが，観測者Aが見る遠心力になります。

また，円運動の角速度が ω であれば，向心加速度は $r\omega^2$ と書けるので，遠心力の大きさは

$$m \times r\omega^2 = mr\omega^2$$

となります。

ポイント　遠心力

円運動する観測者から見える慣性力
　　向き：円の中心から外向き
　　大きさ：物体の質量×向心加速度の大きさ

次に，観測者Bですが，静止しているので加速度がありません。そのため慣性力は 0 であり，遠心力は見えません。

遠心力は慣性力の1つなので，観測者が静止している場合には見えません！

Ⅱ 遠心力を用いた式の立て方

前項 Ⅰ で学習したように，観測者の立場によって遠心力が見えたり，見えなかったりします。それでは，運動を表す式も違ってくるのでしょうか？

次ページの図のように，速さ v，半径 r の等速円運動をしている質量 m の物体を考えます。物体は円の中心とばねでつながれており，このばねのばね定数は k，自然長は $l_0\ (<r)$ とします。

物体とともに運動している観測者Aと，円運動の外で静止した立場の観測者Bがいるとして，それぞれの立場で運動を表す式を考えてみましょう。

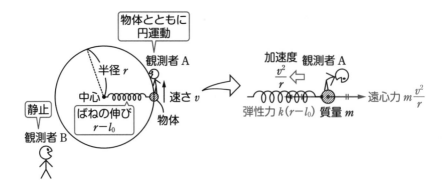

観測者Aは物体とともに運動しているので，**Aから見ると物体は静止しており，力がつりあっているように見えます。**

観測者Aから見ると，円の半径方向には中心向きのばねの弾性力と，外向きの遠心力の2つの力がはたらいていて，この2つの力でつりあいの式を立てることができ，

$$\underbrace{m\frac{v^2}{r}}_{\text{遠心力}}=\underbrace{k(r-l_0)}_{\text{弾性力}} \quad \cdots\cdots①$$

となります。

観測者Bは静止しているので，遠心力は見えません。なので，Step 2 と変わりません。物体は半径 r，速さ v の等速円運動をしており，向心力はばねの弾性力 $k(r-l_0)$ のみですから，円運動の運動方程式は，

$$m\frac{v^2}{r}=k(r-l_0) \quad \cdots\cdots②$$

となります。

見ての通り，式①と式②はまったく同じです。静止した立場で見るか，円運動する立場で見るか，それによって立てる式は「力のつりあいの式」あるいは「運動方程式」と変わってきますが，**立てられた式の結果は同じ**になります。

Step 4 　速さが変わる場合の円運動を考えてみよう

Step 3 までは，速さが一定の等速円運動を学びました。この Step 4 では，円運動でも速さが変わる場合について見ていきましょう。

例 右の図のように，半径 r の円形のなめらかな面をもつ台が水平面上にあり，質量 m の物体に初速 v_0 を与えると，物体は面に沿って進んでいきます。この円運動で，半円の最下点をPとして∠POQ$=\theta$ となる点Qでの物体の速さ

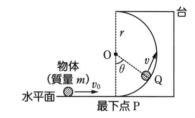

v と，面から受ける垂直抗力の大きさ N を求めましょう。

まず，物体が面に沿って進んでも，面はなめらかで物体は動摩擦力を受けていないので，力学的エネルギー保存の法則が成り立っています。

点Pを重力による位置エネルギーの基準の位置（高さ 0 ）にすると，点Qの位置の高さは

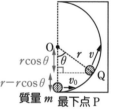

$$r-r\cos\theta=r(1-\cos\theta)$$

になるので，PとQでの力学的エネルギー保存の法則は，

$$\frac{1}{2}mv_0{}^2=\frac{1}{2}mv^2+mg\times r(1-\cos\theta)$$

これより，　$v=\sqrt{v_0{}^2-2gr(1-\cos\theta)}$

と求めることができます。

次は垂直抗力の大きさです。物体は面に沿って運動しているので円運動していますが，力学的エネルギー保存の法則より，位置エネルギーが増加するかわりに運動エネルギーが減少するので，物体の速さは徐々に小さくなります。速さが変化しているので等速円運動ではありませんね。しかし，**円運動の運動方程式は，等速円運動でなくても成り立ちます。**その瞬間の半径，速さ，向心力がわかれば，Step 3 と同じかたちで運動方程式を立てることができます！

速さが変化する円運動の運動方程式

半径 r の円運動をしている質量 m の物体について，速さが v，向心力が F になったとき，中心向きを正とした円運動の運動方程式は，

$$m\frac{v^2}{r}=F$$

点Qで物体が受ける力は，重力と面から受ける垂直抗力です。垂直抗力は面に対して垂直な向きにはたらきますが，これは中心向きになるので**垂直抗力はまっすぐ円の中心に向かいます**。重力は鉛直下向きにはたらくので，こちらは**中心方向に分解する必要があります**。右の図のように，重力を中心方向に分解すると，大きさは $mg\cos\theta$ です。また，向きは中心から**離れる向き（外向き）になるので，負の向心力になっている**と考えればいいでしょう。

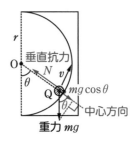

円運動の運動方程式を立てると，

$$m\frac{v^2}{r}=N-mg\cos\theta$$

v は力学的エネルギー保存の法則で求めたので，それを代入すると N を求めることができて，

$$N=\frac{mv^2}{r}+mg\cos\theta=\frac{m}{r}\times\{v_0{}^2-2gr(1-\cos\theta)\}+mg\cos\theta$$

これより，　$N=\frac{mv_0{}^2}{r}+mg(3\cos\theta-2)$

となります。

　この**垂直抗力の大きさ N は，角度 θ によって変化する**ことがわかりますね。物体がどんどん上に進んでいくと θ は大きくなります。すると，$\cos\theta$ の値は逆に小さくなっていくので，N も小さくなっていきます。そして，$\theta=\pi$〔rad〕の最高点で N は最小になりますね。物体が面から離れずに最高点まで進んでいくためには，**最高点での垂直抗力の大きさ N が 0 以上である**

ことが条件です。この条件を満たすような初速 v_0 を与える必要があるということですね。

第9講　円運動

> **ポイント** ▶ **接触している物体が離れない条件**
>
> 　物体どうしがおよぼしあっている垂直抗力の大きさ N について，接触したまま離れないとき，
> 　　　$N \geqq 0$

高さが変わる，つまり速さが変わるような円運動では，力学的エネルギー保存の法則の式と円運動の運動方程式を両方立てて解いていくことが基本になります！練習問題は次の Step 5 でまとめて取り組むことにしましょう！

円運動の実戦問題を解いてみよう

円運動の学習の最後に，複合的な円運動の実戦問題に取り組んでみましょう！

練習問題③

右図のように，長さ l の軽い糸を天井と質量 m の物体に取りつけ，物体に水平方向の初速 v を与えたところ，物体は水平面内で点Oを中心とする等速円運動をした。糸と鉛直線のなす角を θ，重力加速度の大きさを g，円周率を π として，以下の問いに答えよ。

(1) 糸の張力の大きさ S を求めよ。
(2) 円運動の速さ v を求めよ。
(3) 物体の円運動の周期 T を求めよ。

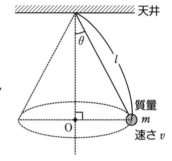

解説

(1)

考え方のポイント 物体の運動を「水平面内」と「鉛直方向」に分けて考えます。**鉛直方向は高さが変わらず，力がつりあっている**ことがわかるので，鉛直方向については力のつりあいの式を立てることができます。

　　水平面内 → 等速円運動 ⇒ 円運動の運動方程式

　　鉛直方向 → 高さ変わらず ⇒ 鉛直方向について力のつりあいの式

下の図のように，静止している観測者から観測すると，物体にはたらく力は重力 mg，糸の張力 S の2つになります。

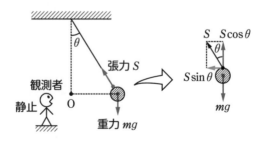

鉛直方向の力のつりあいの式より，

$$S\cos\theta = mg \qquad これより，\qquad S = \frac{mg}{\cos\theta}$$

(2)

考え方のポイント 天井側から見
た水平面内での円運動のようすを
図示すると，右の図のようになりま
す。問題の図より，円の半径は
$l\sin\theta$ とわかります。また，(1)の図
より，張力の水平方向成分 $S\sin\theta$
が向心力となります。

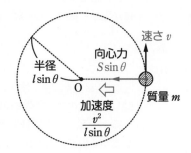

水平面内の円運動の運動方程式は，

$$m\frac{v^2}{l\sin\theta} = S\sin\theta$$

これより，　$v = \sin\theta\sqrt{\dfrac{Sl}{m}}$

(1)で求めた S を代入すると，

$$v = \sin\theta\sqrt{\frac{mg}{\cos\theta}\times\frac{l}{m}} = \sin\theta\sqrt{\frac{gl}{\cos\theta}}$$

(3) 周期 T は，

$$T = \frac{2\pi\times l\sin\theta}{\sin\theta\sqrt{\dfrac{gl}{\cos\theta}}} = 2\pi\sqrt{\frac{l\cos\theta}{g}} \qquad \blacktriangleleft\ T = \frac{2\pi r}{v}$$

答 (1) $\dfrac{mg}{\cos\theta}$　(2) $\sin\theta\sqrt{\dfrac{gl}{\cos\theta}}$　(3) $2\pi\sqrt{\dfrac{l\cos\theta}{g}}$

練習問題④

右図のように，水平面上を速さ v_0 で右向
きに進む質量 m の物体がある。水平面は，
点Pを境にして点Oを中心とする半径 r の
半円筒面となる。物体は点Pを通過した後，
面から離れることなく最高点Rに達した。
面と物体との間の摩擦はないものとする。
重力加速度の大きさを g として，以下の問い
に答えよ。

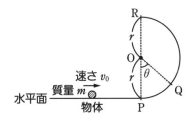

(1) 物体が点Pを通過する直前と通過した直後の，物体が面から受ける垂直抗力の大きさをそれぞれ求めよ。

(2) 物体が $\angle POQ = \theta$ を満たす点Qを通過するときの速さと，面から受ける垂直抗力の大きさを求めよ。

(3) 物体が面から離れることなく点Rに達するための，速さ v_0 の条件を求めよ。

解説 ---

(1)

考え方のポイント 物体は点Pを通過するまでは水平面上を等速直線運動しているので，物体にはたらく力はつりあいの状態ですが，点Pを通過すると半径 r の円運動に変わります。点Pを通過する直前・直後で運動が変わるので，垂直抗力も変化することに気をつけましょう。

点Pを通過する直前，物体は水平方向に等速直線運動しているので，物体にはたらく力はつりあっている。

右図より，物体にはたらく力は重力，垂直抗力の2つである。垂直抗力の大きさを N_1 とすれば，鉛直方向の力のつりあいより，

$$N_1 = mg$$

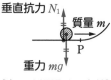

《点Pを通過する直前》

また，点Pを通過した直後は，半径 r，速さ v_0 の円運動となる。右図より，垂直抗力の大きさを N_2 とすれば，円運動の運動方程式より，

$$m\frac{v_0{}^2}{r} = N_2 - mg$$

これより， $N_2 = \dfrac{mv_0{}^2}{r} + mg$

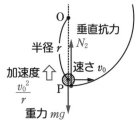

《点Pを通過した直後》

(2)

考え方のポイント 物体は徐々に高いところへ進むので，速さが変化していきます。しかし，力学的エネルギーが保存されるので，各点での物体の速さを求めることができます。速さがわかれば，円運動の運動方程式を立てることもできます。

点Qにおける物体の速さを v とする。

右図のように，点Pからの点Qの高さは

$$r - r\cos\theta = r(1 - \cos\theta)$$

であるから，重力による位置エネルギーの基準
の位置を点Qとすると，力学的エネルギー保存
の法則より，

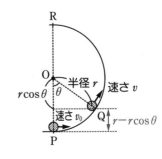

$$\underbrace{\frac{1}{2}mv_0{}^2}_{\substack{\text{点Pの力学的}\\\text{エネルギー}}} = \underbrace{\frac{1}{2}mv^2 + mgr(1-\cos\theta)}_{\text{点Qの力学的エネルギー}}$$

これより， $v = \sqrt{v_0{}^2 - 2gr(1-\cos\theta)}$

また，点Qで物体が面から受ける垂直抗力の
大きさを N とすれば，物体にはたらく力は右
図のようになる。これより，円の中心向きの円
運動の運動方程式は，

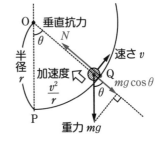

$$m\frac{v^2}{r} = N - mg\cos\theta$$

これより， $N = \dfrac{mv^2}{r} + mg\cos\theta$

求めた v を代入して，

$$N = \frac{m}{r}\{v_0{}^2 - 2gr(1-\cos\theta)\} + mg\cos\theta = \frac{mv_0{}^2}{r} + mg(3\cos\theta - 2)$$

(3)

考え方のポイント 物体が面から離れない条件は「垂直抗力の大きさが
0以上」です。つまり，面から離れることなく点**R**に達するためには「点
Rに達するまで，垂直抗力の大きさが0以上」であることが必要です。

(2)で求めた $N = \dfrac{mv_0{}^2}{r} + mg(3\cos\theta - 2)$ より，$\cos\theta$ の値によって，

垂直抗力の大きさ N も変化することがわかります。点**P**から点**R**の範

囲では，$\cos\theta$ は点**R**のとき $\cos\pi = -1$ で最小となるので，このとき N

も最小（$N_{\min}$）となります。この $N_{\min}$ が0以上であれば，物体は面から離
れることなく点**R**に達することができることになります。

求める条件は，$\theta = \pi$ [rad] において $N \geqq 0$ なので，

$$N = \frac{mv_0{}^2}{r} + mg(3\cos\pi - 2) \geqq 0$$

$$\frac{mv_0{}^2}{r} \geqq -mg(-3-2) \qquad \text{これより，} \qquad v_0 \geqq \sqrt{5gr}$$

(1) 直前：mg, 直後：$\dfrac{mv_0{}^2}{r}+mg$

(2) 速さ：$\sqrt{v_0{}^2-2gr(1-\cos\theta)}$, 垂直抗力：$\dfrac{mv_0{}^2}{r}+mg(3\cos\theta-2)$

(3) $v_0\geqq\sqrt{5gr}$

よくある間違いですが、面から離れる条件を「速さが0になる」と考えてしまうことがあります。物体が離れるかどうかの判断は速さではなく、垂直抗力によって決まるので、気をつけましょう！

第 **10** 講

単振動

Step 1 単振動と等速円運動の関係を理解しよう

単振動の考え方は，力学分野だけではなく，物理の学習で色々なところに登場します。これから先の学習でつまづかないためにも，今ここで，単振動をしっかりマスターしましょう！

I 単振動のイメージ

単振動をカンタンに説明すると，**ある点を中心にした周期的な往復運動**となります。ばねにつながれた物体の運動が一般的な単振動のイメージです。

例 ① 下の図のように，なめらかな水平面上で，ばね定数 k のばねにつながれている質量 m の物体を，ばねの縮みが A となる位置まで移動させて，静止させておきます。このとき，物体の運動エネルギーは 0，ばねの弾性力による位置エネルギーは最大 $\frac{1}{2}kA^2$ です。◀高さが変わらないので，重力による位置エネルギーは考えない

最も縮んでいるとき
ばね定数
k 速さ 0
縮み A — 自然長

運動エネルギー：0
位置エネルギー：最大 $\frac{1}{2}kA^2$

② ここで物体を静かにはなすと，ばねの弾性力によって物体は自然長に向かって動き出します。自然長を通過するとき，弾性力による位置エネルギーは 0 になります。一方で，力学的エネルギー保存の法則より，運動エネルギーは最大，速さも最大となります。

自然長のとき
徐々に速く 速さ最大
自然長

運動エネルギー：最大
位置エネルギー：0

③ 自然長を通過した後，物体は進行方向と逆向きの弾性力を受けて，遅く
なっていきます。そして運動エネルギーが0（速さが0）になるところで，
弾性力による位置エネルギーは再び最大となります。このときのばねの
伸びを A' とすれば，上の①のときと下の図で力学的エネルギー保存の法
則より，

$$0+\frac{1}{2}kA^2=0+\frac{1}{2}kA'^2 \quad これより，\quad A'=A$$

①での力学的　　③での力学的
エネルギー　　　エネルギー

最も伸びているとき

徐々に遅く ------ 速さ0

伸び A' —「Aと同じ」

運動エネルギー：0
位置エネルギー：最大 $\frac{1}{2}kA'^2$

④ その後，物体は再び自然長に向かって動き始め，自然長を通過するとき，
弾性力による位置エネルギーは0で，運動エネルギーは最大，速さも最大
になります。

再び自然長のとき

速さ最大　徐々に速く ------

自然長

運動エネルギー：最大
位置エネルギー：0

⑤ はじめの位置に戻ります。

最も縮んでいるとき

速さ0　徐々に遅く ------

縮み A — 自然長

運動エネルギー：0
位置エネルギー：最大 $\frac{1}{2}kA^2$

例 の①→②→③→④→⑤までが単振動の1周期になります。例 の運動は，
「自然長を中心にした周期的な往復運動」といえます。摩擦などの影響がなけれ
ば，この往復運動を繰り返します。

前項 のような単振動は，第9講で学習した等速円運動とつながりがあります。**単振動は等速円運動の正射影**として考えることができるからです。正射影とは，物体の運動について，**ある決まった方向の成分だけを取り上げること**で，ある方向から光をあてたときにできる物体の影の動きととらえればよいでしょう。

例 以下のように，x-y 平面の原点Oを中心として等速円運動している物体について考えます。

① 観測者が y 軸方向だけ見ている場合

はじめ（時刻0），x 軸上にあった物体が時刻 t には図aの点Pまで移動したとします。この運動を y 軸方向だけ見ていると，単振動の動きになっています。

運動を続けて，図bのように $\frac{1}{2}$ 周すれば単振動 $\frac{1}{2}$ 往復に対応しますし，図cのように1周すれば単振動1往復に対応します。

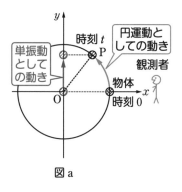

図 a

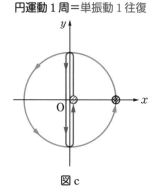

円運動$\frac{1}{2}$周＝単振動$\frac{1}{2}$往復

図 b

円運動1周＝単振動1往復

図 c

② 観測者が x 軸方向だけ見ている場合

①の図 a と同じ運動を x 軸方向だけ
見ていると，①と同様に，単振動の動き
になっています（図 d 〜 f ）。

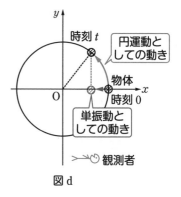

図 d

円運動 $\frac{1}{2}$ 周＝単振動 $\frac{1}{2}$ 往復

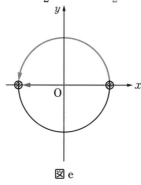

図 e

円運動 1 周＝単振動 1 往復

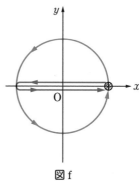

図 f

単振動を理解するために，等速円運動とのつながり
をしっかりおさえておきましょう！

　単振動の位置，速度，加速度を表そう

　等速円運動と単振動の関係がつながったら，等速円運動を用いて，単振動の運動の表し方を学習していきましょう。

Ⅰ 単振動の位置

例　半径 A，角速度 ω の等速円運動を用いて，右の図のように縦方向に x 軸をとり，x 軸方向の単振動の位置を考えましょう。時刻 $t=0$ の位置を $x=0$ として，時刻 t における単振動の位置 x を求めます。

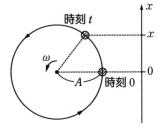

① 　まず，円運動の中心を点O，円運動の時刻 0 の位置を点P，時刻 t の位置を点Qとします。点Qから OP に垂線を下ろし，直角三角形 OQR をつくります。
　∠QOR の角度は，角速度×時間＝ωt となります。

② 　△OQR の斜辺の長さは円の半径 A なので，辺 QR の長さは $A\sin\omega t$ となります。

③ 　辺 QR を x 軸まで平行移動させると，時刻 t における単振動の位置 x は，
$$x=A\sin\omega t$$
と表すことができます。

《等速円運動》　《単振動》

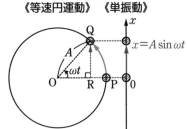

単振動の位置 x の最大値は，円運動の一番上にあるときで，

$$x = A$$ ◀ $x = A \sin \omega t$ で，$\omega t = \dfrac{\pi}{2}$ のとき $\sin \omega t$ は最大値 1 となる

です。また，最小値は円運動の一番下にあるときで，

$$x = -A$$ ◀ $x = A \sin \omega t$ で，$\omega t = \dfrac{3}{2}\pi$ のとき $\sin \omega t$ は最小値 -1 となる

になります。単振動の端 $x = A$ と $x = -A$ の中間にあたる $x = 0$ は，単振動の中心となります。**中心から端までの距離**Aは単振動の**振幅**といいます。

Ⅱ 単振動の速度

前項 Ⅰ の 例 と同じ半径 A，角速度 ω の等速円運動を用いて，x 軸方向の単振動の速度を考えましょう。時刻 t における単振動の速度 v を求めます。

① 半径 A，角速度 ω より，等速円運動の速度は $A\omega$ です。下の図①より，点Qでの速度の x 軸方向成分は

$$A\omega\cos\omega t$$

とわかります。

② ①で求めた速度の成分を x 軸まで平行移動させると，時刻 t における単振動の速度 v は，

$$v = A\omega\cos\omega t$$

と表すことができます。

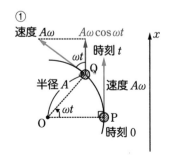

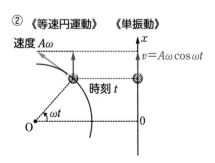

点Qのような位置だと単振動の速度を考えるときに，分解する（$\cos\omega t$ を掛ける）ことになるので，速度は $A\omega$ よりも小さくなってしまいます。ということは，単振動の速さが最大になるのは，円運動の速度がそのまま x 軸に移せる位置になります。つまり，下の図の点Pやその反対の点 P′ ですね。

　単振動の速さの最大値，最小値はそれぞれ，

　　　最大値：$A\omega$　◀ $\omega t=0,\ \pi$ のとき

　　　最小値：0

となって，**単振動の中心を通るとき，速さが最大**となります。

　単振動の端にあるとき（図の円運動の一番上と下にあるとき），等速円運動の速度は x 軸方向成分をもたないので，単振動の**速さは 0** になります。なお，円運動で角速度として扱っていた ω は，単振動では**角振動数**といいます。

《等速円運動》　　《単振動》

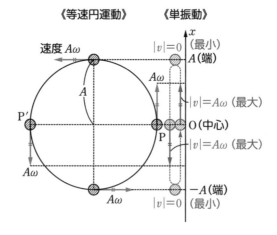

ポイント　単振動の位置と速度の関係

・物体が単振動の中心を通るとき ⟶ 速さ最大

　　単振動の速さの最大値＝振幅×角振動数

・物体が単振動の端にあるとき ⟶ 速さ 0

単振動において，中心で速さ最大，端で速さ 0，というのはとても大事な基本の知識です！

Ⅲ 単振動の加速度

さらに単振動の加速度も表しましょう。これは等速円運動における向心加速度の成分をとったものです。

前項 **Ⅰ** **Ⅱ** と同じ半径 A，角速度 ω の等速円運動を用いて，x 軸方向の時刻 t における単振動の加速度 a を求めます。

① 半径 A，角速度 ω より，等速円運動の向心加速度の大きさは $A\omega^2$ です。下の図①より，点 Q における加速度の x 軸方向成分の大きさは $A\omega^2\sin\omega t$ とわかります。ただ，向きは x 軸の正の向きと逆向きになっています。

② ①で求めた加速度の成分を x 軸まで平行移動させると，時刻 t における単振動の加速度 a は，向きに注意して，

$$a = -A\omega^2\sin\omega t$$

と表すことができます。

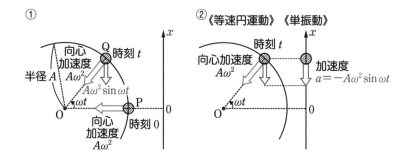

速度と同じように，円運動の向心加速度がそのまま x 軸に移せる場合に，単振動の加速度の大きさは最大になります。これは次ページの図の点 T や点 T' ですね。

単振動の加速度の大きさの最大値，最小値はそれぞれ，

最大値：$A\omega^2$ ◀ $\omega t = \dfrac{\pi}{2}$, $\dfrac{3}{2}\pi$ のとき

最小値：0

となります。また，**振動の中心 $(x=0)$ にあるとき，加速度は 0 になり**ます。

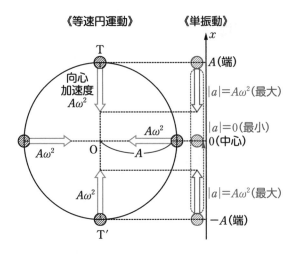

《等速円運動》 《単振動》

T A(端)

向心
加速度
$A\omega^2$

$|a|=A\omega^2$(最大)

$A\omega^2$ $A\omega^2$

$|a|=0$(最小)

$A\omega^2$ O A 0(中心)

$A\omega^2$

$|a|=A\omega^2$(最大)

T′ $-A$(端)

ポイント 単振動の位置と加速度の関係

・物体が単振動の中心を通るとき ⟶ 加速度の大きさ **0**
・物体が単振動の端にあるとき ⟶ 加速度の大きさ最大
　　単振動の加速度の最大値＝振幅×(角振動数)^2

Ⅳ まとめ

以上の **Ⅰ Ⅱ Ⅲ** で学習したことをまとめると，次のようになります。

ポイント 単振動の位置，速度，加速度

　時刻 $t=0$ のとき，位置 $x=0$ を正の向きに通過する物体
の単振動では，時刻 t における位置 x，速度 v，加速度 a は，
　　位置：$x=A\sin\omega t$
　　速度：$v=A\omega\cos\omega t$　　　(A：振幅　ω：角振動数)
　　加速度：$a=-A\omega^2\sin\omega t$

この場合の位置 x は「**中心からの変位**」と同じです。
あらためて位置 x と加速度 a を見てみると，

$$a = -A\omega^2 \sin\omega t = -\omega^2 \times A\sin\omega t = -\omega^2 x$$

と書くことができて，**加速度 a は位置 x を用いて表せます**。角振動数 ω は等速円運動の角速度に対応するので一定の値ですから，**単振動の加速度 a は位置（中心からの変位）x に比例する**ということになります。単振動の中心が $x=0$ とは限らないので，より一般的な表現で表すと，次のようになります。

第10講

単振動

ポイント 単振動の加速度

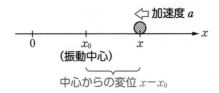

加速度＝－（角振動数）^{2}×中心からの変位

$$a = -\omega^2(x - x_0)$$

（ω：角振動数　x：物体の位置　x_0：振動中心の位置）

> $a = -\omega^2(x - x_0)$ は単振動の決定的な証拠です！
> この式が出てきたら「単振動しているんだな」と，
> ピン！とくるようになりましょう！

単振動の式を早く立てるテクニックを身につけよう

さて，毎回毎回，等速円運動とあわせて位置や速度の式を考えるのも大変です。$\sin \omega t$ や $\cos \omega t$ の特徴を利用して，パッと式で表せるようにしましょう。

Ⅰ) $\sin \omega t$ の時間変化の特徴

$\sin \omega t$ と ωt（**位相**）の関係をグラフに表すと，下の図のようになります。図より，時刻 $t=0$ のとき $\sin \omega t=0$ で，その直後は $\sin \omega t$ の値が増加するように変化することがわかります。

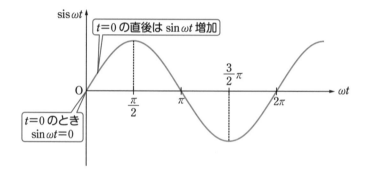

次に，$-\sin \omega t$ と ωt の関係をグラフに表すと，下の図のようになります。図より，時刻 $t=0$ のとき $-\sin \omega t=0$ で，その直後は $-\sin \omega t$ の値が減少するように変化することがわかります。

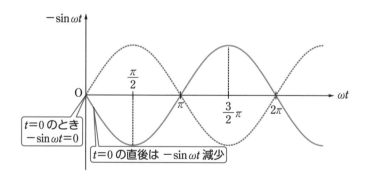

$\sin \omega t$ 型 $\longrightarrow$ はじめ **0** で，直後に増加する変化
$-\sin \omega t$ 型 $\longrightarrow$ はじめ **0** で，直後に減少する変化
（$\sin \omega t$ 型と正負が逆）

Ⅱ $\cos \omega t$ の時間変化の特徴

$\cos \omega t$ と ωt の関係をグラフに表すと，下の図のようになります。図より，時刻 $t=0$ のとき $\cos \omega t$ は最大値 1 をとり，その直後は値が減少するように変化することがわかります。

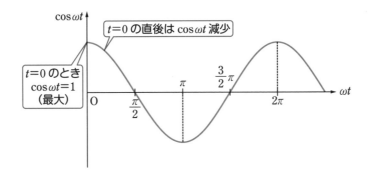

次に，$-\cos \omega t$ と ωt の関係をグラフに表すと，下の図のようになります。図より，時刻 $t=0$ のとき $-\cos \omega t$ は最小値 -1 をとり，その直後は値が増加するように変化することがわかります。

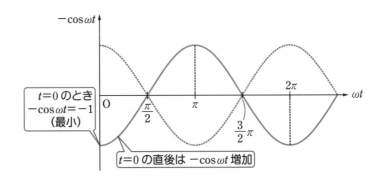

第10講

単振動

201

$\cos\omega t$ 型 $\longrightarrow$ はじめ最大値で，直後に減少する変化

$-\cos\omega t$ 型 $\longrightarrow$ はじめ最小値で，直後に増加する変化

（$\cos\omega t$ 型と正負が逆）

　基本的な単振動の時間変化は，これら4つの型のいずれかになると考えていきましょう。

> 時間変化の型を決めることができれば，それに最大値を掛けるだけで，式ができ上がります！

Ⅲ テクニックを使って単振動の式を立ててみよう

　それでは，Ⅰ Ⅱ で学習した知識を使って，円運動に頼らずに，単振動の位置や速度の時間変化を式で表してみましょう。

例 右の図のように，位置 $x=d$ で静止していた物体が，時刻 $t=0$ に動き出し，$x=0$ を中心にして角振動数 ω の単振動をする場合を考えます。この

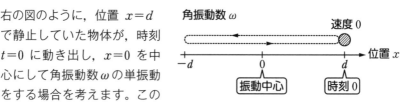

とき，物体の位置 x，速度 v それぞれの時間変化を式で表してみましょう。

　　図を見てすぐにわかることは，

　　　・はじめの位置（$x=d$）で速度0なので，$x=d$ が単振動の端である

　　　・端と中心との距離 $d-0=d$ が，単振動の振幅になる

　　ということです。

　●**位置 x**　上の図より，時刻 $t=0$ のとき位置 x は最大値 d をとり，その直後は値が減少するように変化することがわかります。これより，位置 x は $\cos\omega t$ 型であると決まります。

振幅が d なので，時刻 t における位置 x は，

$$x = d\cos\omega t \quad \blacktriangleleft 最大値×時間変化の型$$

と表すことができます。

●**速度**　前ページの図より，時刻 $t=0$ のとき速度 $v=0$ で，その直後は x 軸負の向き，すなわち値が減少するように変化することがわかります。これより，速度 v は $-\sin\omega t$ 型であると決まります。

　振幅 d と角振動数 ω から，最大の速さは $d\omega$ と表せるので，時刻 t における速度 v は，

$$v = d\omega×(-\sin\omega t) = -d\omega\sin\omega t$$

となります。

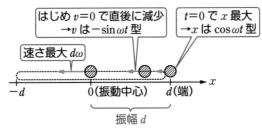

与えられた設定から必要なことを読み取れれば，式もちゃんとつくることができますね。次の練習問題で試してみましょう！

下図のような $x=0$ を中心とする角振動数 ω の単振動(1)〜(3)について，それぞれ図のように時刻 $t=0$ のときの位置や速度が決まっている。時刻 t における位置 x と速度 v の式を表せ。

(1) $t=0$ のとき，$x=-L$，$v=0$

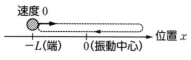

(2) $t=0$ のとき，$x=0$，$v<0$

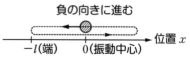

(3) $t=0$ のとき，$x=0$，$v=v_0\,(>0)$

解説

考え方のポイント　図から読み取れる情報から，「時間変化の型」と「振幅」を決めましょう。この 2 つをあわせることで，式をつくることができます。

(1) 問題の図より，位置 x は，時刻 $t=0$ のとき最小値 $-L$ をとり，その直後は値が増加するように変化することがわかる。これより，$-\cos\omega t$ 型と決まる。
　　振幅は中心と端の距離で，$0-(-L)=L$ なので，
　　　　位置：$x=L\times(-\cos\omega t)=-L\cos\omega t$
　　また，速度 v は，時刻 $t=0$ のとき 0 で，その直後は x 軸正の向き，すなわち値が増加するように変化することがわかる。これより，$\sin\omega t$ 型と決まる。
　　振幅 L と角振動数 ω から，最大の速さは $L\omega$ と表せるので，
　　　　速度：$v=L\omega\times\sin\omega t=L\omega\sin\omega t$

(2) 問題の図より，位置 x は，時刻 $t=0$ のとき 0 で，その直後は x 軸負の向き，すなわち値が減少するように変化することがわかる。これより，$-\sin\omega t$ 型と決まる。
　　振幅は $0-(-l)=l$ なので，
　　　　位置：$x=l\times(-\sin\omega t)=-l\sin\omega t$
　　また，速度 v は，時刻 $t=0$ のとき物体は振動中心にあり（＝速さ最大），x 軸負の向きに進むので，このとき最小値をとる。これより $-\cos\omega t$ 型と決まる。
　　振幅 l と角振動数 ω から，最大の速さは $l\omega$ と表せるので，
　　　　速度：$v=l\omega\times(-\cos\omega t)=-l\omega\cos\omega t$

(3) 問題の図より，位置 x は，時刻 $t=0$ のとき 0 で，その直後は x 軸正の向き，

すなわち値が増加するように変化することがわかる。これより，$\sin \omega t$ 型と決まる。

　振幅をAとすると，最大の速さ v_0 と角振動数ωの関係より，

$$v_0 = A\omega \qquad これより，\qquad A = \frac{v_0}{\omega}$$

よって，

$$位置：x = A \times \sin \omega t = \frac{v_0}{\omega} \sin \omega t$$

　また，速度vは，時刻 $t=0$ のとき物体は振動中心にあり（＝速さ最大），x軸正の向きに進むので，このとき最大値をとる。これより，$\cos \omega t$ 型と決まる。

　よって，

$$速度：v = v_0 \times \cos \omega t = v_0 \cos \omega t$$

答　(1)　位置 $x：-L\cos \omega t$，速度 $v：L\omega \sin \omega t$

　　　(2)　位置 $x：-l\sin \omega t$，速度 $v：-l\omega \cos \omega t$

　　　(3)　位置 $x：\dfrac{v_0}{\omega}\sin \omega t$，速度 $v：v_0 \cos \omega t$

Step 4 単振動の運動時間を考えてみよう

単振動は速さや加速度が刻々と変化していく運動ですので，等速直線運動，等加速度直線運動の公式を用いて運動時間を求めることはできません。単振動では，等速円運動との関係を用いて運動時間を考えます。

Ⅰ 単振動の周期

単振動の1往復は等速円運動の1周に対応していましたね。また，単振動の角振動数 ω は等速円運動の角速度に対応していましたね。**単振動の周期は等速円運動の周期に対応しているので，等速円運動の周期と同じように表す**ことができます。

> **ポイント** 単振動の周期
>
> 角振動数 ω の単振動の周期 T は，
>
> $$T = \frac{2\pi}{\omega}$$

単振動している物体について運動時間を考えるとき，この周期が重要になります！

Ⅱ 単振動の運動時間

単振動は刻々と速度が変わるので，移動距離が半分だからといって運動時間も半分になるとは限りません。そこで，やはり等速円運動と対応させて考えてみましょう。

下の図のように，$x=0$ を中心とする振幅 A，角振動数 ω の単振動で運動時間を考えます。この単振動に対応する円運動は，原点Oを中心とする半径 A，角速度 ω の等速円運動です。

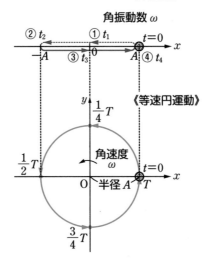

時刻 $t=0$ のとき，物体は $x=A$ にあったとします。

① 物体がはじめて振動中心に到達した時刻 t_1

　このとき対応する等速円運動を見ると $\dfrac{1}{4}$ 周に相当します。よって運動時間は $\dfrac{1}{4}$ 周期なので，

$$t_1=\frac{1}{4}T=\frac{1}{4}\times\frac{2\pi}{\omega}=\frac{\pi}{2\omega}$$

② 物体がはじめて振動の左端に到達した時刻 t_2

　このとき対応する等速円運動は $\dfrac{1}{2}$ 周に相当するので，

$$t_2=\frac{1}{2}T=\frac{1}{2}\times\frac{2\pi}{\omega}=\frac{\pi}{\omega}$$

③ 物体が再び振動中心に到達した時刻 t_3

　このとき対応する等速円運動は $\dfrac{3}{4}$ 周に相当するので，

$$t_3=\frac{3}{4}T=\frac{3}{4}\times\frac{2\pi}{\omega}=\frac{3\pi}{2\omega}$$

④ 物体が振動の右端に戻ってきた時刻 t_4

このとき対応する等速円運動は1周に相当するので，

$$t_4 = T = \frac{2\pi}{\omega}$$

単振動では「周期の何倍か」を考えて時間を求めていきます。等速円運動と対応させることが重要ですね！

練習問題②

$x=0$ を中心とする振幅 A，角振動数 ω の単振動について考える。時刻 $t=0$ のとき $x=A$ にあった物体が，はじめて $x=\dfrac{A}{2}$ に達する時刻 t' を求めよ。

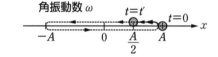

解説

考え方のポイント 単振動の運動時間は，等速円運動と対応させて考えていきましょう。

時刻 t' のとき，右図より対応する等速円運動は角 $\dfrac{\pi}{3}$〔rad〕の回転に相当する。1周 2π〔rad〕運動するのにかかる時間が1周期 T なので，求める運動時間 t' は，

$$t' = T \times \frac{\dfrac{\pi}{3}}{2\pi} = \frac{2\pi}{\omega} \times \frac{1}{6} = \frac{\pi}{3\omega}$$

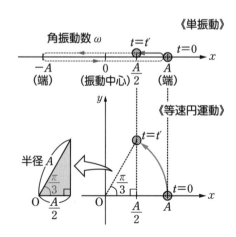

答 $\dfrac{\pi}{3\omega}$

Step 5 単振動する物体とはたらく力の関係を考えよう

　単振動する物体について，この Step 5 では「物体がどのような力を受けて，どのような単振動をするのか？」を具体的に考えていきましょう。

I 復元力

例 　下の図 a のような，なめらかな水平面上での単振動を考えます。ばね定数 k のばねにつながれた質量 m の物体において，自然長の位置を原点 O として，水平右向きに x 軸をとります。そして，物体がある位置 x にいるときの，水平右向きの加速度を a として，運動方程式を立ててみましょう。

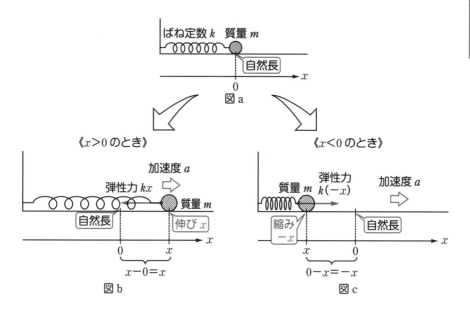

　物体の位置 $x>0$ のとき，物体の運動のようすは上の図 b のようになります。このとき，物体に水平方向にはたらく力は弾性力のみです。ばねの伸びが $x-0=x$ ですから，弾性力の大きさは kx です。ここで，物体の運動方程式を考えると，

$$ma = -kx \quad \cdots\cdots \text{①}$$
↳弾性力の向きが水平左向きなので

と表せます。

　次に，位置 $x<0$ のとき，物体の運動のようすは前ページの図cのように
なります。このときも，物体に水平方向にはたらく力は弾性力のみです。ば
ねの縮みが $0-x=-x$ ですから，弾性力の大きさは $k(-x)$ であり（$x<0$
より $k(-x)=-kx>0$），物体の運動方程式は，

$$ma = +k(-x) = -kx \quad \cdots\cdots \text{②}$$
↳弾性力の向きが水平右向きなので

　式②は式①とまったく同じですね。正の向きを決めて，位置 x で運動方
程式を立てるとき，**x の正負によらず，運動方程式のかたちは 1
つに決まります。**

　式①と式②の右辺にある $-kx$ は，**位置 x にある物体を振動中心
に引き戻そうとする力**になっていて，このようなかたちの力を**復元
力**といいます。今回は，$-kx$ はばねの弾性力で，k はばね定数ですが，一
般にこのかたちの係数 k を復元力の比例定数といいます。

> x が正のときと負のときで式のかたちが変わりそうで
> すが，同じ式で表せます。$x>0$ のときで式を立てるの
> がわかりやすいですね！

Ⅱ 復元力を用いた，周期・角振動数の表し方

　前項 Ⅰ の式①を a について解くと，$a=-\dfrac{k}{m}x$ となります。ここで，Step 2
で学習した単振動の加速度の表し方 $a=-\omega^2(x-x_0)$ を思い出して下さい。こ
の 2 つの式は同じものを表しているはずです。

$$a = -\boxed{\dfrac{k}{m}}\,x$$
$$a = -\boxed{\omega^2}\,(x-x_0)$$

上の ⬚ について，$x_0=0$ とすれば 2 つの式は対応しています。また，⬚ に
ついては，

$$\omega^2 = \dfrac{k}{m} \qquad \text{これより,} \qquad \omega = \sqrt{\dfrac{k}{m}}$$ ◀角振動数 ω は必ず正

となり，角振動数 ω を，質量 m と復元力の比例定数 k を用いて表せることがわかりました。さらに，周期 T も，

$$T=\frac{2\pi}{\omega}=2\pi\sqrt{\frac{m}{k}}$$

と表せることがわかります。

ポイント　単振動の角振動数 ω と周期 T

　　質量 m の物体が，比例定数 k の復元力で単振動するとき，

$$\text{角振動数：}\omega=\sqrt{\frac{k}{m}}$$

$$\text{周期：}T=\frac{2\pi}{\omega}=2\pi\sqrt{\frac{m}{k}}$$

この ω と T は単振動の基本的な公式として，しっかり覚えておきましょう！

Ⅲ　さまざまな単振動

　単振動では角振動数 ω を求めることが大きなポイントです。前項 Ⅰ Ⅱ の流れをまとめると次のようになります。

ポイント　単振動の角振動数 ω の求め方

手順①　x 軸を決める

手順②　運動方程式を立てる

手順③　式を「$a=-\bigcirc\bigcirc$」のかたちにして $a=-\omega^2(x-x_0)$
　　　　と比較する

実際に取り組んでみないとわかりづらいと思いますので、いくつかのケースで練習しましょう。いずれの場合も、ばねのばね定数を k、重力加速度の大きさを g とします。

① なめらかな斜面上での単振動

右の図 a のように、傾き θ のなめらかな斜面上で、質量 M の物体が単振動しています。このときの角振動数 ω と振動中心の位置 x_0 を求めてみましょう。

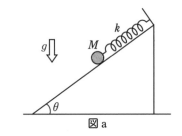

図 a

手順①　x 軸を決める

右の図 b のように、自然長の位置を $x=0$ として、斜面に沿って下向きに x 軸をとります。

手順②　運動方程式を立てる

図 b より、物体が位置 x にあるとき、物体に x 軸方向にはたらく力は、重力の成分 $Mg\sin\theta$、ばねの弾性力 kx の 2 つです。ここで、加速度を a として、物体の運動方程式を立てると、

$$Ma = Mg\sin\theta - kx \quad \cdots\cdots(\mathrm{i})$$

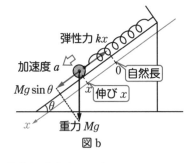

図 b

手順③　式を「$a=-\bigcirc\bigcirc$」のかたちにして、$a=-\omega^2(x-x_0)$ と比較する

式(i)を a について解くと、

$$a = g\sin\theta - \frac{k}{M}x = -\frac{k}{M}x + g\sin\theta = -\frac{k}{M}\left(x - \frac{Mg\sin\theta}{k}\right)$$

ここで、$a=-\omega^2(x-x_0)$ と比較すると、

$$\begin{cases} \omega^2 = \dfrac{k}{M} \quad \text{これより、} \quad \omega = \sqrt{\dfrac{k}{M}} \\ x_0 = \dfrac{Mg\sin\theta}{k} \quad \cdots\cdots(\mathrm{ii}) \end{cases}$$

したがって、角振動数 $\omega = \sqrt{\dfrac{k}{M}}$、振動中心 $x_0 = \dfrac{Mg\sin\theta}{k}$ とわかります。

ちなみに、式(ii)を変形すると $kx_0 = Mg\sin\theta$ となり、図 b を見ながら考えると、**振動中心 x_0 は力がつりあう位置でもある**ことがわかります。

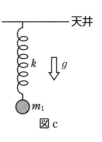

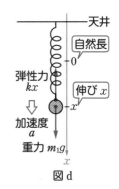

ポイント 単振動の中心

単振動の中心では，
　　　速さ：最大
　　　加速度：**0**
　　　力：つりあいの状態

② 鉛直方向の単振動

右の図cのように，ばねの一端を天井に固定し，他端に質量 m_1 の物体を取りつけて，鉛直方向に単振動させます。このときの角振動数 ω と振動中心の位置 x_0 を求めてみましょう。

図 c

手順① x **軸を決める**

右の図dのように，自然長の位置を $x=0$ として，鉛直下向きに x 軸をとります。

手順② **運動方程式を立てる**

図dより，物体が位置 x にあるとき，物体に鉛直方向にはたらく力は重力 m_1g，ばねの弾性力 kx の2つです。ここで，加速度を a として，物体の運動方程式を立てると，

$$m_1 a = m_1 g - kx \quad \cdots\cdots\text{(iii)}$$

図 d

手順③ **式を「$a=-\bigcirc\bigcirc$」のかたちにして，$a=-\omega^2(x-x_0)$ と比較する**

式(iii)を a について解くと，

$$a = g - \frac{k}{m_1}x = -\underbrace{\frac{k}{m_1}}_{\omega^2}\Big(x-\underbrace{\frac{m_1 g}{k}}_{x_0}\Big)$$

よって，

$$\begin{cases} \omega^2 = \dfrac{k}{m_1} \quad \text{これより，}\quad \omega = \sqrt{\dfrac{k}{m_1}} \\ x_0 = \dfrac{m_1 g}{k} \end{cases}$$

したがって，角振動数 $\omega = \sqrt{\dfrac{k}{m_1}}$，振動中心 $x_0 = \dfrac{m_1 g}{k}$ とわかります。

③ 粗い水平面上での振動

動摩擦係数 μ' の粗い水平面上で，質量 m の物体が単振動します。次の(a)(b)それぞれについて，角振動数 ω と振動中心の位置 x_0 を求めましょう。

(a) はじめ，図 e のようにばねを縮めた状態から右へ向かうとき

(b) その後，図 f のようにばねが最ものびた位置から折り返して左へ向かうとき

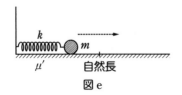

図 e

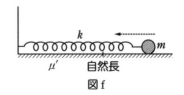

図 f

(a) 手順① x軸を決める

右の図 g のように，自然長の位置を $x=0$ として，水平右向きに x 軸をとります。

手順② **運動方程式を立てる**

図 g より，物体が位置 x にあるとき，物体に x 軸方向にはたらく力は動摩擦力 $\mu'mg$，ばねの弾性力 kx の2つです。ここで，加速度を a として，物体の運動方程式を立てると，

$$ma = -kx - \mu'mg \quad \cdots\cdots\text{(iv)}$$

手順③ **式を「$a=-\bigcirc\bigcirc$」のかたちにして，$a=-\omega^2(x-x_0)$ と比較する**

式(iv)を a について解くと，

$$a = -\frac{k}{m}x - \mu'g = -\underbrace{\frac{k}{m}}_{\omega^2}\Big(x + \underbrace{\frac{\mu'mg}{k}}_{-x_0}\Big)$$

よって，

$$\begin{cases} \omega^2 = \dfrac{k}{m} \quad \text{これより，} \quad \omega = \sqrt{\dfrac{k}{m}} \\[2mm] x_0 = -\dfrac{\mu'mg}{k} \end{cases}$$

したがって，角振動数 $\omega = \sqrt{\dfrac{k}{m}}$，振動中心 $x_0 = -\dfrac{\mu'mg}{k}$ とわかります。

(b) 手順① **x軸を決める**

(a)とそろえて，自然長の位置を $x=0$ として水平右向きに x 軸をとります。

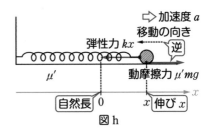

加速度 a
移動の向き
弾性力 kx
逆
μ'
動摩擦力 $\mu'mg$
自然長 0
x 伸び x
図 h

手順② **運動方程式を立てる**

(a)と同様に，位置 x で物体にはたらく力は動摩擦力 $\mu'mg$ とばねの弾性力 kx の2つですが，**(a)と物体の進む向きが逆（縮む向き）になる**ので，動摩擦力の向きが変わります（図 h）。物体の運動方程式を立てると，

$$ma = -kx + \mu'mg \quad \cdots\cdots(\text{v})$$

手順③ **式を「$a=-\bigcirc\bigcirc$」のかたちにして，$a=-\omega^2(x-x_0)$ と比較する**

式(v)を a について解くと，

$$a = -\frac{k}{m}x + \mu'g = \underbrace{-\frac{k}{m}}_{\omega^2}\Big(x - \underbrace{\frac{\mu'mg}{k}}_{x_0}\Big)$$

よって，

$$\begin{cases} \omega^2 = \dfrac{k}{m} \quad \text{これより，} \quad \omega = \sqrt{\dfrac{k}{m}} \quad \blacktriangleleft\text{(a)と同じ} \\[3mm] x_0 = \dfrac{\mu'mg}{k} \quad \blacktriangleleft\text{動摩擦力の向きが変わるので，(a)右へ向かうときと，(b)左へ向かうときでは，振動中心の位置が変わる！} \end{cases}$$

したがって，角振動数 $\omega = \sqrt{\dfrac{k}{m}}$，振動中心 $x_0 = \dfrac{\mu'mg}{k}$ とわかります。

Ⅳ 減衰振動

前項 Ⅲ ③の運動をあらためて見てみましょう。はじめのばねの縮みを L とすれば，は

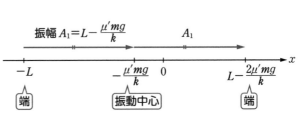

振幅 $A_1 = L - \dfrac{\mu'mg}{k}$
A_1
$-L$
$-\dfrac{\mu'mg}{k}$
0
$L - \dfrac{2\mu'mg}{k}$
端
振動中心
端

じめの位置は単振動の端になり，$x=-L$ です。また，物体が右へ向かうときの振動中心は(a)より，$x = -\dfrac{\mu'mg}{k}$ ですから，(a)の振動の振幅 A_1 は，

$$A_1 = -\frac{\mu'mg}{k} - (-L) = L - \frac{\mu'mg}{k}$$

となります。物体は振動中心からさらに振幅 A_1 だけ進むので，右の端の位置は，

$$-\frac{\mu'mg}{k}+A_1=L-\frac{2\mu'mg}{k}$$

になります。

この後，向きを変えて左に進むときの振動中心は(b)より $x=\frac{\mu'mg}{k}$ ですから，(b)の振動の振幅 A_2 は，

$$A_2=\left(L-\frac{2\mu'mg}{k}\right)-\frac{\mu'mg}{k}=L-\frac{3\mu'mg}{k} \quad \blacktriangleleft A_1 \text{より小さい}$$

となります。物体は振動中心からさらに振幅 A_2 だけ負の向きに進むので，左の端の位置は，

$$\frac{\mu'mg}{k}-A_2=\frac{\mu'mg}{k}-\left(L-\frac{3\mu'mg}{k}\right)=-L+\frac{4\mu'mg}{k}$$

になります。

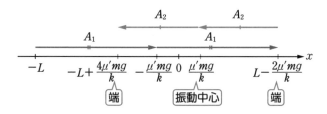

このように，**振幅が小さくなっていく振動**を減衰振動といいます。

全体的に見ると少し難しいかもしれませんが，端からもう一方の端に進むときは，これまでに学んだ単振動となにも変わりません。複雑そうに見えることも，実は単純なことの組みあわせですので，身構えずにしっかり考えてみましょう！

右図のように，質量 m の物体をばね定数 k の軽いばねの一端に取りつけ，ばねの他端を天井に取りつける。はじめ，ばねの伸びが d となる位置で物体は静止していた。この状態から，ばねが自然長となる位置まで物体をもち上げて静かにはなすと，物体は鉛直方向に単振動をした。鉛直下向きに x 軸をとり，つりあいの位置を $x=0$ とし，重力加速度の大きさを g，円周率を π とする。以下の問いに答えよ。

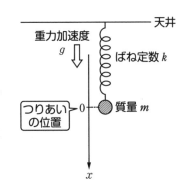

(1) ばねの伸び d を m，g，k を用いて表せ。

(2) 物体が単振動しているときの位置を x，加速度を a として，物体の運動方程式を m，k，a，x を用いて表せ。

(3) 物体の単振動の周期 T を求めよ。

(4) 物体が単振動しているとき，物体の最大の速さ $v_{\max}$ を求めよ。

(5) 物体を静かにはなしてから，はじめて $x=\dfrac{d}{2}$ を通過するまでの時間 t を求めよ。

解説

考え方のポイント　(1)(2)　自然長のとき，つりあいの位置のとき，位置 x のときの，物体にはたらく力やばねの伸びのようすを図でていねいに確認しましょう。(3)　周期は $T=\dfrac{2\pi}{\omega}$ で表せます。角振動数 ω は **Ⅱ** で学習した手順に沿って求められます。(5)　単振動の運動時間は，等速円運動と対応させて考えます。

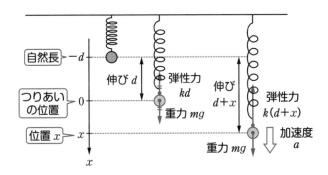

(1) ばねの伸びが d のとき，物体は静止しており，物体にはたらく力はつりあっている。前ページの図より，力のつりあいの式は，

$$kd = mg \qquad これより，\qquad d = \frac{mg}{k}$$

(2) 物体が位置 x にあるとき，物体にはたらく力は，重力 mg とばねの弾性力 $k(d+x)$ である。よって，求める運動方程式は，

$$ma = mg - k(d+x) = mg - k\left(\frac{mg}{k} + x\right) \quad ◀(1)で求めた d を代入$$

これより，$ma = -kx$

(3) (2)で求めた運動方程式を a について解くと，

$$a = -\frac{k}{m}x \quad ◀a = -\omega^2(x - x_0) \ と比較しよう！$$

物体の単振動の角振動数を ω とすれば，上の式より，

$$\omega^2 = \frac{k}{m} \qquad これより，\qquad \omega = \sqrt{\frac{k}{m}}$$

と表せるので，求める周期 T は，

$$T = \frac{2\pi}{\omega} = 2\pi\sqrt{\frac{m}{k}}$$

(4) 物体を静かにはなした自然長の位置 $x = -d$ が単振動の端であり，力がつりあう位置 $x = 0$ が単振動の中心になる。これより，振幅は $0 - (-d) = d$ とわかる。

単振動の最大の速さは，振幅×角振動数 で求められるので，

$$v_{\max} = d\omega = d\sqrt{\frac{k}{m}} \quad ◀速さが最大となるのは，振動中心 x = 0 を通過するとき$$

(5) 右図のように，半径 d の等速円運動と対応させる。単振動で $x = -d$ から $x = \dfrac{d}{2}$ まで進むとき，図より，対応する等速円運動は角度 $\dfrac{2}{3}\pi$ [rad] の回転に相当する。よって，求める時間 t は，(3)で求めた周期を用いて，

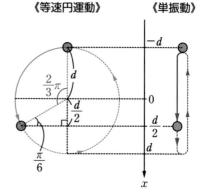

《等速円運動》　《単振動》

$$t = T \times \frac{\dfrac{2}{3}\pi}{2\pi} = \frac{T}{3} = \frac{2\pi}{3}\sqrt{\frac{m}{k}}$$

答　(1) $\dfrac{mg}{k}$　(2) $ma = -kx$　(3) $2\pi\sqrt{\dfrac{m}{k}}$

(4) $d\sqrt{\dfrac{k}{m}}$　(5) $\dfrac{2\pi}{3}\sqrt{\dfrac{m}{k}}$

第 **11** 講

万有引力

この講で学習すること

Step 1 万有引力の法則を覚えよう

これまで物体にはたらく力を考えるとき，重力というものをサラッと使ってきましたが，ここではその重力について，どのようなものかもう少し詳しく見ていきます。

Ⅰ 万有引力とは

重力のもとになっているのは**万有引力**という力です。これは，**質量をもっているすべての物体どうしにはたらく力で，ともに引きあう力をおよぼしあう**という，**万有引力の法則**によるものです。

> **ポイント** 万有引力の法則
>
> 質量 M と m の 2 物体が中心間距離 r だけ離れているときにおよぼしあう万有引力の大きさ F は，
>
> $$F = G\frac{Mm}{r^2} \quad （G：万有引力定数）$$
>
> 力の向きは，互いを結ぶ直線上で引きあう向き

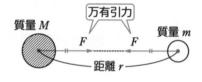

質量 M　万有引力　質量 m
F　　F
距離 r

上の式の比例定数 G を**万有引力定数**といい，その値は，
$$G \fallingdotseq 6.67 \times 10^{-11} \ \mathrm{N \cdot m^2/kg^2}$$
です。

万有引力は「互いに」引きあう力ですので，**2 つの物体両方に同じ大きさの力**がはたらいています。◀作用・反作用の法則

重たいものの方が軽いものの方に，より強い万有引力を与える…ということはないので，気をつけてください！

以後，この講では，万有引力定数はすべてGとして使うことにします。

例 右の図のように，質量がm_1とm_2の2物体が距離lだけ離れているときにおよぼしあう万有引力の大きさFは，

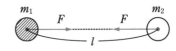

$$F = G\frac{m_1 m_2}{l^2}$$

例 右の図のように，質量がmとamの2物体が距離dだけ離れているときにおよぼしあう万有引力の大きさF'は，

$$F' = G\frac{m \times am}{d^2} = G\frac{am^2}{d^2}$$

Ⅱ 重力と万有引力の関係

ここまでは，ばねやボールや電車など身近なスケールで考えてきました。この講では宇宙から地球を見るような，大きなスケールで力学について考えてみましょう！

　突然ですが，地上に存在する物体にはたらく重力について，物体の質量をmとし，地球の質量をM，半径をRとして考えてみましょう。

　地上の物体のようすを宇宙から観測すると，次ページの図のようになります。地球が自転しているため，物体は北極と南極を結んだ地軸のまわりで円運動しています。一方，地球上の観測者から見ると，物体には遠心力がはたらきます。遠心力の向きは，円運動の中心O'から遠ざかる向きです。

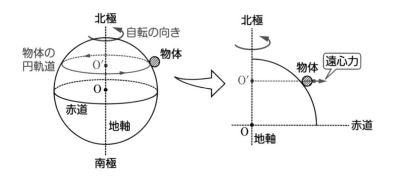

また，**地球の質量はすべて地球の中心にある**と考えると，物体と地球の関係は「質量 M と m の 2 物体が距離 R だけ離れて」存在していることになります。よって，右の図のように，物体が受ける万有引力の大きさは $G\dfrac{Mm}{R^2}$ で，向きは地球の中心 O に向かう向きです。

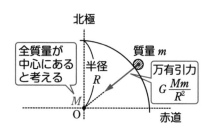

　重力の正体は，これらの 2 つの力，すなわち万有引力と遠心力の合力です。万有引力と遠心力をベクトル合成すると，下の図のようになり，**重力は，実は，地球の中心 O に向かっていない**ことがわかります。

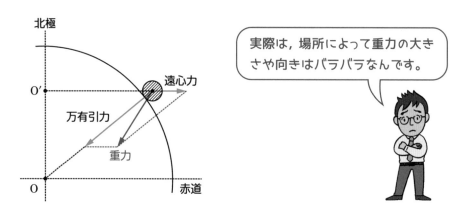

実際は，場所によって重力の大きさや向きはバラバラなんです。

　ただ，万有引力に対して遠心力は小さく，遠心力は無視することがほとんどです。
　　　└→およそ 300 分の 1
す。物理の問題文に「地球の自転の影響は無視する」と書いてある場合は，遠心力は無視して「重力＝万有引力」としてよいということです。

重力＝万有引力＋遠心力
ただし，地球の自転の影響が無視できる場合は，
重力＝万有引力

以後，この講では，地球の自転の影響は無視して考えていきます。

　地球の質量を M，半径を R として，地上での重力加速度の大きさ g を表せ。ただし，万有引力定数を G とする。

解説 -

考え方のポイント　地球の半径や質量が与えられているので，万有引力が表せそうですね。「重力＝万有引力」のかたちにすると，重力加速度を用いた式が立てられます。

　地上に質量 m の物体があると仮定すると，この物体が受ける万有引力の大きさは，

$$G\frac{Mm}{R^2}$$

と表せる。また，この物体にはたらく重力の大きさは，

$$mg$$

と表せる。地球の自転の影響は無視できるので，重力＝万有引力　と考えることができ，

$$mg = G\frac{Mm}{R^2} \qquad これより，\qquad g = \frac{GM}{R^2}$$

答に質量 m は出てきませんね。しかし，式を立てる上で必要な物理量があれば，自分で文字をおいて式を立ててオッケーです。最終的な答で使わなければ問題ありません！

答　$\dfrac{GM}{R^2}$

Step 2 万有引力による位置エネルギーを使いこなそう

　重力を受ける空間にいると，高さによって決まった位置エネルギーをもちます。また，ばねにつながれて弾性力をつねに受ける状態であれば，ばねの伸びや縮みによって決まった位置エネルギーをもちます。万有引力についても同様に，万有引力を受ける空間では，**万有引力による位置エネルギー**を考えることになります。

I 万有引力による位置エネルギー

　まずは基本的なかたちを覚えてしまいましょう。位置エネルギーは基準の位置を決めなくてはいけませんでしたが，**万有引力による位置エネルギー**では決まっています。**無限遠を基準**にします。
→万有引力が 0 になるところ

ポイント 万有引力による位置エネルギー

　質量 M の物体の中心から距離 r だけ離れた位置において，質量 m の物体がもつ万有引力による位置エネルギー U は，

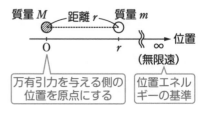

$$U = -G\frac{Mm}{r} \quad (G：万有引力定数)$$

万有引力による位置エネルギーは負になることに注意してください。万有引力の向きと，無限遠まで物体を移動させる向きが逆だからです！

右の図のように，質量 M，半径 R の地球のまわりにある3つの人工衛星について考えます。地表面にあるA（質量 m_A），地球の中心から距離 l のところにあるB（質量 m_B），地表から高さ h のところにあるC（質量 m_C），それぞれがもつ万有引力による位置エネルギーを，書き表してみます。地球の質量はすべて地球の中心にあると考えます。

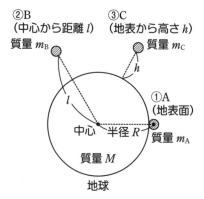

① 人工衛星 A

地表面のAは地球の中心から距離 R だけ離れているので，万有引力による位置エネルギーを U_A とすれば，$U_A = -G\dfrac{Mm_A}{R}$

② 人工衛星 B

地球の中心から距離 l だけ離れているので，万有引力による位置エネルギーを U_B とすれば，$U_B = -G\dfrac{Mm_B}{l}$

③ 人工衛星 C

地球の中心からの距離は $R+h$ になっていることに注意して，万有引力による位置エネルギーを U_C とすれば，$U_C = -G\dfrac{Mm_C}{R+h}$

第11講　万有引力

Ⅱ 人工衛星の打ち上げ

　万有引力による位置エネルギーを用いて，地球（質量 M，半径 R）から人工衛星（質量 m）を打ち上げる際のシミュレーションをしてみましょう。

① 力学的エネルギー保存の法則

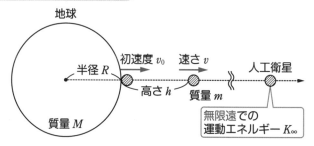

前ページの図のように，地表面から初速度 v_0 で人工衛星を打ち上げます。打ち上げられた後，地表面から高さ h のところで人工衛星の速さが v になったとします。このとき，人工衛星の力学的エネルギーは保存されるので，

$$\underbrace{\frac{1}{2}mv_0{}^2}_{\substack{\text{はじめの}\\\text{運動エネルギー}}}+\underbrace{\left(-G\frac{Mm}{R}\right)}_{\substack{\text{はじめの}\\\text{位置エネルギー}}}=\underbrace{\frac{1}{2}mv^2}_{\substack{\text{後の}\\\text{運動エネルギー}}}+\underbrace{\left(-G\frac{Mm}{R+h}\right)}_{\substack{\text{後の}\\\text{位置エネルギー}}}$$

と表すことができます。

② 人工衛星が地球に戻らないためには

では，人工衛星を無限遠に到達させるために必要な初速度の大きさを求めてみます。

ある点に到達する条件は「**ある点における運動エネルギー（速さ）が0以上**」です。力学的エネルギー保存の法則をうまく使いましょう。

> **ポイント** 地球に戻ってこない条件
>
> 再び地球に戻らない
> $\Longrightarrow$ 万有引力の影響を受けない場所へ行く
> $\Longrightarrow$ 無限遠に到達する
> $\Longrightarrow$ 無限遠における運動エネルギー（速さ）が**0以上**

無限遠における人工衛星の運動エネルギーを K_∞ とします。このとき，人工衛星の力学的エネルギー保存の法則より，

$$\underbrace{\frac{1}{2}mv_0{}^2+\left(-G\frac{Mm}{R}\right)}_{\substack{\text{地表面での}\\\text{力学的エネルギー}}}=\underbrace{K_\infty+0}_{\substack{\text{無限遠での}\\\text{力学的エネルギー}}}$$

◀無限遠は位置エネルギーの基準となる位置なので，万有引力による位置エネルギーは 0

無限遠に到達する条件は，「無限遠における運動エネルギーが0以上」ですので，$K_\infty \geqq 0$ として，

$$K_\infty=\frac{1}{2}mv_0{}^2-G\frac{Mm}{R}\geqq 0 \quad \text{これより，} \quad v_0\geqq\sqrt{\frac{2GM}{R}}$$

つまり，$\sqrt{\dfrac{2GM}{R}}$ 以上の大きさの初速度であれば，再び地球に戻ってくることはありません。

Step 3 ケプラーの法則を理解しよう

　地球は太陽のまわりを周回する公転をしています。地球に限らず，他の惑星や小惑星など，さまざまな天体が太陽のまわりを公転していますが，この公転は円軌道ではなく，**楕円軌道**です。**太陽のまわりを公転する惑星の楕円軌道についての 3 つの法則**をケプラーの法則といいます。

> **ポイント** ケプラーの法則
>
> ●第 1 法則（楕円軌道の法則）
> 　　惑星は，太陽を 1 つの焦点とする楕円軌道上を運動する
> ●第 2 法則（面積速度一定の法則）
> 　　太陽と惑星を結ぶ線分（動径）が，単位時間に描く面積（面積速度）は惑星ごとに一定である
> ●第 3 法則（調和の法則）
> 　　惑星の公転周期の 2 乗と楕円軌道の平均距離（半長軸の長さ）の 3 乗の比の値は，すべての惑星で同じ値になる

第11講

万有引力

　この Step 3 では，これらの法則を 1 つずつ見ていきましょう！

　楕円は **2点からの距離の和が一定**の点の集合です。楕円を描こうとする場合，下の図のように1本の糸の両端をピンで2カ所に留めて，糸の内側に鉛筆を引っかけて糸がたるまないように動かしていくと楕円ができます。図の青と緑の破線は同じ長さです。

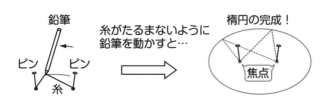

　このとき，ピンで留めた2か所が楕円の**焦点**になります。

　また，右の図のように，楕円軌道の中で，中心から最も離れているところまでの線分を**半長軸**といい，その長さを長半径といいます。

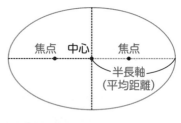

　さらに，右下の図のように，太陽は2つの焦点のうちの一方にあるかたちになっています。惑星はこのような楕円軌道上を公転しているので，太陽に近づいたり遠ざかったりします。楕円軌道上で太陽に最も近い点は

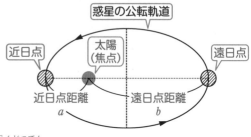

近日点，太陽から最も遠い点は**遠日点**とよばれます。太陽から近日点までの距離を**近日点距離**，遠日点までの距離を**遠日点距離**といいます。図のようにそれぞれの長さを a，b とすると，近日点から遠日点までの距離は $a+b$ なので，半長軸の長さは $\dfrac{a+b}{2}$ で表され，この長さは太陽と惑星の**平均距離**といえるものです。

　以上のような，**「惑星は，太陽を1つの焦点とする楕円軌道上を運動する」**という法則が**ケプラーの第1法則**（楕円軌道の法則）です。

Ⅱ 第2法則 (面積速度一定の法則)

① 面積速度とは

右の図のように，**太陽と惑星を結んだ線分**のことを**動径**といいます。惑星が楕円軌道を進むにつれて，動径も移動していきますが，この**動径が単位時間に通過する面積**のことを**面積速度**といいます。

↳「掃く」ともいう

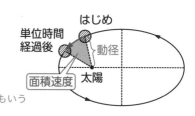

② 面積速度を式で表すと

面積速度について，動径が通過する面積を厳密に求めるのは大変です。

弧の長さは単位時間に惑星が進んだ距離ですから，公転の速さを示しています。そこで，下の図のように，面積速度は**公転の速度ベクトルと動径でつくる三角形の面積**で近似します。公転の速度の向きは，楕円軌道の接線方向です。

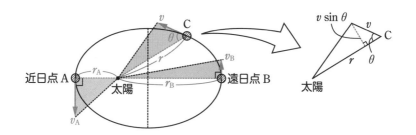

上の図より，近日点Aでの面積速度は$\frac{1}{2}r_A v_A$，遠日点Bでは$\frac{1}{2}r_B v_B$，点Cでは

$$\frac{1}{2} \times r \times v\sin\theta = \frac{1}{2}rv\sin\theta$$

と表せることがわかります。よって，**惑星ごとに面積速度が等しい**という**ケプラーの第2法則 (面積速度一定の法則)** を式で表すと，

$$\frac{1}{2}r_A v_A = \frac{1}{2}r_B v_B = \frac{1}{2}rv\sin\theta$$

となります。

③ 第2法則で示していること

前ページの図の点 A，B，C を見比べると，動径の長さと速度ベクトルの大きさが，それぞれ変化していることがわかります。惑星の速さは近日点で最も速く，遠日点で最も遅くなっていて，楕円軌道全体でいうと**太陽に近いほど速い**ことを第2法則は示しています。

Ⅲ 第3法則（調和の法則）

ケプラーの第3法則（調和の法則）は，楕円軌道の**平均距離 a と公転の周期 T との関係を示した法則**です。式で表すと，

$$\frac{T^2}{a^3} = \alpha \ （一定）$$

となります。**α は，太陽のまわりを公転している惑星ですべて同じ値**になります。

例 右の図のように，太陽のまわりを円運動している惑星Aと惑星Bがあるとします。円軌道では半径がそのまま平均距離になります。惑星AとBについてケプラーの第3法則を式で表すと，

$$\frac{T_A^{\,2}}{a_A^{\,3}} = \frac{T_B^{\,2}}{a_B^{\,3}}$$

となります。

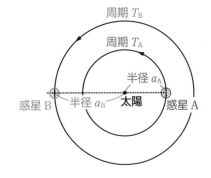

例 右の図のように，太陽のまわりを半径 a，周期 T で円運動している惑星Cについて，公転軌道が円から楕円に変化したとします。この楕円軌道で，近日点距離が a，遠日点距離が b になりました。この楕円軌道の周期を T' とします。

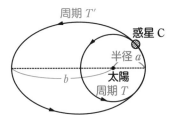

「太陽のまわりを公転している」ことは変わらないので，**軌道の変化の前後でケプラーの第3法則の式を立てることができます**。楕円軌道の平均距離が $\dfrac{a+b}{2}$ となることに注意して，ケプラーの第3法則を式で表すと，

$$\frac{T^2}{a^3} = \frac{T'^2}{\left(\dfrac{a+b}{2}\right)^3}$$

となります。

太陽のまわりを公転している惑星であれば，軌道のかたちが変わったとしても，$\dfrac{T^2}{a^3}$ の値は変わりません！

Step 4 地球のまわりの人工衛星の運動を考えよう

ケプラーの法則は元々，太陽のまわりを公転する惑星についてのものでしたが，**彗星や小惑星など他の天体にも適用できる**ことがわかっています。**地球のまわりを公転している人工衛星**についても同様です。Step 3 で学習したケプラーの法則で，太陽→地球，惑星→人工衛星と置き換えても，同じように式を立てることができます。

> Step 1〜3 で学習した内容を組みあわせて，問題を解いていきましょう！

📍例　下の図のように，質量 M の地球のまわりを楕円軌道で公転している質量 m の人工衛星があるとします。楕円軌道上の近地点Aと遠地点Bについて成り立つ関係式を考えます。　地球に最も近い点◀┘　└▶地球から最も遠い点

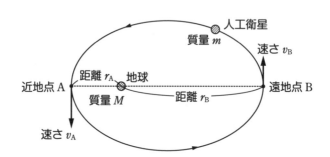

人工衛星
質量 m
速さ v_B
近地点 A　距離 r_A　地球　質量 M　距離 r_B　遠地点 B
速さ v_A

　まず，点Aと点Bでは力学的エネルギーが保存されるので，

$$\frac{1}{2}mv_A{}^2 - G\frac{Mm}{r_A} = \frac{1}{2}mv_B{}^2 - G\frac{Mm}{r_B}$$

<u>Aでの力学的エネルギー</u>　<u>Bでの力学的エネルギー</u>

となります。また，ケプラーの第2法則が成り立つので，

$$\frac{1}{2}r_A v_A = \frac{1}{2}r_B v_B$$

<u>Aでの面積速度</u>　<u>Bでの面積速度</u>

ですね。r_A, v_A, r_B, v_B がどちらの式にも含まれていますので、この2つの式を連立させて解くと、距離や公転の速さを求めることができます。

楕円軌道上の物体については、力学的エネルギー保存の法則とケプラーの第2法則（面積速度一定の法則）を連立させることが基本です！

練習問題②

右図のように、地球の中心から距離 r の円軌道Aを、人工衛星が周期 T で等速円運動している。人工衛星を点Pで瞬間的に加速させたところ、楕円軌道Bに移った。地球の質量を M、人工衛星の質量を m、楕円軌道上の遠地点Qの地球の中心からの距離を l、万有引力定数を G として、次の問いに答えよ。

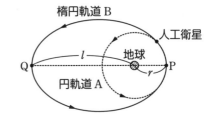

(1) 等速円運動していた人工衛星が、点Pで加速した直後の速さ v を求めよ。

(2) 人工衛星が楕円軌道Bを周回しているときの周期 T_B を求めよ。

解説

考え方のポイント 図には軌道が2つ描かれていますが、楕円軌道のみに注目しましょう。

(1) 楕円軌道での速さは、力学的エネルギー保存の法則とケプラーの第2法則を連立させることで求めることができます。

(2) 楕円軌道の周期はケプラーの第3法則で求めることができます。

(1) 右図のように、点Qにおける人工衛星の速さを V とする。点Pと点Qでは力学的エネルギーが保存されるので、

$$\frac{1}{2}mv^2 - G\frac{Mm}{r} = \frac{1}{2}mV^2 - G\frac{Mm}{l}$$

$\underbrace{\phantom{\frac{1}{2}mv^2 - G\frac{Mm}{r}}}_{\text{Pでの力学的エネルギー}}$ $\underbrace{\phantom{\frac{1}{2}mV^2 - G\frac{Mm}{l}}}_{\text{Qでの力学的エネルギー}}$

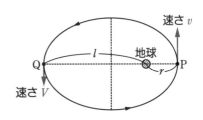

$$v^2 - \frac{2GM}{r} = V^2 - \frac{2GM}{l}$$

$$v^2 - V^2 = 2GM\left(\frac{1}{r} - \frac{1}{l}\right) = 2GM\frac{l-r}{lr} \quad \cdots\cdots①$$

また，ケプラーの第2法則より，

$$\underbrace{\frac{1}{2}rv}_{\text{Pでの面積速度}} = \underbrace{\frac{1}{2}lV}_{\text{Qでの面積速度}} \qquad これより，\qquad V = \frac{r}{l}v \quad \cdots\cdots②$$

式①に式②を代入して，

$$v^2 - \left(\frac{r}{l}v\right)^2 = 2GM\frac{l-r}{lr}$$

$$\frac{l^2-r^2}{l^2}v^2 = 2GM\frac{l-r}{lr}$$

$$\frac{(l+r)(l-r)}{l}v^2 = 2GM\frac{l-r}{r}$$

$$v^2 = \frac{2GMl}{r(l+r)}$$

$v > 0$ より，$\quad v = \sqrt{\dfrac{2GMl}{r(l+r)}}$

(2) 右図より，円軌道Aの平均距離は r，周期
は T である。また，楕円軌道Bの平均距離
は $\dfrac{r+l}{2}$，周期は T_B である。よって，ケプ
ラーの第3法則より，

$$\frac{T^2}{r^3} = \frac{T_B{}^2}{\left(\dfrac{r+l}{2}\right)^3}$$

$$\left(\frac{T_B}{T}\right)^2 = \left(\frac{r+l}{2r}\right)^3$$

両辺の平方根をとって，

$$\frac{T_B}{T} = \left(\frac{r+l}{2r}\right)^{\frac{3}{2}} \qquad これより，\qquad T_B = T\left(\frac{r+l}{2r}\right)^{\frac{3}{2}}$$

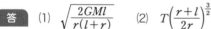

周期 T_B

周期 T

地球

Q ──── l ────● ──── r ── P

$\dfrac{r+l}{2}$

半径と同じ

答 (1) $\sqrt{\dfrac{2GMl}{r(l+r)}}$ (2) $T\left(\dfrac{r+l}{2r}\right)^{\frac{3}{2}}$

第 **12** 講

剛体のつりあい

Step 1　力のモーメントを表せるようになろう

　ここまでの学習では，小球や小物体，「地球の中心にすべての質量があると考える」など，物体を「点」として扱ってきました。このように表現した物体のことを**質点**といいます。

　一方，大きさを無視しない，大きさやかたちをもっている物体のことを**剛体**といいます。この講では，剛体のつりあいについて考えていきます。

> 正しくは，**剛体**は「力を加えても変形しないもの」ですが，高校物理では変形は扱わないので，「大きさをもっているもの」ととらえておきましょう！

I　力のモーメントとは

　物体の運動を考えるとき，物体は「小物体」とか「大きさが無視できる」などと表現されることが多いですが，わざわざそんなことを言うぐらいなので，大きさが関わってくると何か面倒なことでもありそうな感じがしませんか？

　実際に少し面倒になってきます。例えば，扇風機を考えてみましょう。扇風機の羽根は中心（重心）を固定されていて，位置としては変わっていません。しかし，電源を入れると羽根はブンブン回って，明らかに動きます。重心の位置が変わっていないのだから羽根は静止している，とはいえなさそうな気がします。

　物体の大きさを考えるようになると，このような**物体の回転（傾き）**も気にしなくてはいけません。物体にはたらいている力が**物体を回転させようとする能力**のことを，**力のモーメント**といいます。

　力のモーメントは，右の図のようにま
ず**回転軸**があり，**力が回転軸から**
　　┗**回転の中心となる点**
**どれだけ離れた位置ではたらい
ているか**で決まります。**力の作用
線と回転軸との距離**をうでの長
　　　　　┗**力のベクトルの延長線**
さといい，力のモーメントの大きさは
「**力の大きさ×うでの長さ**」で定義されます。

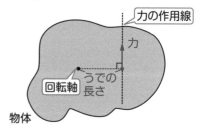

物体を回転させようとする能力

　　力のモーメントの大きさ＝力の大きさ×うでの長さ

Ⅱ　力のモーメントの求め方

 右の図のように，長さ l の細い棒の右端に，大きさ F の力を加えます。棒の左端を回転軸にしたとき，力 F のモーメントを考えましょう。

　このとき，うでの長さは棒の長さと同じく l になるので，力のモーメントの大きさを M とすると，

　　　$M = F \times l = Fl$

となります。また，力のモーメントは回転に関わるものなので，どちらまわりか？も大事になります。この棒は時計まわりに回転しますよね。まとめると，この力 F のモーメントは，

　　　時計まわりに大きさ Fl

と表せます。

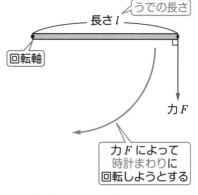

 右の図のように，長さ l の細い棒の右端に，大きさ F の力が角 θ だけ傾いてはたらく場合の，力のモーメントを考えましょう。

　力の大きさは与えられていますが，うでの長さは自分で考える必要があります。うでの長さは力の作用線と回転軸との距離なので，次ページの図のように，**回転軸から力 F の作用線に垂線を下ろす**と，その距離 $l\sin\theta$ がうでの長さになります。

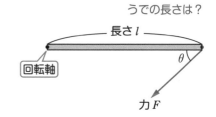

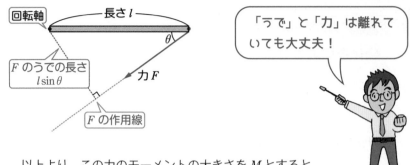

以上より，この力のモーメントの大きさを M とすると，

$$M = \underset{\text{力}}{F} \times \underset{\text{うでの長さ}}{l\sin\theta} = Fl\sin\theta$$

また，回転の向きは時計まわりになります。

ここで，上の 例 について，力 F を棒
に平行な方向と垂直な方向に分解してみ
ると，右の図のようになります。それぞ
れの力について，力のモーメントを考え
てみましょう。

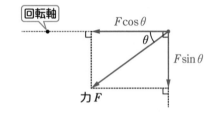

まず，棒に垂直な方向の力 $F\sin\theta$ は，
うでの長さが棒の長さと同じく l になるので，力のモーメントの大きさは，

$$\underset{\text{力}}{F\sin\theta} \times \underset{\text{うでの長さ}}{l} = Fl\sin\theta$$

となります。回転の向きは，時計まわりですね。

次に，棒に平行な方向の力 $F\cos\theta$ は，力の作用線がそのまま回転軸を通るの
で，うでの長さは 0 です。そのため，力のモーメントの大きさは，

$$\underset{\text{力}}{F\cos\theta} \times \underset{\text{うでの長さ}}{0} = 0$$

となり，棒に垂直な方向の力 $F\sin\theta$ によるモーメントだけを考えればよいこと
がわかります。

ポイント ▶ 力のモーメントの求め方

パターン①：はじめにうでの長さを求める
　　　　　└→回転軸と力の作用線（力のベクトルの延長線）の距離

パターン②：はじめに力を分解する

　右図のような，水平面上に置かれた，1辺の長さがそれぞれ a と b の物体がある。点Qに大きさ F の力を，辺から角 θ だけ傾いた方向に加えた。点Pのまわりの力 F のモーメントについて，大きさと向きを求めよ。

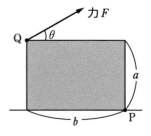

解説

考え方のポイント　　「点Pのまわりの」という表現は，「点Pを回転軸にする」という意味です。力 F は分解できるので，水平方向と鉛直方向に分解してみましょう。

　力 F を水平方向と鉛直方向に分解すると，右図のようになる。点Pが回転軸なので，水平方向成分 $F\cos\theta$ に対するうでの長さは a で，力のモーメントは大きさが $F\cos\theta\times a$ で，回転の向きは時計まわりである。また，鉛直方向成分 $F\sin\theta$ に対するうでの長さは b で，力のモー

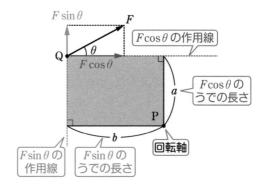

メントは大きさが $F\sin\theta\times b$ で，回転の向きは時計まわりである。
　2つの力はともに，物体を時計まわりに回転させようとする力なので，点Pのまわりの力のモーメントの大きさ M は，

$$M=F\cos\theta\times a+F\sin\theta\times b=F(a\cos\theta+b\sin\theta)$$

答　大きさ：$F(a\cos\theta+b\sin\theta)$，向き：時計まわり

線分 PQ が, うでの長さにな
るのでは？

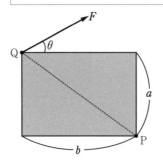

力 F のうでの長さを求める方
法は？

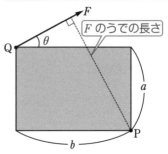

Answer 1

線分 PQ は, 力 F と垂直になっていないので, うでの長さにはなりません。

Answer 2

図形的に求まらなくはないですが, うでの長さを求めるのは大変そうです…。

練習問題②

　下図(1)～(3)のように, 物体に大きさ F の力を加えているとき, 点 P のまわりの力 F のモーメントについて, 大きさと向きを求めよ。

(1) 長さ L の
細い棒

(2) 長さ d の
細い棒

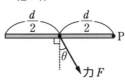

(3) 1辺の長さが
l の正方形の板

解説

考え方のポイント　うでの長さを求めるパターン, もしくは力を分解するパターンで, 力のモーメントを求めます。

(1) 右図のように，力 F のうでの長さは $L\sin\theta$ になる。よって，点 P のまわりの力のモーメントの大きさは，

$$\underbrace{F}_{\text{力}} \times \underbrace{L\sin\theta}_{\text{うでの長さ}} = FL\sin\theta$$

また，回転の向きは反時計まわりになる。

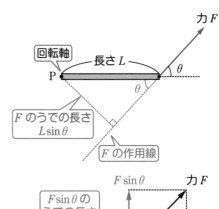

別解 右図のように力 F を分解すると，力 $F\sin\theta$ のうでの長さは L，力 $F\cos\theta$ のうでの長さは 0 となる。よって，点 P のまわりの力のモーメントの大きさは，

$$F\sin\theta \times L = FL\sin\theta$$

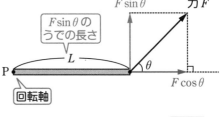

(2) 右図のように，力 F のうでの長さは $\dfrac{d}{2}\cos\theta$ になる。よって，点 P のまわりの力のモーメントの大きさは，

$$F \times \frac{d}{2}\cos\theta = \frac{1}{2}Fd\cos\theta$$

また，回転の向きは反時計まわりになる。

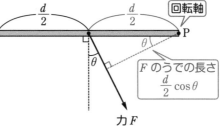

別解 右図のように力 F を分解すると，力 $F\cos\theta$ のうでの長さは $\dfrac{d}{2}$，力 $F\sin\theta$ のうでの長さは 0 となる。よって，点 P のまわりの力のモーメントの大きさは，

$$F\cos\theta \times \frac{d}{2} = \frac{1}{2}Fd\cos\theta$$

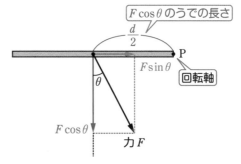

(3) 右図のように力 F を分解する
と，力 $F\sin\theta$，力 $F\cos\theta$ のう
での長さはともに l となる。よ
って，点 P のまわりの力のモー
メントの大きさは，
$$F\sin\theta \times l + F\cos\theta \times l$$
$$= Fl(\sin\theta + \cos\theta)$$
また，回転の向きは反時計まわ
りになる。

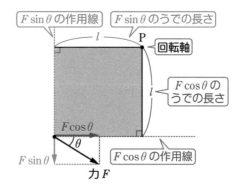

答

(1) 大きさ：$FL\sin\theta$，向き：反時計まわり

(2) 大きさ：$\dfrac{1}{2}Fd\cos\theta$，向き：反時計まわり

(3) 大きさ：$Fl(\sin\theta + \cos\theta)$，向き：反時計まわり

一つひとつ，ていねいに見ていけば，力のモーメントも
難しくないですよ！

Step 2 力のモーメントのつりあいの式を立てよう

力のモーメントが「つりあう」，すなわち物体を回転させる能力が「つりあう」って，どういうことでしょうか？実は，みなさんが小学生のときにすでに学習しているんです。

Ⅰ 「力のモーメントがつりあう」とは

下の図のように，質量の無視できる棒を，長さが 3：2 に分けられるところで支えて，棒の右端に同じ質量のおもりを 3 個つるします。このとき，左端には同じ質量のおもりを何個つるせば，棒は傾かないでしょうか？

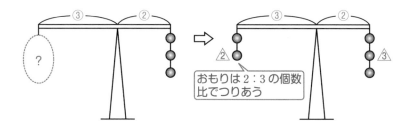

おもりは 2：3 の個数比でつりあう

小学校のときの知識で，「棒の長さが 3：2 だと，おもりの数はその逆比の 2：3 になればいいので，おもりの個数は 2 個！」となりますね。実はこれが，**力のモーメントのつりあい**になっています。

例 上の図において，棒の長さを L，おもり 1 個の質量を m とします。重力加速度の大きさを g として，棒にはたらく力のモーメントを表してみましょう。

次ページの図のように，棒の右端にはおもり 3 個分に相当する重力 $3mg$ が，左端にはおもり 2 個分に相当する重力 $2mg$ がはたらいています。棒を支えているところを点 P として，この点 P を回転軸にすると，力 $3mg$ に対するうでの長さは $\frac{2}{5}L$，力 $2mg$ に対するうでの長さは $\frac{3}{5}L$ になります。

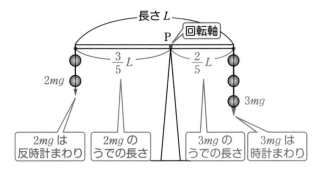

| 2mg は
反時計まわり | 2mg の
うでの長さ | 3mg の
うでの長さ | 3mg は
時計まわり |

上の図より，力 $3mg$ のモーメントの大きさは，

$$3mg \times \frac{2}{5}L = \frac{6}{5}mgL \quad \cdots\cdots①$$

<u>力の大きさ</u> <u>うでの長さ</u>

であり，回転の向きは時計まわりです。一方，力 $2mg$ のモーメントの大きさは，

$$2mg \times \frac{3}{5}L = \frac{6}{5}mgL \quad \cdots\cdots②$$

<u>力の大きさ</u> <u>うでの長さ</u>

であり，回転の向きは反時計まわりです。式①と式②を見比べると，力のモーメントの大きさは等しく，向きが逆になっています。この，**お互いに逆向きに回転させようとする，力のモーメントの大きさが等しい状態**が，**力のモーメントがつりあっている**という状態です。

Ⅱ 力のモーメントのつりあいの式

前項 Ⅰ の 例 について，力のモーメントのつりあいを式で表すと，

$$2mg \times \frac{3}{5}L = 3mg \times \frac{2}{5}L$$

<u>反時計まわりの
力のモーメント</u>　<u>時計まわりの
力のモーメント</u>

となります。また，物理では回転の向きは**反時計まわりを正**とすることが多く，力のモーメントの和は，

$$2mg \times \frac{3}{5}L + \left(-3mg \times \frac{2}{5}L\right) = 0$$

<u>$2mg$ のモーメント
は正</u>　　<u>$3mg$ のモーメント
は負</u>

となり，**力のモーメントの和が 0** になることも，力のモーメントのつりあいを示します。

　　反時計まわりのモーメント＝時計まわりのモーメント
または，正の向きを決めて，
　　力のモーメントの和＝0

物体にはたらく力がどっちまわりのモーメントになるか，ていねいに考えて，式を立てましょう！

練習問題③

　下の(1)～(3)のように細い棒に力を加えて，力のモーメントがつりあっているとき，点Pのまわりの力のモーメントのつりあいの式を立てよ。

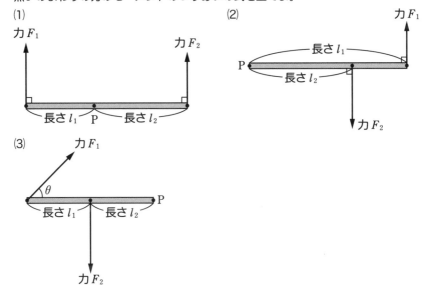

(1)

力 F_1　　　　　　　　　　　力 F_2

　　　長さ l_1　P　　長さ l_2

(2)

　　　　　　　　　　　　　　力 F_1

　　　　長さ l_1
P
　　　　長さ l_2

　　　　　　　力 F_2

(3)

力 F_1

θ

　　　長さ l_1　　長さ l_2　P

力 F_2

考え方のポイント　力，うでの長さ，回転の向きをていねいに調べて，力のモーメントのつりあいの式を立てましょう。

(1)(2)(3)の力，うでの長さ，回転の向きを図に表すと，下の図 a〜c のようになる。

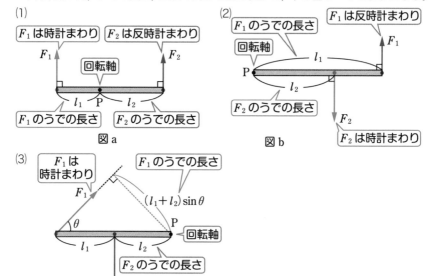

(1)
F_1 は時計まわり　F_2 は反時計まわり
F_1　回転軸　F_2
l_1　P　l_2
F_1 のうでの長さ　F_2 のうでの長さ
図 a

(2)
F_1 のうでの長さ　F_1 は反時計まわり
回転軸　l_1　F_1
P
l_2
F_2 のうでの長さ　F_2
F_2 は時計まわり
図 b

(3)
F_1 は時計まわり　F_1 のうでの長さ
F_1　$(l_1+l_2)\sin\theta$
θ　P　回転軸
l_1　l_2
F_2 のうでの長さ
F_2　F_2 は反時計まわり
図 c

(1) 上の図 a より，力 F_1 は時計まわり，力 F_2 は反時計まわりのモーメントになる。力のモーメントのつりあいの式は，

$$F_2l_2 = F_1l_1$$

(2) 上の図 b より，力 F_1 は反時計まわり，力 F_2 は時計まわりのモーメントになる。力のモーメントのつりあいの式は，

$$F_1l_1 = F_2l_2$$

(3) 上の図 c より，力 F_1 のうでの長さは $(l_1+l_2)\sin\theta$ で，時計まわりのモーメントになる。また，力 F_2 は反時計まわりのモーメントになるので，力のモーメントのつりあいの式は，

$$F_2l_2 = F_1(l_1+l_2)\sin\theta$$

答　(1)　$F_2l_2 = F_1l_1$　　(2)　$F_1l_1 = F_2l_2$　　(3)　$F_2l_2 = F_1(l_1+l_2)\sin\theta$

剛体が静止する条件を考えよう

それでは，剛体が静止するための条件を考えます。「剛体が静止する」ためには，**剛体にはたらく力がつりあっている**ことと，**剛体にはたらく力のモーメントがつりあっている**ことの，2つの条件が必要になります。

> **ポイント** 剛体が静止する条件
>
> 条件①：力がつりあっている
> 条件②：力のモーメントがつりあっている

この講では，剛体にはたらく力のモーメントに注目していますが，力のつりあいも当然成り立ちます。大きさがある剛体では，端や中心など色々なところで力がはたらきますが，力のつりあいを考えるときは，力が「どの向きにはたらいているか」だけが必要でした。力のモーメントのつりあいを考えるときは，さらに，力が「どこではたらいているか」も必要になります。

例 右の図のように，長さ l の細い棒の左端Aに大きさ f_1 の力が下向きに，中心Oに大きさ f_2 の力が上向きに，右端Bに大きさ f_3 の力が下向きにはたらいています。棒が静止しているとき，

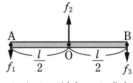

力のつりあいの式と，中心Oのまわりの力のモーメントのつりあいの式を立ててみましょう。

上向きに f_2，下向きに f_1，f_3 の力がはたらいているので，力のつりあいは，
$$f_2 = f_1 + f_3$$
となります。

また，中心Oを回転軸とするので，力 f_1 のモーメントは反時計まわりに $f_1 \times \dfrac{l}{2}$，力 f_2 の力のモーメントは回転軸にはたらく力で，うでの長さが0なので0，力 f_3 の力のモーメントは時計まわりに $f_3 \times \dfrac{l}{2}$ なので，力のモーメントのつりあいの式は，

$$f_1 \times \frac{l}{2} = f_3 \times \frac{l}{2}$$

となります。

　右図のように，質量 m，長さ l の一様な細い棒の左端を粗い壁に押しあてて，右端と壁を軽い糸でつないだところ，棒は水平に静止した。このとき，糸と棒のなす角は θ であった。壁面は鉛直で，重力加速度の大きさを g として，以下の問いに答えよ。

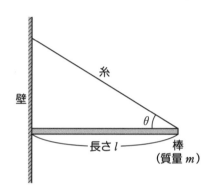

(1)　糸の張力の大きさを T，棒が壁から受ける垂直抗力の大きさを N，静止摩擦力の大きさを f として，水平方向と鉛直方向の力のつりあいの式をそれぞれ立てよ。

(2)　棒の左端を回転軸として，棒の重力によるモーメントの大きさを求めよ。

(3)　棒の左端を回転軸とした力のモーメントのつりあいの式を立てることにより，糸の張力の大きさ T と，棒が壁から受ける垂直抗力の大きさ N を，それぞれ求めよ。

(4)　棒が静止するための，棒と壁の間の静止摩擦係数 μ の条件を表せ。

解説

考え方のポイント　問題文中にある「一様な」という表現は，物体の中心に重心があるという意味で，**棒の中心に重力がはたらいている**ことになります。棒が静止するためには，壁のところで棒がすべらなければいいので，物体がすべらない条件の **静止摩擦力 ≦ 最大摩擦力** で式を立てましょう。(3)で求める垂直抗力の大きさは，最大摩擦力を決めるために必要ですね。

　棒にはたらく力を図で表すと，次ページの図 a のようになる。また，回転に関係する力，うでの長さ，回転の向きを図で表すと，次ページの図 b のようになる。

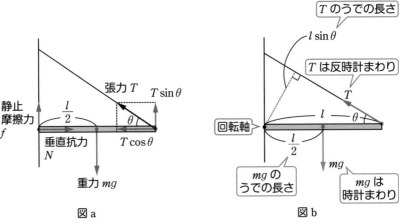

図 a　　　　　　　　　　　　　　　　　図 b

(1)　上の図 a より，力のつりあいの式はそれぞれ，

　　　水平方向：　$N = T\cos\theta$　……①

　　　鉛直方向：　$T\sin\theta + f = mg$　……②

(2)　上の図 b より，重力 mg のうでの長さは $\dfrac{l}{2}$ なので，重力によるモーメントの大きさは，

$$mg \times \frac{l}{2} = \frac{1}{2}mgl$$

なお，回転の向きは時計まわりである。

(3)　上の図 b より，糸の張力 T のうでの長さは $l\sin\theta$ なので，力のモーメントのつりあいの式は，

$$\underbrace{T \times l\sin\theta}_{\substack{\text{反時計まわり} \\ \text{のモーメント}}} = \underbrace{mg \times \frac{l}{2}}_{\substack{\text{時計まわりの} \\ \text{モーメント}}}　　これより，　T = \frac{mg}{2\sin\theta}$$

求めた T を式①に代入して，

$$N = \frac{mg}{2\sin\theta}\cos\theta = \frac{mg}{2\tan\theta}$$

(4)　棒が静止するためには，棒と壁の間ですべらない条件を求めればよく，その条件式は $f \leqq \mu N$ である。(3)で求めた T を式②に代入すると，

$$\frac{mg}{2\sin\theta}\sin\theta + f = mg　　これより，　f = \frac{1}{2}mg$$

よって，求める条件式は，

$$\frac{1}{2}mg \leqq \mu \times \frac{mg}{2\tan\theta}　　これより，　\mu \geqq \tan\theta$$

答　(1)　水平方向：$N = T\cos\theta$，鉛直方向：$T\sin\theta + f = mg$

　　　(2)　$\dfrac{1}{2}mgl$　　(3)　$T = \dfrac{mg}{2\sin\theta}$，$N = \dfrac{mg}{2\tan\theta}$　　(4)　$\mu \geqq \tan\theta$

第12講

剛体のつりあい

はじめに，棒が壁から受ける静止摩擦力の向きが上向きか下向きか悩んだかもしれませんが，その場合は適当に決めておきます。今回は上向きと決めて答が

$f = \dfrac{1}{2}mg > 0$ なので，上向きだったということです。

もしも下向きと決めていたら $f = -\dfrac{1}{2}mg < 0$ と求まったはずです。

練習問題⑤

　右図のように，質量 m，長さ $2l$ の一様な細い棒を，なめらかで鉛直な壁に立てかける。床は水平で粗く，棒と床とのなす角 θ が大きいとき棒は静止したままだったが，$\theta = 60°$ を超えたとき，棒は倒れた。重力加速度の大きさを g として，以下の問いに答えよ。

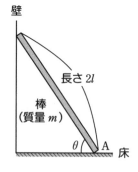

(1) 棒が静止しているとき，棒が壁から受ける垂直抗力の大きさを F，床から受ける垂直抗力の大きさを N，静止摩擦力の大きさを f とする。棒について，水平方向と鉛直方向の力のつりあいの式をそれぞれ立てよ。

(2) 棒が角 θ で静止しているとき，棒が床と接している点Aのまわりの，棒にはたらく力のモーメントのつりあいの式を立てよ。

(3) N，F，f をそれぞれ，m，g を用いて表せ。

(4) 棒と床との間の静止摩擦係数 μ を求めよ。

解説

考え方のポイント　力のつりあいの式と，力のモーメントのつりあいの式を立てて，棒にはたらく力を求めます。「棒が倒れた」のは点Aで棒がすべり出してしまったからです。

(1) 静止摩擦力 f は壁から受ける垂直抗力 F とつりあっているので，静止摩擦力 f の向きは左向きです。

(4) 問題文より $\theta = 60°$ を超えたときにすべり出すので，$\theta = 60°$ のとき　静止摩擦力＝最大摩擦力　となります。

棒にはたらく力を図で表すと，下の図aのようになる。また，点Aのまわりのモーメントに関係する力，うでの長さ，回転の向きを図で表すと，下の図bのようになる。

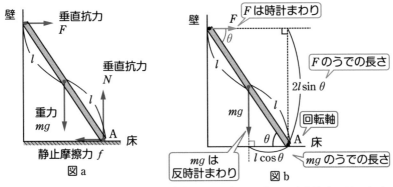

図a
図b

(1) 棒が静止しているので，静止摩擦力fと壁から受ける垂直抗力Fはつりあっている。上の図aより，力のつりあいの式はそれぞれ，

水平方向：$F=f$ ……①

鉛直方向：$N=mg$ ……②

(2) 点Aを回転軸とすると，垂直抗力Nと静止摩擦力fのうでの長さは0になるので，それぞれの力のモーメントは0となる。◀回転軸にはたらく力のモーメントは無視

また，上の図bより，垂直抗力Fのうでの長さは$2l\sin\theta$，重力mgのうでの長さは$l\cos\theta$である。よって，力のモーメントのつりあいの式は，

$$\underbrace{mg \times l\cos\theta}_{\substack{\text{反時計まわり}\\\text{のモーメント}}} = \underbrace{F \times 2l\sin\theta}_{\substack{\text{時計まわりの}\\\text{モーメント}}} \quad ……③$$

(3) 式②より，　$N=mg$

式③より，　$F=\dfrac{mg\cos\theta}{2\sin\theta}=\dfrac{mg}{2\tan\theta}$

式①より，　$f=F=\dfrac{mg}{2\tan\theta}$ ……④

(4) $\theta=60°$ のとき，式④より，

$$f=\frac{mg}{2\tan 60°}=\frac{mg}{2\sqrt{3}} \quad ◀\tan 60°=\sqrt{3}$$

棒がすべり出す直前，$f=\mu N$ が成り立つから，

$$\frac{mg}{2\sqrt{3}}=\mu mg \quad これより，\quad \mu=\frac{1}{2\sqrt{3}}=\frac{\sqrt{3}}{6}$$

答 (1) 水平方向：$F=f$，鉛直方向：$N=mg$ (2) $mgl\cos\theta=2Fl\sin\theta$

(3) $N=mg$，$F=\dfrac{mg}{2\tan\theta}$，$f=\dfrac{mg}{2\tan\theta}$ (4) $\dfrac{\sqrt{3}}{6}$

重心の位置を求めよう

　重力のはたらく点のことを**重心**といいます。大きさの無視できる質点では、重心の位置は物体の中心としていました。しかし、大きさをもっている剛体では、重心は中心にあるとは限りません。また、複数の物体を、全体として 1 つの物体とみなす物体系でも、重心の位置をあらためて考え直す必要があります。「力のモーメント」の考え方を使って、さまざまなシーンでの重心の位置を求められるようになりましょう。

Ⅰ 2 物体系の重心

　まずは重心の位置の公式を覚えましょう。

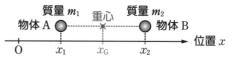

　右の図のように x 軸を水平にとり、質量 m_1 の物体Aと、質量 m_2 の物体Bがあります。物体Aの位置が $x=x_1$、物体Bの位置が $x=x_2$ のとき、この物体系の重心 x_G の位置は次の式で決まります。
　　└→AとBを、全体として 1 つの物体とみなす

ポイント▶ 2 物体系の重心

　2 物体系の重心の位置座標 x_G は、

$$x_G = \frac{m_1 x_1 + m_2 x_2}{m_1 + m_2}$$

　では、力のモーメントの考え方を使って、この重心 x_G を導いてみましょう。
　ポイントは重力のモーメントです。重力加速度の大きさを g とすると、物体Aには重力 $m_1 g$、物体Bには重力 $m_2 g$ がはたらいています。力のモーメントを考えたいので、まずは $x=0$ を回転軸とすることにします。すると、次ページの図 a より、重力のモーメントの和は、

$$\underbrace{m_1 g \times x_1}_{\substack{\text{物体Aの} \\ \text{重力のモーメント}}} + \underbrace{m_2 g \times x_2}_{\substack{\text{物体Bの} \\ \text{重力のモーメント}}} \quad \cdots\cdots ①$$

となり、回転の向きは時計まわりとなります。

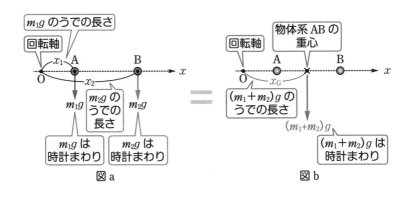

図a　　　　　　　　　図b

　ここで，**物体Aと物体Bを全体として1つの物体（物体系AB）と考える**と，物体系ABの質量は $m_1 + m_2$ で，重力 $(m_1 + m_2)g$ は重心 x_G にはたらいていると考えることができます。すると，上の図bより，力のモーメントは，

$$(m_1 + m_2)g \times x_G \quad \cdots\cdots ②$$

となり，回転の向きは時計まわりとなります。

　力のモーメントについては，それぞれの力のモーメントをあわせたものと，それぞれの力をあわせて合力とした合力のモーメントは，同じになります。

> **ポイント** 力のモーメントの合成
>
> ### それぞれの力のモーメントの和＝合力のモーメント

　よって，式①と式②は，同じものを表しているので，

$$\underbrace{m_1g \times x_1 + m_2g \times x_2}_{\text{それぞれの力の}\atop\text{モーメントの和}} = \underbrace{(m_1 + m_2)g \times x_G}_{\text{合力のモーメント}}$$

これより，　$x_G = \dfrac{m_1 x_1 + m_2 x_2}{m_1 + m_2}$

となり，重心の位置座標 x_G を導くことができました。

> 重心の位置はこのように導くことができますが，公式としても覚えて使えるようにしておきましょう！

Ⅱ 四角い板の重心

例 右の図のような，質量 m の一様な板について，重心の位置を考えてみましょう。

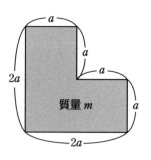

まず，下の図 a のように，**板 A と板 B の2つに分けます**。板 A の面積は $2a^2$，板 B の面積は a^2 なので，面積比は 2：1 になります。すると，それぞれの質量比も 2：1 になるので，板 A の質量は $\dfrac{2}{3}m$，板 B の質量は $\dfrac{1}{3}m$ とわかります。

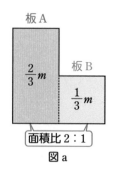

図 a

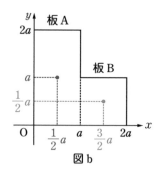

図 b

板 A，B ともに「一様」なので，中心に重心があると考えられます。板 A の左下を原点として，図の右向きと上向きにそれぞれ x 軸と y 軸をとると，上の図 b のようになります。

上の図 b から必要な情報だけを残し，x 軸方向と y 軸方向に分けて考えると，下の図のようになります。

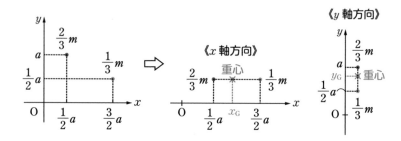

上図より，

$$x_G = \frac{\frac{2}{3}m \times \frac{1}{2}a + \frac{1}{3}m \times \frac{3}{2}a}{\frac{2}{3}m + \frac{1}{3}m} = \frac{\cancel{m}\left(\frac{1}{3}a + \frac{1}{2}a\right)}{\cancel{m}} = \frac{5}{6}a$$

$$y_G = \frac{\frac{2}{3}m \times a + \frac{1}{3}m \times \frac{1}{2}a}{\frac{2}{3}m + \frac{1}{3}m} = \frac{\cancel{m}\left(\frac{2}{3}a + \frac{1}{6}a\right)}{\cancel{m}} = \frac{5}{6}a$$

以上より，求める板の重心の位置は，

$$(x_G,\ y_G) = \left(\frac{5}{6}a,\ \frac{5}{6}a\right)$$

と表されます。

板 A，B に分けて，長方形・正方形などのわかりやすいかたちで考えることがポイントです！また，x 軸成分，y 軸成分と分けることも大事です！

参考 上の 例 において，右の図のように点Pをとると，直線OP は板を対称に分ける直線で，この OP 上に重心があることになります。

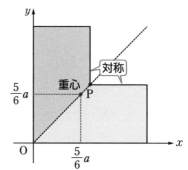

物体を対称に分ける線上に，重心があります！

Ⅲ くり抜かれた円板の重心

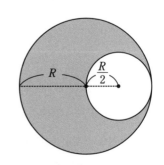

例 右の図のように，半径 R の一様な円板から半径 $\dfrac{R}{2}$ の円板をくり抜いたとき，残りの板の重心の位置を考えてみましょう。

　まず，重心がどのあたりにあるか，ある程度見当をつけてみましょう。前項 Ⅱ の 参考 より，**物体を対称に分ける直線上に重心はある**ので，下の図のように x 軸をとって，この軸上で重心 x_G を求めます。くり抜いた分だけ，もとの円板の中心 $x = R$ よりも左に，重心が移動していそうですね。

　ここで，重心を求める残りの板を板A，くり抜いた半径 $\dfrac{R}{2}$ の円板を円板Bとすると，下の図のように，

　　もとの円板＝板A＋円板B

と表せます。

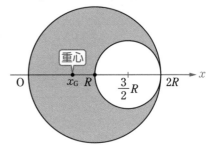

　円板Bの面積は $\pi\left(\dfrac{R}{2}\right)^2 = \dfrac{1}{4}\pi R^2$，板Aの面積は，

$$\underbrace{\pi R^2}_{\text{もとの円板}} - \underbrace{\dfrac{1}{4}\pi R^2}_{\text{円板B}} = \dfrac{3}{4}\pi R^2$$

なので，板Aと円板Bの面積比は $3:1$ になります。すると，それぞれの質量比も $3:1$ となるので，もとの円板の質量を m とすれば，板Aの質量は $\dfrac{3}{4}m$，円板Bの質量は $\dfrac{1}{4}m$ と表せます。

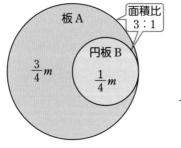

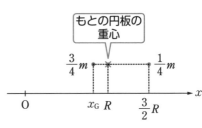

必要な情報だけを残すと，前ページの右下の図より，

$$R = \frac{\frac{3}{4}m \times x_G + \frac{1}{4}m \times \frac{3}{2}R}{\frac{3}{4}m + \frac{1}{4}m} = \frac{3}{4}x_G + \frac{3}{8}R$$

これより，

$$x_G = \left(R - \frac{3}{8}R\right) \times \frac{4}{3} = \frac{5}{6}R$$

つまり，右の図のように，板Aの左端から右へ $\frac{5}{6}R$ の位置が，板Aの重心になります。

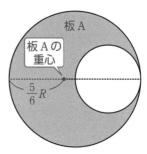

板A

板Aの重心

$\frac{5}{6}R$

剛体を考えるとき，重心の位置を正しく求めることは非常に重要です。きちんと身につけておきましょう！

練習問題⑥

　右図のように，質量 m の小物体Aと，質量 M の小物体Bの2つからなる物体系について，AとBが距離 l だけ離れているとき，この物体系の重心の位置を求めよ。

小物体A　　　　　　　　　　　　小物体B
●————距離 l ————→●
質量 m 　　　　　　　　　　　　質量 M

解説

考え方のポイント　まず，公式を使えるように，座標軸（ x 軸）を決めましょう。公式 $x_G = \dfrac{m_1 x_1 + m_2 x_2}{m_1 + m_2}$ を用いて，重心の位置を求めます。

右図のように，小物体Aの位置を原点とし，右向きにx軸をとる。すると，小物体Aの位置は $x=0$，小物体Bの位置は $x=l$ と表せる。

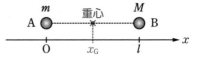

重心の位置を $x=x_G$ として，公式にあてはめれば，

$$x_G = \frac{m \times 0 + M \times l}{m+M} = \frac{M}{m+M} l$$

参考　なお，この結果は，**重心の位置は「質量の逆比に内分する位置」である**ことを示しています。

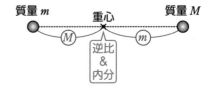

答　小物体AからBに向かって，距離 $\dfrac{M}{m+M} l$ の位置

第 **1** 講

波の性質

この講で学習すること

1 波と媒質の関係を知ろう

2 波の基本を身につけよう

3 横波と縦波の違いを理解しよう

Step 1 波と媒質の関係を知ろう

　私たちの身のまわりにはさまざまな**波**があります。耳が受け取る「音」や，地面が揺れる「地震」も波です。身近な存在なのですが，「結局，波って何なの？」と聞かれると，答えに困ってしまいます…。波がどのようなものか，しっかりと理解しましょう。

I 進行波

「波」と聞いて，連想するのは，下の図のような**波形**かと思います。

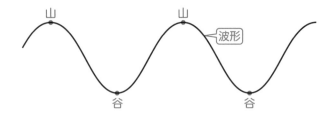

　最も高いところである波の**山**と，最も低いところである波の**谷**が交互にあって，下の図のように，そのかたちがスライドするように進んでいく波を**進行波**といいます。まずはこの進行波について考えましょう。

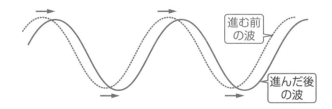

Ⅱ 媒質の振動

スポーツ会場で見られる観客の「ウェーブ」は壮観ですよね。観客全体を見ると、「波」として見ることができますが、観客一人ひとりを見るとどのような動きをしているでしょうか？

下の図のように、ある観客をAとして、そのとなりの観客BはAの動きをまねるように動きます。

観客A 観客B 観客C　観客A 観客B 観客C　観客A 観客B 観客C

さらにBのとなりの観客Cも、Bの動きをまねて…と、観客は少しずつタイミングをずらして、同じ動作をしています。少し見方を変えると、「ある観客の動作が、となりの観客に伝わっている」ことになります。観客の動作を「振動」ととらえると、観客はこの振動を伝える**媒質**となります。この、**媒質の振動が伝わる現象**を波といいます。

> **ポイント** 媒質の振動と波の関係
>
> ## 波は、ある媒質の振動がとなりの媒質に伝わる現象
> └→振動を伝える物質

地震は岩石が媒質、音は空気が媒質になります。岩石や空気が細かく分かれていて、その一つひとつが振動していると考えられます！

Ⅲ 正弦波

　媒質の振動が単振動になっていれば，波は**正弦波**になります。媒質が単振動しないものを考えることもありますが，この本では波は基本的に正弦波で扱っていくことにします。

Ⅳ 横波

　前項 **Ⅱ** のウェーブでは，媒質の振動方向（観客個人の運動方向）は上下方向である一方，波の進む方向（観客どうしが運動の仕方を

<u>＞媒質の振動が伝わる方向</u>

伝えていく方向）は左右方向でした。このように，**媒質の振動方向と，その振動が伝わる方向が，垂直になっている波**のことを**横波**といいます。

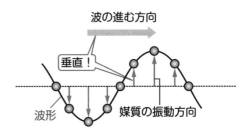

　また，上の図のように，ある瞬間の**媒質をなめらかに連ねた線**が波形になります。

Ⅴ 媒質の進む向き

　波形を利用すると，ある瞬間の「媒質の進んでいる向き」がわかります。

例　右の図のような x-y 平面内で，x 軸方向正の向きに進む横波を考えてみましょう。図はある瞬間の波形を示しています。このなかの点 a の媒質は次の瞬間，どの向きに進むでしょうか？

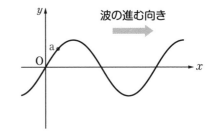

　波の進む方向は x 軸方向で，この波は横波なので，媒質の振動方向は y 軸方向とわかります。それでは，点

<u>＞横波では，波の進む方向と媒質の振動方向は垂直</u>

a の媒質は y 軸方向正の向きに進んでいるでしょうか？それとも負の向きに進んでいるでしょうか？それを確認するためには，次ページの図のように，**少しだけ進んだ波形を描き込んでみます。**

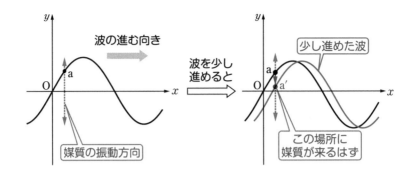

　少し時間が経過したとき，媒質は「少しだけ進んだ波形」上にあるはずです。上の図より，点 a の媒質は点 a′ に移動することになります。

　以上より，点 a の媒質は次の瞬間，y 軸方向負の向きに進むことがわかります。

ポイント 媒質の進む向きの調べ方

　媒質の振動方向を確認して，その後，少しだけ進んだ波形を描いて調べる

媒質は，横波では上下に振動しているだけなので，波形に沿って進むことはありません！

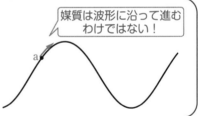

媒質は波形に沿って進むわけではない！

3

下図(1)は x 軸方向正の向き, (2)は x 軸方向負の向きに進む正弦波の, ある瞬間の波形である。各点 a ～ c の媒質の進む向きを答えよ。

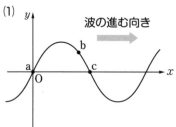
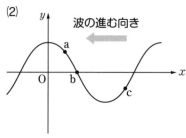

解説

考え方のポイント 波は x 軸方向に進むので, 各媒質の振動方向は y 軸方向です。それぞれ, 少しだけ進んだ波形を描き入れて考えましょう。(2)では負の向きに進んでいることに注意してください。

媒質の振動方向と, 少しだけ進んだ波形 (緑線) を描き入れると, 下図のようになる。

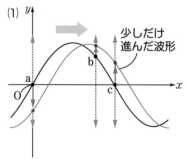
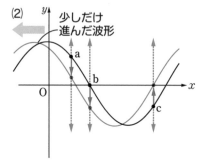

答 (1) a：y 軸方向負の向き, b：y 軸方向正の向き, c：y 軸方向正の向き
(2) a：y 軸方向負の向き, b：y 軸方向負の向き, c：y 軸方向正の向き

Step 2 波の基本を身につけよう

この Step 2 では，波の基本的な物理量を確認しましょう。

I 振幅，波長

下の図のように，**波の山の高さ**または**谷の深さ**のことを振幅といいます。媒質は単振動しているので，山の高さ（谷の深さ）は振動中心から端までの距離であり，力学で学習した振幅と同じです。

力学と同様に，振幅は A で表されることが多いです。

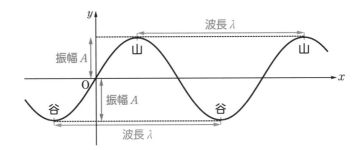

また，上の図のように，波の山と山の距離または谷と谷の距離のことを波長といいます。波長は λ で表されることが多いです。下の図を見ると，波長は**まったく同じ動き方をしている媒質間の距離**と見ることもできます。

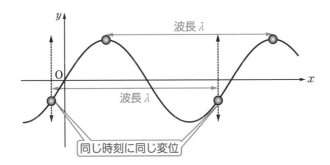

①　振動数とは

　媒質は振動していますが、**1秒間で振動する回数**のことを振動数といいます。振動数は英語で frequency なので、頭文字の *f* で表します。単位は、1秒あたりの回数なので〔回/s〕としてもいいですが、漢字の「回」は正確には単位ではありませんので、〔/s〕とします。この〔/s〕は、一般的には〔**Hz**〕と表します。

②　周期とは

　一方、媒質が**1回振動するのにかかる時間**のことを周期といいます。単振動で学習したときと同様に、周期 T〔s〕と表します。

> 振動数と周期、考え方が似ているので間違えやすいです。注意しましょう！

③　振動数と周期の関係

例　周期が 0.1 秒なら、1秒間で何回振動するでしょうか？

　　1秒間という時間の中に、1回振動する 0.1 秒が何個入るかを求めればいいので、

$$\frac{1}{0.1}=10$$

となるでしょう。1秒間で 10 回振動することになり、振動数は 10 Hz です。上の式は

$$\frac{1}{周期}=振動数$$

のかたちになっています。これより、振動数 *f*〔Hz〕と周期 T〔s〕の間には、次の関係が成り立つことがわかります。

振動数 f と周期 T の関係

振動数…媒質が 1 秒間で振動する回数

周期…媒質が 1 回振動するのにかかる時間

$$f = \frac{1}{T} \qquad \text{または,} \qquad T = \frac{1}{f}$$

Ⅲ 波の速さ

波の進み方でとらえると，周期は**波が 1 波長分の距離を進むのにかかる時間**といえます。逆に，波長は**波が 1 周期分の時間で進む距離**です。

周期と波長の関係

周期…波が 1 波長進むのにかかる時間

波長…波が 1 周期の間に進む距離

つまり，波は周期 T の間に波長 λ だけ進むことになるので，波が進む速さ v は，

$$v = \frac{\lambda}{T} \quad \blacktriangleleft \text{速さ} = \frac{\text{距離}}{\text{時間}}$$

また，$T = \dfrac{1}{f}$ を用いると，

$$v = f\lambda$$

と表すことができます。

波の速さ v の式

$$v = \frac{\lambda}{T} = f\lambda \quad (\lambda : \text{波長} \quad T : \text{周期} \quad f : \text{振動数})$$

波の速さの式は，これから波の分野の学習を進めていくときに何度も登場します。しっかり覚えて，使いこなせるようになりましょう！

右図のように，速さ $3.0\,\text{m/s}$ で x 軸方向正の向きに進む正弦波がある。この正弦波の振幅 $A\,\text{(m)}$，波長 $\lambda\,\text{(m)}$，振動数 $f\,\text{(Hz)}$，周期 $T\,\text{(s)}$ を求めよ。

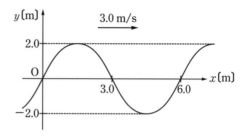

解説 -

考え方のポイント 振幅と波長は，波形から読み取ります。周期や振動数は，関係式を利用して求めましょう。

問題の図より，
  振幅 $A=2.0\,\text{m}$
  波長 $\lambda=6.0\,\text{m}$
また，速さが $v=3.0\,\text{m/s}$ なので，波の速さの式

$$v=f\lambda$$

より，振動数は，

$$f=\frac{v}{\lambda}=\frac{3.0}{6.0}=0.50\,\text{Hz}$$

さらに，周期は，

$$T=\frac{1}{f}=\frac{1}{0.50}=2.0\,\text{s}$$

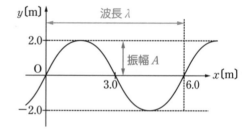

答 振幅；$2.0\,\text{m}$，　波長：$6.0\,\text{m}$，　振動数：$0.50\,\text{Hz}$，　周期：$2.0\,\text{s}$

Step 3 横波と縦波の違いを理解しよう

Step 1で学習した「横波」に対して，「縦波」という波も存在します。音波は縦波ですし，地震でもはじめの小さな揺れは縦波の地震波によるものです。縦波とは何なのか？横波とどう違うのか？きちんと理解しておきましょう。

Ⅰ 横波と縦波の違い

Step 1で学習したように，媒質の振動方向と，その振動が伝わる方向が，垂直になっている波のことを横波といいます。それに対して，**媒質の振動方向と，その振動が伝わる方向が，平行になっている波**のことを縦波といいます。

Step 1の「ウェーブ」と同じように人で例えると，となりの人を押したり，引いたりする動きがさらにそのとなりの人に伝わっていくということになります。

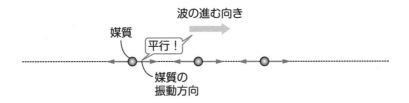

Ⅱ 縦波の横波表示

媒質をなめらかに連ねた線が波形になりますが，上の図のように，縦波では媒質が一直線に並んでいるので，波形を描くと，ただの直線になってしまいます。

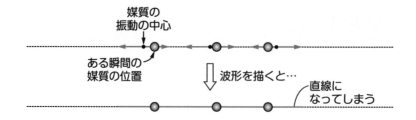

そのため，**媒質の振動方向をずらす**というワザを使って，パッと見て「波！」とわかるような波形に描き変えてみましょう。

描き変える方法は，各媒質が，

　　　　振動中心より右側にある場合 ── 振動中心の上側に回転させる

　　　　振動中心より左側にある場合 ── 振動中心の下側に回転させる

　　　　振動中心にある ── そのままにする

とします。

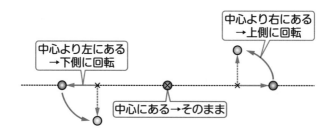

　つまり，**媒質の振動方向を 90° 反時計まわりに回転させる**ことになります。すると，横波と同じように波形を描くことができます。これを縦波の横波表示といいます。

　縦波の媒質の振動方向を 90°
反時計まわりに回転させて，横
波と同じように扱う

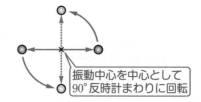

今後，学習することになる音波は縦波です。波形のイメージができないと理解しにくくなるので，「縦波を横波として表す」ことに慣れましょう！

例 ある瞬間に，下の図のような変位になっている，縦波の媒質 A，B，C，D，E があります。これを横波表示してみましょう。

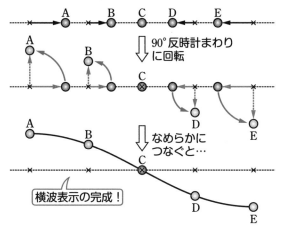

III 横波表示を縦波に戻すには

例 今度は下の図のように，すでに横波表示されている縦波があるとします。この波の媒質 A，B，C は，本当は x 軸上のどこにあるのでしょうか？

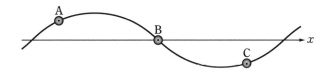

縦波を横波表示するために，媒質の振動方向を 90° 反時計まわりに回転させましたね。ですから，**縦波に戻すためには，90° 時計まわりに回転**させればオッケーです。

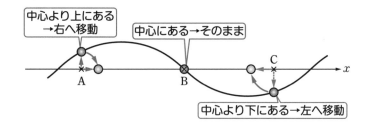

Ⅳ 媒質の疎密

前項 Ⅱ Ⅲ で学習したことから，縦波を横波表示したとき，**山のまわりは媒質が全体的に右（x軸方向正の向き）に寄っている**ことがわかります。一方，**谷のまわりは媒質が全体的に左（x軸方向負の向き）に寄っています**。

すると，下の図のように，点 a に向かって媒質が両側から詰めているようなかたちとなり，点 a は最も密になっている点となります。一方，点 b からは媒質が両側へ離れていくようなかたちとなり，点 b は最も疎になっている点となります。

└→媒質どうしの間隔が狭い

└→媒質どうしの間隔が広い

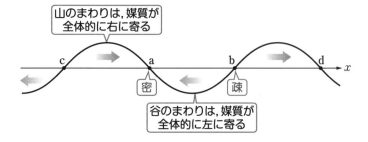

山と谷は交互にあるので，**縦波では媒質の最も密な点・最も疎な点が交互にあります**。上の図でいえば，点 a，b だけでなく，点 c は最も疎，点 d は最も密な点です。

縦波の進行波は，この密な点と疎な点が進んでいくように見えます。したがって，縦波は**疎密波**ともよばれます。

ポイント 縦波の疎密

縦波には媒質が密な点と疎な点が交互にある。横波表示したとき，

山のまわり ⟶ 媒質が全体的に右へ寄っている
谷のまわり ⟶ 媒質が全体的に左へ寄っている

例 下の図は，x軸方向正の向きに伝わる縦波を，横波として表示したものです。このとき，媒質が最も密になっている位置を，考えてみましょう。ちなみに，x軸とy軸が定められている場合は，x軸方向正の向きへの変位をy軸方向正の向きへの変位，x軸方向負の向きへの変位をy軸方向負の向きへの変位として，縦波を横波表示するのですが，これまでと描き換え方は同じです。

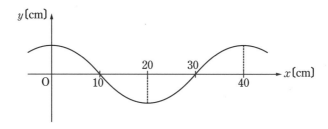

山のまわり，谷のまわりの媒質が，全体的に寄っている向きを描いてみると，下の図のようになります。

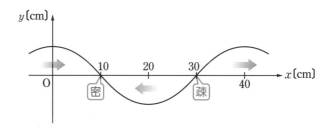

よって，媒質が最も密になっている位置は，

$x = 10 \text{ cm}$

となります。なお，最も疎になっている位置は $x = 30 \text{ cm}$ ですね。

下図は，x 軸方向正の向きに速さ $50\ \mathrm{cm/s}$ で伝わる正弦波の，ある時刻の波形を示している。以下の問いに答えよ。

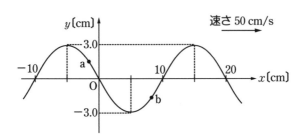

(1) この波について，次の量を求めよ。
　① 波長　② 振幅　③ 振動数　④ 周期
(2) この波が横波である場合，点 a と点 b の媒質が進んでいる向きを答えよ。
(3) この波が縦波である場合，図の時刻において，$-10\ \mathrm{cm} \leqq x \leqq 20\ \mathrm{cm}$ の範囲で媒質が最も疎になっている位置を求めよ。ただし，x 軸方向正の向きの変位を y 軸方向正の向きへの変位として描いているものとする。

解説 --

考え方のポイント　波長や振幅は波形からわかります。振動数や周期は，

$v=f\lambda$ や $T=\dfrac{1}{f}$ などの式を用いて求めることができますね。媒質の進む向

きや，疎密についても，波形を上手に活用しましょう！

(1) ①② 下の図より，
　　　波長 $\lambda = 20\ \mathrm{cm}$
　　　振幅 $A = 3.0\ \mathrm{cm}$

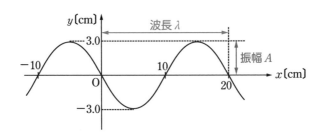

③ 速さが $v=50\,\mathrm{cm/s}$ なので，波の速さの式 $v=f\lambda$ より，振動数 f は，

$$f=\frac{v}{\lambda}=\frac{50}{20}=\frac{5}{2}=2.5\,\mathrm{Hz}$$

④ 周期 T と振動数 f の関係 $T=\dfrac{1}{f}$ より，周期 T は，

$$T=\frac{1}{f}=\frac{2}{5}=0.40\,\mathrm{s}$$

(2) 問題の図に，図の時刻よりも少しだけ進んだ波形を描き入れると，下図のようになる。

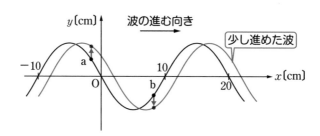

よって，媒質が進んでいる向きは，

点 a：y 軸方向正の向き

点 b：y 軸方向負の向き

(3) 波形から，媒質が最も密になる点，最も疎になる点を読み取ると，下図のようになる。

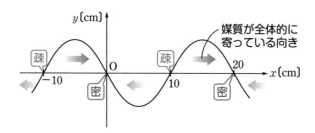

よって，媒質が最も疎になっている位置は，$x=-10\,\mathrm{cm}$ と $x=10\,\mathrm{cm}$ とわかる。

答

(1) ① $20\,\mathrm{cm}$ ② $3.0\,\mathrm{cm}$ ③ $2.5\,\mathrm{Hz}$ ④ $0.40\,\mathrm{s}$

(2) 点 a：y 軸方向正の向き， 点 b：y 軸方向負の向き

(3) $x=-10\,\mathrm{cm}$，$10\,\mathrm{cm}$

第 2 講

定常波

この講で学習すること

1 波の重ねあわせを考えよう

2 反射の仕方と定常波の関係を身につけよう

3 弦の共振について考えよう

4 気柱の共鳴を考えよう

Step 1 波の重ねあわせを考えよう

第1講では，ある決まった向きに進む進行波について学びました。では，この進行波が2つあって，しかもそれが逆向きにぶつかる（重なる）場合，波はどうなるのでしょうか？

I 波の独立性

まず，山が1つだけの**パルス波**で考えましょう。
　　　　　　　　　　└→孤立波ともいう

下の図のように，振幅Aのパルス波aと，同じく振幅Aのパルス波bがあって，左右両側から互いに向かいあうように進み，ぶつかるとします。

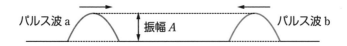

この2つの波がぶつかることで，それぞれの波aとbは互いに影響を受けることはありません。下の図のように，お互いに通り過ぎた後は，何もなかったようにもとのかたちのままで進んでいきます。これを**波の独立性**といいます。

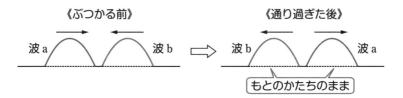

II 波の重ねあわせの原理

上の図には，波がぶつかっている最中が描かれていませんね。波がぶつかっている間は，それぞれの**媒質の変位が足しあわされた波**が見えます。これを**波の重ねあわせの原理**といい，重ねあわせによって生じる波を**合成波**といいます。

ポイント　波の重ねあわせの原理

変位 y_1 と変位 y_2 の波が重なったとき，合成波の変位 y は，

$$y = y_1 + y_2$$

2 つの波が重なっているところでは，それぞれの波の変位を足しあわせることができ，山の変位は正，谷の変位は負として考えます！

振幅 A で逆向きに進むパルス波 a とパルス波 b が完全に重なっているとき，下の図のように，高さ $2A$ の山が見えることになります。

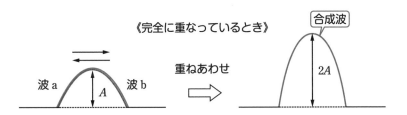

完全に重ならなくても，重なっている部分だけで重ねあわせは起きています。図の波 a と波 b が半分ずつ重なっているときには，下の図のような波形が見えることになります。

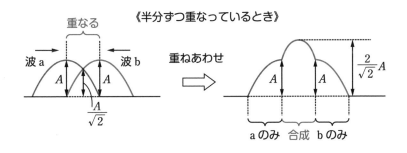

下の図のように，振幅Aの山で進むパルス波 c と，振幅Aの谷で進むパルス波 d が重なる場合は，山と谷の重ねあわせになり，完全に重なった瞬間には打ち消しあって，平らな波形が見えます。

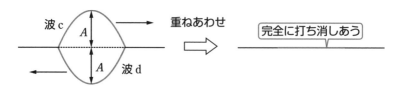

Ⅲ 定常波

① 定常波とは

重なる波がパルス波ではなく，山と谷が連続的に続く正弦波の場合を考えます。特に，振幅，波長，振動数，速さが等しく，**進む向きだけが逆になっている2つの進行波**が重なると，**定常波**という波がつくられます。定常波では下の図のように，**大きく振動する腹**と，**まったく振動しない節**が決まった場所に現れます。

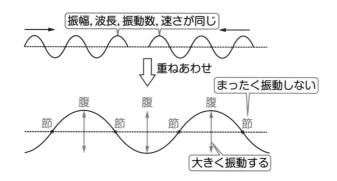

定常波は**定在波**ともいい，下の図のように，**進行波のように波形が進まず，その場で振動しているように見える波**です。

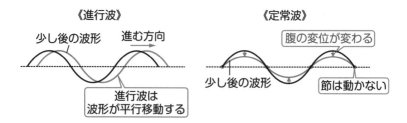

② 定常波の描き方

定常波の周期は，重ねあわせ前の進行波の周期と同じです。また，
ある瞬間から $\frac{1}{2}$ 周期だけ時間が経過すると，下の左図のように波形は $\frac{1}{2}$ 回振動，
つまり変位が逆転した状態になります。

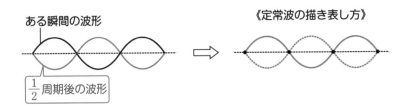

ある瞬間の波形

$\frac{1}{2}$ 周期後の波形

《定常波の描き表し方》

定常波の波形を描くときは，腹と節が一目でわかるように，上の右図のように
ある瞬間の波形を実線で，$\frac{1}{2}$ 周期後の波形を破線であわせて描くことが多いで
す。

③ 定常波の波長，振幅

右の図のように，隣
りあう節と節，隣りあ
う腹と腹の間隔は，重
ねあわせ前の進行波の
波長 λ の $\frac{1}{2}$ 倍，隣りあ

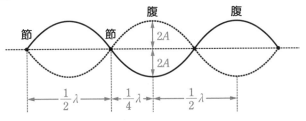

節　　　　　　　節　　腹　　　　　腹

2A

2A

$\frac{1}{2}\lambda$　$\frac{1}{4}\lambda$　$\frac{1}{2}\lambda$

う腹と節の間隔は $\frac{1}{4}$ 倍になります。

また，腹の変位が最大になるときは，2つの進行波の山と山，または谷と谷が重
なっています。その振幅は，重ねあわせ前の進行波の振幅 A の2倍である $2A$ に
なります。

- 振幅，振動数，波長，速さが等しく，逆向きに進む 2 つの波の合成波
- 波形が進むように見えず，腹と節が決まった位置にある
- 隣りあう腹と腹，節と節の間隔は，重ねあわせ前の進行波の波長の $\dfrac{1}{2}$ 倍，隣りあう腹と節の間隔は $\dfrac{1}{4}$ 倍
- 腹の振幅は，重ねあわせ前の進行波の振幅の 2 倍

練習問題①

ともに振幅 $A = 2.0\,\text{cm}$，波長 $\lambda = 10\,\text{cm}$，振動数 $f = 20\,\text{Hz}$ で，同じ速さで逆向きに進む正弦波によってつくられる定常波について，以下の問いに答えよ。

(1) 定常波の腹と節の振幅をそれぞれ求めよ。

(2) 定常波の腹が 1 回振動するのにかかる時間を求めよ。

(3) 隣りあう節と節の間隔を求めよ。

解説

考え方のポイント (1)(2) 定常波の腹の振幅は，重ねあわせ前の進行波の振幅の 2 倍。周期は，重ねあわせ前の進行波の周期と同じです。

(3) 隣りあう節と節の間隔は，重ねあわせ前の進行波の波長の $\dfrac{1}{2}$ 倍になります。

つくられる定常波の波形を描くと，右図のようになる。

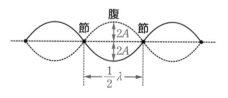

(1) 定常波の腹の振幅は，

$$2A = 2 \times 2.0 = 4.0\,\text{cm}$$

また，節は振動しない点なので，節の振幅は 0 cm である。

(2) 腹が 1 回振動する時間は，重ねあわせ前の進行波の周期 T [s] と同じである。

周期と振動数の関係より，$T = \dfrac{1}{f} = \dfrac{1}{20} = 0.050 = 5.0 \times 10^{-2}\,\text{s}$

(3) 上の図より，隣りあう節と節の間隔は，$\dfrac{\lambda}{2} = \dfrac{10}{2} = 5.0\,\text{cm}$

答 (1) 腹：4.0 cm，節：0 cm   (2) 5.0×10^{-2} s   (3) 5.0 cm

Step 2 反射の仕方と定常波の関係を身につけよう

Ⅰ 入射波と反射波と定常波の関係

　定常波をつくる2つの進行波は，進む向きが逆で，その他はすべて等しい関係でしたね。この「進む向きが逆」になる波は，進行波を壁などで反射させることでつくることができます。

　右の図のように，壁（のような境界）に向かう進行波を**入射波**，はねかえってきた進行波を**反射波**といい，**入射波と反射波が重なりあうと定常波になります。**

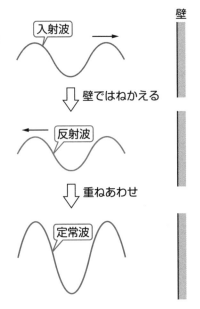

Ⅱ 自由端反射と固定端反射

　壁での波の反射の仕方によって，壁の位置が定常波の腹になる場合と，節になる場合があります。下の図のように，壁の位置に定常波の**腹**が現れる場合，この壁を**自由端**といい，この場合の反射を**自由端反射**といいます。逆に，壁の位置に定常波の**節**が現れる場合はこの壁を**固定端**といい，この場合の反射を**固定端反射**といいます。

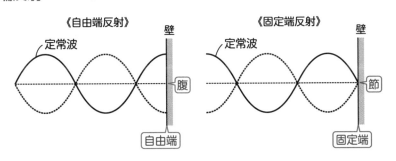

ポイント 反射と定常波の関係

自由端 ⟶ 定常波の腹が現れる
固定端 ⟶ 定常波の節が現れる

例 下の図のような波長 8.0 cm の正弦波が，$x=20$ cm の位置にある壁に入射して反射波と重なりあってつくられる定常波について考えましょう。

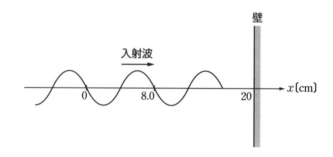

　次の①，②の場合で，$0 \leqq x \leqq 20$ cm の範囲に腹はどの位置にあるでしょうか？

① 壁が自由端の場合

　壁が自由端の場合，まず壁の位置 $x=20$ cm に定常波の腹ができることがわかります。隣りあう腹と腹の間隔は $\frac{1}{2}$ 波長なので $\frac{8.0}{2}=4.0$ cm ですね。すると，下の図のように腹の位置が決まります。

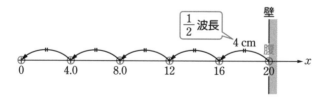

　つまり，$x=0$，4.0，8.0，12，16，20 cm が腹の位置です。

② 壁が固定端の場合

　壁が固定端の場合，まず壁の位置 $x=20$ cm に定常波の節ができることがわかります。この節の隣りの腹について，節と腹の間隔は $\frac{1}{4}$ 波長なので，

$\dfrac{1}{4}$ 波長すなわち $\dfrac{1}{4} \times 8.0 = 2.0\,\text{cm}$ だけ離れた位置 $x = 18\,\text{cm}$ に定常波の腹ができます。よって，下の図のように腹の位置が決まりますね。

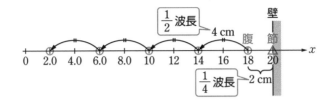

つまり，$x = 2.0,\ 6.0,\ 10,\ 14,\ 18\,\text{cm}$ が腹の位置です。

> 定常波の隣りあう腹と腹，節と節の間隔は重ねあわせ前の進行波の $\dfrac{1}{2}$ 波長，腹と節は $\dfrac{1}{4}$ 波長なので，壁の位置に腹ができるのか節ができるのかが決まれば，その他の腹や節の位置も決めることができますね！

Ⅲ 反射波，定常波の作図方法

自由端反射，固定端反射それぞれについて，反射波の波形や定常波の波形はどのように描けばいいのでしょうか？まず，描き方の手順を覚えてしまいましょう！

> **ポイント** 反射波の波形の作図方法
>
> 手順① 入射波の波形を，壁の反対側まで延長して描く
>
> 手順①′ 壁が固定端の場合のみ，①の波形を上下反転させる
>
> 手順② ①または①′ の波形を，壁に対称に折り返して描く

それでは，実際に作図してみましょう！

　下の図 a は，ある時刻における入射波の波形です。これを下の図 b のように，まずは**そのまま壁を気にせず延長して**描きます。◀手順①

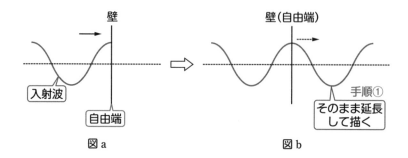

この壁は**自由端なので，延長した波形をそのまま壁に対称に折り返す**と，下の図 c のような反射波の波形になります。◀手順②

　この反射波と入射波を重ねあわせた合成波が定常波です。下の図 d より，**自由端である壁の位置に腹**が，そこから $\frac{1}{4}$ 波長だけ離れた位置に節ができていることがわかりますね。

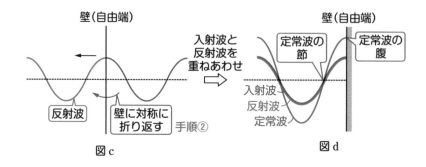

②　固定端反射の場合

　下の図 e は，ある時刻における入射波の波形です。自由端の場合と同様に，入射波の波形を延長して描きます。◀手順①

　次に，下の図 f のように，**固定端の場合は延長した波形を上下反転**させましょう。◀手順①′

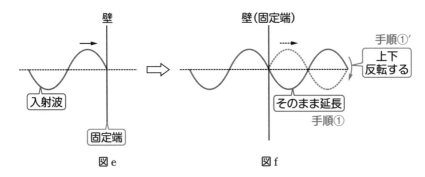

図 e　　　　　　　　　　　図 f

　上下反転させた波形を壁に対称に折り返せば，下の図 g のような反射波の波形になります。◀手順②

　この反射波と入射波を重ねあわせれば，定常波の波形になります。下の図 h より，**固定端である壁の位置に節**が，そこから $\dfrac{1}{4}$ 波長だけ離れた位置に腹ができていますね。

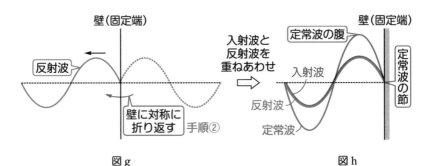

図 g　　　　　　　　　　　図 h

合成波を描きたい時刻が，入射波と反射波の波形が上の解説のようにきれいに重なっている時刻とは限りませんが，つくられる定常波はちゃんと正弦波になります。腹と節がどこか？を意識しましょう！

Step 3 弦の共振について考えよう

定常波についての基本を学んだところで，この定常波の知識を身のまわりの現象とつなげてみましょう。

I 弦の共振とは

ギターや三味線などの弦楽器は，弦が震えることで音が発生します。弦を振動させると弦に波が生じますが，その波は**弦を固定している端で反射し，すぐに合成波が生じる**ことになります。

このとき，弦に発生した波の速さや波長，振動数がある条件を満たすと，両端が節となる定常波が生じます。これを**弦の共振**といいます。

この弦の共振について，おんさを使った実験がよく取り扱われます。

下の図のように，弦の一端におんさを取りつけ，もう一方の端には滑車を介しておもりをつり下げます。

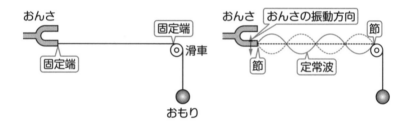

おんさをたたくと，細かく震えて弦を振動させます。おんさの震え方は非常に小さく，弦に生じる波にとって**おんさは固定端**とみなすことができます。また，滑車の位置も弦にとっては固定端とみなすことができるので，上の図のように，この**両端が定常波の節になるような波長をもつ波であれば，弦にはきれいな定常波が生じる**，ということになります。

II 基本振動とn倍振動

弦が共振するには両端が節であればよいので，色々な波形が考えられます。最も単純な波形は，次ページの図のように**弦の中央に腹が1個**あるもので，これを**基本振動**といいます。また，このときの振動数を**基本振動数**といいます。

腹が1個以外にも，下の図のように腹が2個，または3個の波形もあるでしょう。これらはそれぞれ**2倍振動，3倍振動**といいます。さらに一般化すると，**腹の数がn個のときn倍振動**（または単に**倍振動**）ということになります。

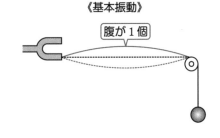

《基本振動》

腹が1個

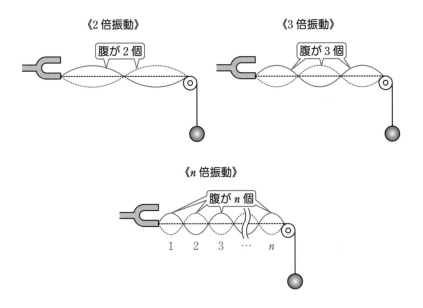

《2倍振動》

腹が2個

《3倍振動》

腹が3個

《n倍振動》

腹がn個

1　2　3　…　n

ポイント 弦の共振

・両端が節の定常波が生じる
・腹の数がn個のときn倍振動といい，$n=1$ のとき基本振動という

Ⅲ 弦を伝わる波の速さ

　弦に生じる定常波では，弦の長さと波長の関係を考える必要があります。そこで，波の速さの式 $v = f\lambda$ を思い出してみると，波長λは波の速さvと振動数fで決まりますよね。振動数や速さについても確認しましょう。

おんさは強くたたいても弱くたたいても，そのおんさによって決まった振動数で振動するので，**弦を振動させるのにおんさを用いた場合，振動数は一定**になります。

弦を伝わる波の速さは，弦の**線密度**と，弦をピンと張るためにかけている力，

└→単位長さあたりの質量

つまり張力の大きさで求めることができます。線密度の単位は [kg/m] で $\overset{\text{ロー}}{\rho}$ で表すことが多いです。弦を伝わる波の速さは，以下のような関係式になります。

> **ポイント** 弦を伝わる波の速さ
>
> 弦の線密度が ρ，張力の大きさが S のとき，弦を伝わる波の速さ v は，
>
> $$v = \sqrt{\dfrac{S}{\rho}}$$

例 下の図のように，長さ l，線密度 ρ の弦に質量 m のおもりをつり下げます。このとき，n 倍振動の定常波をつくるおんさの振動数 f_n を求めてみましょう。重力加速度の大きさを g とします。

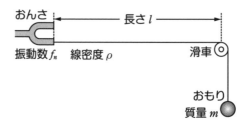

おんさ　　　　　長さ l
振動数 f_n　線密度 ρ　　　滑車
おもり
質量 m

　波の速さの式 $v = f\lambda$ より，$f = \dfrac{v}{\lambda}$ なので，波の速さ v と n 倍振動のときの波長 λ_n が求まれば，おんさの振動数 f_n を求めることができます。
　まず，波長 λ_n を求めます。弦に腹が n 個あるということは，長さ l の中に $\dfrac{1}{2}$ 波長が n 個あるということです。波長 λ_n を使って弦の長さ l を表すと，

$$l = \frac{1}{2}\lambda_n \times n \qquad \text{これより,} \qquad \lambda_n = \frac{2l}{n} \quad \cdots\cdots ①$$

次に, 弦を伝わる波の速さ $v = \sqrt{\dfrac{S}{\rho}}$ を求めるために, 張力の大きさ S が必要です。これは右の図のように, つり下げているおもりにはたらく力のつりあいから求めることができて, $S = mg$ となります。すると, 波の速さ v は,

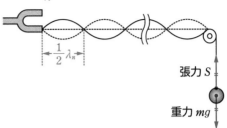

張力 S

重力 mg

$$v = \sqrt{\frac{S}{\rho}} = \sqrt{\frac{mg}{\rho}} \quad \cdots\cdots ②$$

式①, ②より,

$$f_n = \frac{v}{\lambda_n} = \sqrt{\frac{mg}{\rho}} \times \frac{n}{2l} = \frac{n}{2l}\sqrt{\frac{mg}{\rho}}$$

と求めることができます。例えば, 3倍振動の定常波をつくりたいと思えば, $n = 3$ として, $f_3 = \dfrac{3}{2l}\sqrt{\dfrac{mg}{\rho}}$ の振動数をもつおんさを用いればよい, ということになります。

弦の共振では, 定常波の波形をイメージしやすいと思います。まずは, 与えられた設定で, どのような波形, 波長になるのかを考えてみるといいですね！

練習問題①

右図のように, 弦に腹が2個の定常波ができている。この状態から, 次の(1)〜(3)の変化を与

えると, それぞれの場合で定常波の腹の数はいくつになるか求めよ。

(1) 波長を $\dfrac{1}{2}$ 倍にする。

(2) 弦を伝わる波の速さが変わらないようにして, 振動数を $\dfrac{1}{2}$ 倍にする。

(3) 弦を伝わる波の速さを $\dfrac{2}{3}$ 倍, 振動数を2倍にする。

考え方のポイント 弦の長さを文字でおいて，波長との関係式を立てて求めてもいいですし，図形的に弦に $\frac{1}{2}$ 波長が何個入るか求めてもいいでしょう。どちらにしても，まずは波長の変化を考えましょう！

(1) 波長を $\frac{1}{2}$ 倍にすると，右図のようになる。図より，腹の数は4個になる。

別解 弦の長さを l，変化前の波長を λ とすると，

$$l=\frac{1}{2}\lambda\times2$$

これより，　$\lambda=l$

また，変化後の波長 λ' とすると，

$$\lambda'=\frac{1}{2}\lambda=\frac{1}{2}l$$

よって，求める腹の数を n 個とすると，

$$l=\frac{1}{2}\lambda'\times n \quad \text{これより，} \quad n=\frac{2l}{\lambda'}=\frac{2l}{\frac{1}{2}l}=4\text{個}$$

(2) 波の速さ v が変わらないとき，波の速さの式 $\underset{\substack{\text{一定}}}{v}=f\underset{\substack{\frac{1}{2}倍}}{\lambda}$ より，

振動数が $\frac{1}{2}$ 倍になると波長は2倍になる。そのため，波形は右図のようになり，腹の数は1個になる。

(3) 変化前の波の速さを v，振動数を f，波長を λ とすると，波の速さの式は，

$$v=f\lambda \quad \cdots\cdots①$$

変化後の速さは $\frac{2}{3}v$，振動数は $2f$ になるので，このときの波長を λ' とすると，波の速さの式は，

変化前
（波長 λ）

$\frac{1}{2}\lambda$

変化後
（波長 λ'）

$\frac{1}{2}\lambda'$　$\frac{1}{2}\lambda'$

変化前

変化後

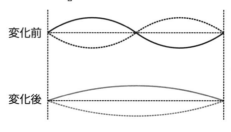

v, f, λ

変化前

$\frac{2}{3}v, 2f, \frac{1}{3}\lambda$

変化後

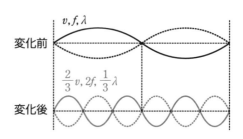

$$\frac{2}{3}v = 2f \times \lambda' \qquad これより, \qquad \lambda' = \frac{v}{3f} = \frac{f\lambda}{3f} = \frac{1}{3}\lambda \qquad \blacktriangleleft 式①を代入$$

よって, 変化前は $\frac{1}{2}$ 波長が 1 個あった長さに, 変化後は $\frac{1}{2}$ 波長が 3 個入るようになる。図で表すと右上の図のようになり, 腹の数は 6 個になる。

答 (1) 4 個 (2) 1 個 (3) 6 個

練習問題②

右図のように, 線密度 ρ の一様な太さの弦の一端に振動数 f のおんさを取りつけ, もう一端に滑車を介して質量 m のおもりをつり下げる。この状態でおんさを

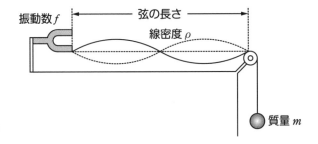

たたくと, 弦には腹が 2 個の定常波が生じた。重力加速度の大きさを g として, 以下の問いに答えよ。

(1) 弦を伝わる波の速さを求めよ。

(2) 弦の長さ (おんさから滑車までの距離) を求めよ。

(3) おもりの質量を変えておんさをたたくと, 腹が 3 個の定常波が生じた。このときのおもりの質量 m' は, m の何倍か。

解説

考え方のポイント (1) 弦を伝わる波の速さは $v = \sqrt{\dfrac{S}{\rho}}$ の式を使えるように, まずは張力の大きさを求めます。

(2) 弦に生じている定常波の波形から, 波長と弦の長さの関係を考えましょう。

(3) おもりの質量が変化すると, 弦の張力も変化するので, 波の速さ v や波長 λ が変化します。一方, おんさは変えていないので振動数 f は変化しません。これらの性質を利用して, 波の速さの式 $v = f\lambda$ を考えます。

(1) 弦の張力の大きさを S とすれば，おもりにはたらく力は右図のようになる。おもりにはたらく力のつりあいより，

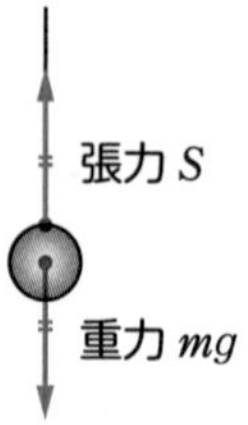

$$S = mg$$

よって，弦を伝わる波の速さを v とすると，

$$v = \sqrt{\frac{S}{\rho}} = \sqrt{\frac{mg}{\rho}} \quad \cdots\cdots ①$$

張力 S

重力 mg

(2) 弦に生じる波の波長を λ とすれば，波の速さの式 $v = f\lambda$ より，

$$\lambda = \frac{v}{f} = \frac{1}{f}\sqrt{\frac{mg}{\rho}} \quad \blacktriangleleft 式①を代入$$

弦の長さを l とすると，問題の図より，腹が2個生じているので，

$$l = \frac{1}{2}\lambda \times 2 = \frac{1}{f}\sqrt{\frac{mg}{\rho}} \quad \cdots\cdots ②$$

(3) おもりの質量が m' に変化したときの，弦を伝わる波の速さを v'，波長を λ' とする。式①より，

$$v' = \sqrt{\frac{m'g}{\rho}} \quad \cdots\cdots ③$$

また，腹が3個生じているので，

$$l = \frac{1}{2}\lambda' \times 3 \quad これより，\quad \lambda' = \frac{2}{3}l \quad \cdots\cdots ④$$

一方，振動数 f は変化しないので，波の速さの式 $v' = f\lambda'$ は，式③，④より，

$$\underbrace{\sqrt{\frac{m'g}{\rho}}}_{v'} = f \times \underbrace{\frac{2}{3}l}_{\lambda'} = f \times \frac{2}{3} \times \underbrace{\frac{1}{f}\sqrt{\frac{mg}{\rho}}}_{l} \quad \blacktriangleleft 式②を代入$$

これより，

$$\sqrt{\frac{m'\cancel{g}}{\cancel{\rho}}} = \frac{2}{3}\sqrt{\frac{m\cancel{g}}{\cancel{\rho}}} \quad よって，\quad \frac{m'}{m} = \frac{4}{9}$$

答 (1) $\sqrt{\dfrac{mg}{\rho}}$ (2) $\dfrac{1}{f}\sqrt{\dfrac{mg}{\rho}}$ (3) $\dfrac{4}{9}$ 倍

Step 4 気柱の共鳴を考えよう

第2講の最後にもう1つ，定常波と音の関わる現象を学びましょう。

Ⅰ 気柱の共鳴とは

弦楽器ではなく，リコーダーやフルートのような管楽器も，楽器の管内に**音波**の定常波がつくられることで大きな音が出ています。管内の空気を**気柱**といい，気柱に定常波ができて音が大きく聞こえる状態を**気柱の共鳴**といいます。

Ⅱ 開管と閉管

管には，両端が開いている**開管**と，一端が開いて一端が閉じている**閉管**があります。

① 開管に定常波ができるようす

下の図のように，スピーカーなどで開いている端 (<ruby>開口端<rt>かいこうたん</rt></ruby>といいます) から音波を送ると，一部が反射して管の内部に定常波をつくります。

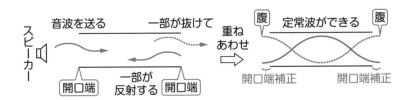

開口端は自由端とみなすことができて，**定常波の腹**になります (開口端で反射するというのも不思議な感じですが，やや面倒な話になるのでそういうものだと思ってしまいましょう)。

なお，**開口端にできる定常波の腹は，実際には開口端よりも少し外**にあり，この腹の位置と開口端とのずれを**開口端補正**といいます。

② 閉管に定常波ができるようす

下の図のように，スピーカーなどで開口端から音波を送ると，反対側の閉じている端（<ruby>閉口端<rt>へいこうたん</rt></ruby>といいます）で反射して，管の内部に定常波をつくります。

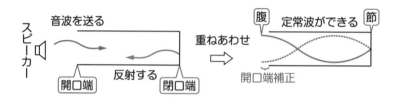

閉口端は固定端となり，**定常波の節**になります。

> **ポイント** 気柱の共鳴
>
> ・管の内部に，音波による定常波が生じる
>   - 閉口端 ⟶ 定常波の節になる
>   - 開口端（の少し外）⟶ 定常波の腹になる
> ・開口端の位置と腹の位置のずれを，開口端補正という

> 話を簡単にするために，以降の説明では Ⅴ 以外は「開口端補正は無視する」ことにします。つまり，開口端の位置を腹の位置とみなして，定常波の波形を考えます！

Ⅲ 開管の気柱の共鳴

① 基本振動

開口端が腹ということを踏まえると，開管の場合の最も単純な波形である基本振動は右の図のようになります。

開管の基本振動では $\dfrac{1}{2}$ **波長が 1 個**あります。見方を変えると**節が 1 個**です。

《基本振動》

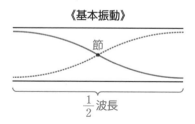

②　2倍振動，3倍振動

　下の図のように，2倍振動は $\frac{1}{2}$ 波長または節が2個，3倍振動は $\frac{1}{2}$ 波長または節が3個になります。

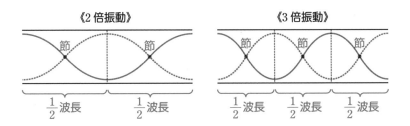

《2倍振動》　　　　　　　　　《3倍振動》

$\frac{1}{2}$ **波長が n 個あるとき，n 倍振動**になります。また，n 倍振動では節の数は n 個です。

③　n 倍振動と振動数の関係

　$\frac{1}{2}$ 波長の数が増えるということは，それだけ波長が短くなるということです。音波については，第4講であらためて学習しますが，音波の速さ（音速）は，気温によって決まります。つまり，気温が一定であれば音速 V は一定です。
　すると，音波について波の速さの式 $v = f\lambda$ を考えると，**振動数 f が大きくなると，それだけ波長 λ が短くなる**ことがわかります。すなわち，管に送り込む音波の振動数を徐々に上げていくと，それにつれて管内の定常波の波長が短くなっていき，**定常波の節の数が1つずつ増えるように波形が変化**していくことになります。

> **ポイント**　開管の気柱の共鳴
> ・両端が腹の定常波ができる
> ・基本振動は $\frac{1}{2}$ 波長（または節）が1個，n 倍振動では $\frac{1}{2}$ 波長（または節）が n 個になる
> ・振動数を上げていくと，節の数が1つずつ増えるように波形が変化する

例 右の図のように，開管にスピーカーから音波を送り，管内に 2 倍振動の定常波がつくられています。この状態から，

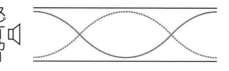

次の①，②の変化を与えると，それぞれの場合で何倍振動の定常波になるか考えてみましょう。気温は一定で音速は変化しないものとします。

① スピーカーから出る音波の振動数を $\frac{1}{2}$ 倍にする

波の速さの式 $v = f\lambda$ より，音速 V が変化しない，つまり一定なので，振動数が $\frac{1}{2}$ 倍になると，波長は 2 倍になりま

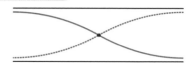

す。そのため，上の図のように，管内には $\frac{1}{2}$ 波長が 1 個の定常波がつくられることになります。よって，基本振動です。

② スピーカーから出る音波の振動数を 2 倍にする

波の速さの式 $v = f\lambda$ より，振動数が 2 倍になると，波長は $\frac{1}{2}$ 倍になります。そのため，右の図のように，管内には $\frac{1}{2}$ 波長が 4 個の定常波がつくられるので，4 倍振動となります。

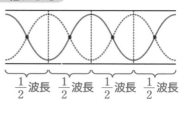

$\frac{1}{2}$ 波長 $\frac{1}{2}$ 波長 $\frac{1}{2}$ 波長 $\frac{1}{2}$ 波長

$\frac{1}{2}$ 波長の数が多くなるほど，何倍振動か見づらくなりますよね。そんなときは，節の数を数えていくと，何倍振動になっているかが見やすくなりますよ！

Ⅳ 閉管の気柱の共鳴

① 基本振動

開口端が腹，閉口端が節ということを踏まえると，閉管の基本振動は右の図のようになります。

閉管の基本振動では $\frac{1}{4}$ **波長が1個**あります。ただ，節の数が1個というのは開管の場合と同じです。

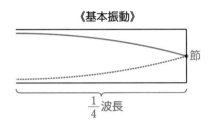
《基本振動》
節
$\frac{1}{4}$ 波長

② 2倍振動，3倍振動

では，2倍振動はどうなるでしょうか？閉口端を節として，$\frac{1}{4}$ 波長を2個にすると，下の図のように開口端でも節になってしまいます。開口端は腹でなければならないので，この波形はできません。

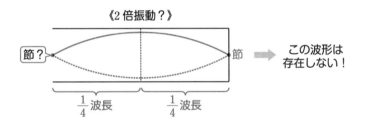
《2倍振動？》
節？
節
→ この波形は存在しない！
$\frac{1}{4}$ 波長　$\frac{1}{4}$ 波長

3倍振動では，右の図のように $\frac{1}{4}$ 波長が3個で，ちゃんと開口端が腹になるので大丈夫ですね。

このとき，節の数は3個ではなく，2個になっていることに注意しましょう。

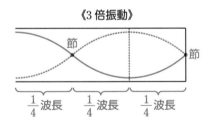
《3倍振動》
節
節
$\frac{1}{4}$ 波長　$\frac{1}{4}$ 波長　$\frac{1}{4}$ 波長

③ n倍振動と節の数

閉管の場合は，管の両端がそれぞれ節と腹になり，**左右対称な波形になりません**。そのため，2倍振動，4倍振動などの**偶数倍振動はありません**。基本振動の次は3倍振動，その次は5倍振動というように，**奇数倍振動で共鳴**します。

ただ，この変化でも節の数に注目すると，やはり**節の数は1個ずつ増えている**ことになります。基本振動が1回目の共鳴とすると，3倍振動は2回目の共鳴ですね。節の数は，「基本振動から数えて何回目の共鳴か」を示しています。

　もし式で表すと，n を奇数とする n 倍振動の節の数は

$$\frac{n+1}{2} \text{個}$$

となります。

ポイント 閉管の気柱の共鳴

・閉口端が節，開口端が腹の定常波ができる

・基本振動は $\dfrac{1}{4}$ 波長（または節）が1個，n 倍振動では $\dfrac{1}{4}$ 波長が n 個 $\left(\text{または節の数が} \dfrac{n+1}{2} \text{個}\right)$ になる（ただし n は奇数）

・振動数を上げていくと，節の数が1つずつ増えるように波形が変化する

例　右の図のように，閉管にスピーカーから音波を送り，管内に3倍振動の定常波がつくられています。この状態から，

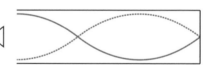

次の①，②の振動状態にするためには，それぞれ振動数を何倍にすればよいか考えてみましょう。気温は一定で音速は変化しないものとします。

① **基本振動にする**

　基本振動は，右の図のような波形です。

　変化前（波長 λ）は $\dfrac{1}{4}\lambda$ が3個あっ

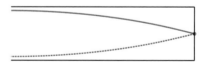

たところに，変化後（波長 λ'）は $\dfrac{1}{4}\lambda'$ が1個だけになるので，管の長さを l とすると，

$$l=\frac{1}{4}\lambda\times3=\frac{1}{4}\lambda'\times1 \qquad これより, \qquad \lambda'=3\lambda$$

すなわち変化後は波長が 3 倍になります。音速が一定なので，振動数と

波長は反比例の関係になることから，振動数は $\frac{1}{3}$ 倍です。

② 5倍振動にする

　5倍振動は，右の図のような波
形です。

　変化前 (波長 λ) は $\frac{1}{4}\lambda$ が 3 個あ

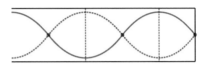

ったところに，変化後 (波長 λ'') は $\frac{1}{4}\lambda''$ が 5 個になるので，管の長さを

l とすると，

$$l=\frac{1}{4}\lambda\times3=\frac{1}{4}\lambda''\times5 \qquad これより, \qquad \lambda''=\frac{3}{5}\lambda$$

すなわち変化後は波長が $\frac{3}{5}$ 倍になるので，振動数と波長は反比例の関係

になることから，振動数は $\frac{5}{3}$ 倍になります。

Ⅴ 開口端補正

　前項 Ⅲ Ⅳ では開口端補正を無視してきましたが，開口端補正は本来あるも
のなので，それについても考えたいですね。

　最後に，開口端補正があるものとして波形を考えてみます。

 右の図のように，スピーカー
　から一定の振動数の音波を管
　に送りながら，ピストンを管
　の左端からゆっくり右側に動
　かしていきます。ピストンが

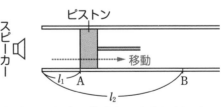

管の左端から距離 l_1 の点Aにきたときにはじめて共鳴し，さらにピストン
を移動すると距離 l_2 の点Bで次の共鳴が起きたとします。この音波の波長
や開口端補正はいくらか，考えてみましょう。

　開口端補正も考える場合，定常波の腹は管口の少し外にできます。まず
はピストンのことは無視して，次ページの図のように，できるはずの定常波
の波形を一度描いてみましょう。

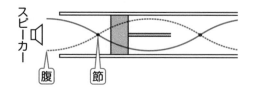

　ピストンは閉管の壁（閉口端）と同じ役割をするので，共鳴するときには定常波の節ができる位置です。つまり，ピストンがこの節の位置にあれば共鳴が起きることになります。下の図のように，ピストンが左端から移動して，はじめて共鳴するのは点Aにきたときですね。次の共鳴は点Bにきたときです。

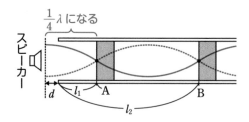

　点Aと点Bの距離 $l_2 - l_1$ は節と節の間隔になるので，これは音波の波長の $\frac{1}{2}$ 倍になっています。音波の波長を λ とすると，

$$\frac{1}{2}\lambda = l_2 - l_1 \qquad これより，\qquad \lambda = 2(l_2 - l_1)$$

と決まります。

　また，開口端補正を d とすると，上の図のように，l_1 と d をあわせた長さが定常波の隣りあう腹と節の間隔になっているので，これは音波の波長の $\frac{1}{4}$ 倍になっていますね。よって，

$$\frac{1}{4}\lambda = l_1 + d$$

これより，

$$d = \frac{1}{4}\lambda - l_1 = \frac{1}{4} \times 2(l_2 - l_1) - l_1 = \frac{1}{2}(l_2 - 3l_1)$$

と求めることができます。

開口端補正があるときは，管の左端から点Aまでの距離 l_1 が $\dfrac{1}{4}$ 波長にはならないことに注意しましょう！

一般的に，開口端補正はあるものとして考えていきます。問題などで開口端補正を考えなくていい場合は，「開口端補正は無視する」と明言してあります！

練習問題③

　右図のように，一様な直径の管の中になめらかに動けるピストンを入れる。スピーカーから一定の振動数の音波を送り，ピストンを管の左端Aから右端Bに向かってゆっくり移動させると，A から 19.6 cm の位置Cにきたときにはじめて共鳴した大

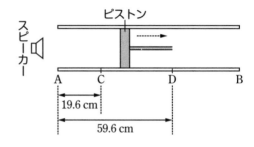

きな音が聞こえた。さらにピストンを移動させていくと，A から 59.6 cm の位置Dにきたときに 2 回目の共鳴が起き，そのままピストンを移動させて，B で抜き取ると 3 回目の共鳴が起きた。有効数字 2 桁で次の問いに答えよ。

(1)　管内の音波の波長を求めよ。

(2)　開口端補正を求めよ。

(3)　管の長さを求めよ。

解説

考え方のポイント　まず，管の中でつくられる定常波の波形を描きましょう。(2)で問われているように，開口端補正はあるものとするので，管口から少し外に腹があるようにします。ピストンは壁になるので，このピストンの位置と節が一致すれば気柱が共鳴する状態になります。先に描いた定常波のどこにピストンがあればいいのか，図で考えていきましょう！

　問題文より，位置Cではじめて共鳴したときの波形を描くと，次ページの図 a のようになる。また，位置Dで 2 回目の共鳴が起きたときの波形は，次ページの図 bのようになる。

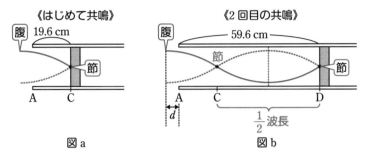

《はじめて共鳴》

腹 19.6 cm
節

A C

《2回目の共鳴》

腹 59.6 cm
節 節

A C D
d
$\frac{1}{2}$波長

図 a
図 b

(1) 上の図 b より，C と D は定常波の隣りあう節と節の位置になるので，CD 間の

距離が $\frac{1}{2}$ 波長に相当する。波長を λ [cm] とすれば，

$$\frac{1}{2}\lambda = 59.6 - 19.6 \qquad これより，\qquad \lambda = 80 \text{ cm}$$

(2) 開口端補正を d [cm] として，AC 間の距離に d を加えると，隣りあう節と腹

の距離つまり $\frac{1}{4}$ 波長になるので

$$19.6 + d = \frac{1}{4}\lambda$$

(1)で求めた λ を代入して，d について解くと，

$$d = \frac{1}{4}\lambda - 19.6 = \frac{1}{4} \times 80.0 - 19.6 = 0.40 \text{ cm}$$

(3) ピストンを抜き取って開管にしたとき 3 回目の共鳴が起きるので，B (の少し

外) に腹があることがわかる。開口端補正は両端でともに d で，ピストンを抜き

取った後の波形は下の図 c のようになる。

《3回目の共鳴》

腹 腹 抜き取る

A B
d L d

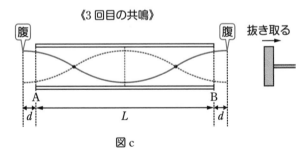

図 c

管の長さを L [cm] とすれば，上の図 c より，

$$d + L + d = \lambda$$

(1)，(2)で求めた λ，d を代入して，L について解くと，

$$L = \lambda - 2d = 80.0 - 2 \times 0.4 = 79.2 \fallingdotseq 79 \text{ cm}$$

答 (1) 80 cm　(2) 0.40 cm　(3) 79 cm

第3講

波の反射と屈折

Step 1 　射線と波面の関係を覚えよう

　小学校のときに，「光の反射」について学んだことがあると思います。光は波の性質をもっているので，実は波について学習をしていたんですね。

　さらに，中学校では「レンズによる像の作図」も学んでいると思います。レンズで光が屈折するということを踏まえて，光の進み方やつくられる像を考えたことがあるはずです。

　高校物理では，反射と屈折について，より詳しく学んでいきましょう。

Ⅰ　射線と光線

　反射にしても屈折にしても，「波がどのように進むのか？」を知りたいですね。波の進み方を図で表すときは，右の図のように，波が進んでいく方向を線で表します。この線を射線（しゃせん）といいます。

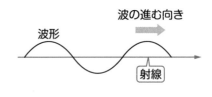

　光も波と考えられるので，光が進んでいく方向を示した射線のことを光線といいます。

Ⅱ　波面

　下の図のように，ある点を振動させると，その点が波源となり，波源を中心としていろいろな方向に波が広がります。山や谷など同じ振動をする点を連ねた線や面を波面といいます。

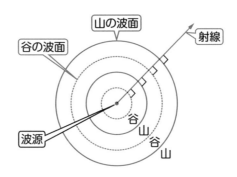

下の図のように，板などを振動させて発生した波が，進む場合を考えます。射線と波面を描き入れると，下の図のようになります。

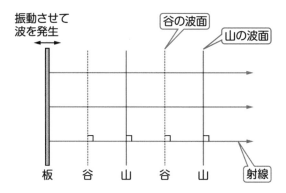

Ⅲ 射線と波面の関係

射線と波面は，つねに垂直に交わるようになっています。
└→作図するときに重要なポイント！

ポイント 射線と波面

射線：波の進んでいく方向を示した線 ⎤ 射線と波面は
波面：同じ振動をする点を連ねた線 　⎦ 垂直な関係

　もしまわりにガラスがあればちょっと見てみましょう。ガラスを見ると，ガラスの向こう側が見えるだけでなく，立つ位置によってはガラスの手前側にある自分の姿も見えませんか？これはガラスの向こう側から透過してきた光や，ガラスで反射した光を見ているからです。

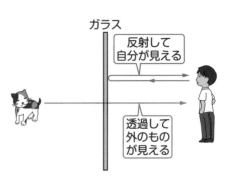

　この現象は，光が空気 → ガラスという異なる媒質中を進むことで生じます。
　　　　　　　　　　　　　　　　┗→波を伝える物質
光に限らず，**波が異なる媒質中を進もうとするとき，媒質の境界で反射や透過，屈折などが生じます。**

Ⅰ 反射の法則

　下の図のように，媒質Aの中を進む波が，媒質Bとの境界面で反射する場合を考えます。
　境界面に進んでいく入射波の射線と，境界面の法線とのなす角を**入射角**とい
　　　　　　　　　　　　　　　　　　┗→境界面に垂直な線
います。また，境界面で反射された反射波の射線と，法線とのなす角を**反射角**といいます。図のように，境界面と射線とのなす角ではないので注意してください。
　反射において，**入射角 θ と反射角 θ' の大きさは等しい**ので，**入射波と反射波の射線は，境界面の法線に対して対称**になります。

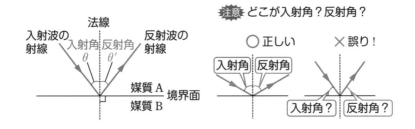

波が境界面で反射するとき，入射角 θ と反射角 θ' は等しく
なり

$$\theta = \theta'$$

Ⅱ 屈折の法則

下の図のように，媒質Aの中を進む波が，媒質Bとの境界面で屈折する場合を
考えます。　→折れ曲がること

入射波の射線と，境界面の法線とのなす角が入射角です。また，屈折した後の
屈折波の射線と，法線とのなす角を**屈折角**といいます。反射の場合と同様に，
境界面と射線のなす角ではないので注意してください。

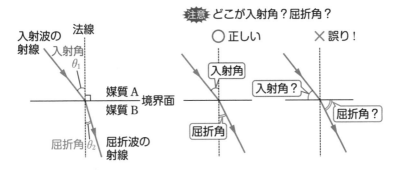

波の屈折は，媒質中を進む**波の速さが変化するために起きる現象**です。
そのため，入射角 θ_1 と屈折角 θ_2 の関係は，媒質Aでの波の速さ v_1 と媒質Bでの
波の速さ v_2 の関係で決まります。

入射角が θ_1，屈折角が θ_2，媒質Aでの
波の速さが v_1，媒質Bでの波の速さが v_2
のとき，

$$\frac{\sin\theta_1}{\sin\theta_2} = \frac{v_1}{v_2}$$

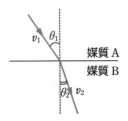

これは法則なので，しっかり覚えてください。まずは，反射と屈折の法則を使えるようになりましょう！

 右の図のように，媒質Ａの中を速さ v_1 で進む波が，媒質Ｂとの境界面で一部が反射し，一部が屈折して媒質Ｂの中を速さ v_2 で進んだとします。入射角は 30°，屈折角は 60° とすると，反射角 θ' はいくらでしょうか？また，屈折波の速さ v_2 を，v_1 を用いて表してみましょう。

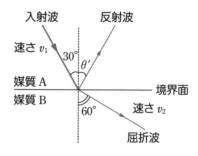

反射の法則より，入射角と反射角の大きさは等しくなります。入射角が 30° なので，反射角 θ' も 30° ですね。

また，屈折波の速さ v_2 は，屈折の法則の関係式を立てて求めましょう。屈折の法則より，

$$\frac{\sin 30°}{\sin 60°} = \frac{v_1}{v_2}$$

これより，

$$v_2 = v_1 \times \frac{\sin 60°}{\sin 30°} = v_1 \times \frac{\frac{\sqrt{3}}{2}}{\frac{1}{2}} = \sqrt{3}\, v_1 \quad \blacktriangleleft \sin 60° = \frac{\sqrt{3}}{2},\ \sin 30° = \frac{1}{2}$$

となります。

Ⅲ 波の屈折のイメージ

波の屈折は，波の速さが変化することで生じる現象ですが，ではどうして速さが変化するのか？イメージしやすいように説明していきます。

下の図のような，タイヤが2つある手押し車をイメージしてください。この手押し車を平らなアスファルト上で押して，砂場との境界に斜めに進んでいきます。右下の図は，このようすを上から見た図です。手押し車は簡略化して，タイヤと，タイヤを結ぶ車軸のみにします。

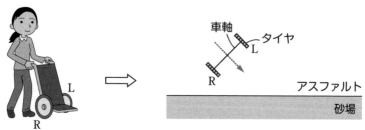

斜めに進んでいくと，2つのタイヤは同時に境界面に到達しません。下の図のように，タイヤRの方が先に境界面に到達し，タイヤLはまだアスファルト上に残っています。

　アスファルト上に残っているタイヤLは回転を続けて進みますが，砂場に入ったタイヤRは砂の影響でうまく回転できず，あまり進めません。タイヤRが境界面に到達したとき，下の右図のように，車軸の向きが変化しています。

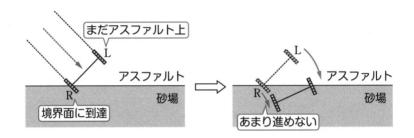

　2つのタイヤがどちらも砂場に入ると，2つのタイヤは同じ回転をするので，再びまっすぐ進めるようになります。ただし，車軸の向きが変化しているので，下の図のように，アスファルト上を進んできた方向とは異なる方向に進みます。波の屈折はこれと同じ理屈になります。

　手押し車ではなく波として考えると，右下の図のように，タイヤの進んできた経路が波の射線，車軸が波面に相当します。

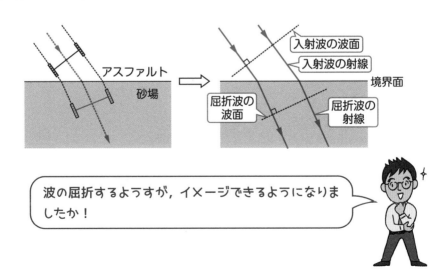

波の屈折するようすが，イメージできるようになりましたか！

Step 3 ホイヘンスの原理で波の進み方を把握しよう

波が媒質中を進んだり，壁のすき間を通過したときに，その後どのように進むのか？それを考えるとき，ホイヘンスの原理という考え方が役に立ちます。

I ホイヘンスの原理

右の図のように，ある点をたたいて波を起こすと，波面はその点（波源）を中心に円形に広がっていきます。これは，お風呂などで水面を指でたたけば見ることができます。

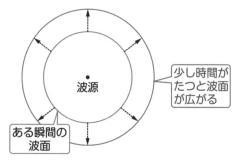

このとき，波面は円が大きくなるように自然に広がっていますが，ホイヘンスの原理で説明すると，下の図のように，**ある瞬間の波面上の1点1点が新しい波源となって，新しく波を生み出している**と考えます。この新しく生まれた波を**素元波**といいます。

そして，これら**素元波の共通の接線が次の瞬間の波面になる**というのが，**ホイヘンスの原理**です。

ポイント ホイヘンスの原理

波面上の各点は新しい波源として素元波を生み出し，それら素元波の共通の接線が，次の瞬間の波面になる

下の図のように，幅のある板を使って水面を振動させると，直線状の波面（直線波）が生じます。ホイヘンスの原理を用いて次の瞬間の波面を考えると，下の右図のようになります。

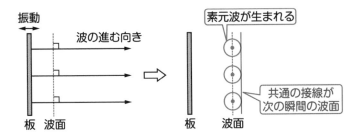

Ⅱ 波の回折

　波が壁にぶつかる場合，壁にわずかなすき間（スリット）があると，そこを通過した波が反対側に広がっていきます。ここでも素元波の考え方がいきてきます。下の図のように，スリットに到達した波面は新しい波源となり，スリットが十分に小さいので波源は1個だけとみなせます。そのため，**スリットが波源**になって，そこから波が広がっていきます。

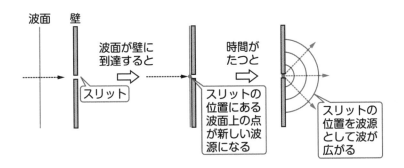

　すき間などを通って，壁などの障害物の反対側に波が進む現象を**波の回折**といいます。

> 部屋の窓やドアが少しでも開いていると，外の音がしっかり聞こえてきますが，これも波の回折によるものです！

第3講の最後に，反射と屈折をあわせて考える現象について学びましょう。

I 全反射

Step 2 **Ⅲ** で説明した手押し車の例で，今度は逆に，砂場からアスファルトに進む場合を考えてみましょう。

下の図のように，タイヤRが境界に到達したとき，タイヤLはまだ砂場上です。アスファルトを進むタイヤRは進みやすくなって車軸の向きが変化しますが，タイヤLは下の右図のように，まだ砂の影響を受けてあまり進めません。

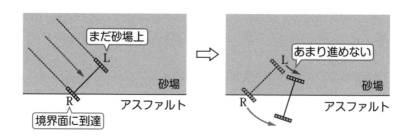

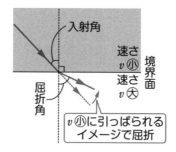

手押し車のようすを波に置き換えて考えると，

砂場……………波が遅く進む媒質

アスファルト……波が速く進む媒質

となります。つまり，上の図のように，**波は，遅く進む媒質の方に引っぱられるようなイメージで屈折する**ことがわかります。

下の図のように，入射角よりも屈折角の方が大きいとき，入射角を大きくすると，屈折角も大きくなっていき，あるところで，**屈折波の射線が境界面と一致**して，**屈折角が 90°** となります。

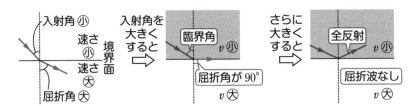

　屈折角が 90° となるときの入射角を**臨界角**といいます。臨界角よりもさらに入射角を大きくしていくと，上の図のように**屈折波はなく，反射波のみが見られる**ようになります。この現象が**全反射**です。

 ポイント 全反射

> 波が境界面に入射したとき，屈折波が現れず，反射波のみが見られる現象。屈折角が 90° になるときの入射角を臨界角という

例 右の図のように，媒質Aの中を速さ v で進む波が媒質Bに入射したところ，波の速さは $2v$ になり，屈折角がちょうど 90° となりました。このときの臨界角 θ_0 を求めましょう。

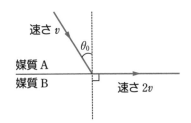

　屈折の法則より，

$$\frac{\sin\theta_0}{\sin 90°} = \frac{v}{2v}$$

　これより，　$\sin\theta_0 = \frac{1}{2}$　◀ $\sin 90° = 1$

　よって，臨界角 $\theta_0 = 30°$ と求めることができます。

全反射について，問題に取り組んでみましょう！

　右図のように，媒質Aの中を速さ v_1 で進む波が媒質Bに入射したところ，波の速さは v_2 になり，屈折角が $90°$ となった。以下の問いに答えよ。

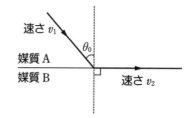

(1)　$v_1 : v_2 = 1 : \sqrt{2}$ のとき，臨界角 θ_0 を求めよ。

(2)　臨界角が $60°$ のとき，v_2 は v_1 の何倍か求めよ。

解説

考え方のポイント　　入射角が臨界角となるとき，屈折角は **$90°$** になります。屈折の法則の式を立てて，考えましょう。

(1)　$v_1 : v_2 = 1 : \sqrt{2}$ なので，屈折の法則より，

$$\frac{\sin\theta_0}{\sin 90°} = \frac{v_1}{v_2} = \frac{1}{\sqrt{2}} \quad \text{これより，} \quad \sin\theta_0 = \frac{1}{\sqrt{2}} \quad \blacktriangleleft \sin 90° = 1$$

したがって，　$\theta_0 = 45°$

(2)　屈折の法則より，

$$\frac{\sin 60°}{\sin 90°} = \frac{v_1}{v_2} \quad \text{これより，} \quad \frac{v_1}{v_2} = \frac{\frac{\sqrt{3}}{2}}{1} = \frac{\sqrt{3}}{2} \quad \blacktriangleleft \sin 60° = \frac{\sqrt{3}}{2}, \ \sin 90° = 1$$

したがって，　$\dfrac{v_2}{v_1} = \dfrac{2}{\sqrt{3}} = \dfrac{2\sqrt{3}}{3}$ 倍

答　　(1)　$45°$　　(2)　$\dfrac{2\sqrt{3}}{3}$ 倍

それでは最後に，第3講のまとめ問題に挑戦してみましょう！

　右図のように，波が速さ v_1 で伝わる媒質1から，速さ v_2 で伝わる媒質2との境界面（境界面A）に入射角 θ_1 で入射する。波は速さ v_3 で伝わる媒質3との境界面（境界面B）に進み，媒質3に屈折波が見られた。その後，θ_1 を徐々に大きくしていくと，$\theta_1 = \theta_1{}'$ になったとき，媒質3に屈折波は見られなくなった。境界面Aと境界面Bは平行であるとして，以下の問いに答えよ。ただし，$v_2 < v_1 < v_3$ とする。

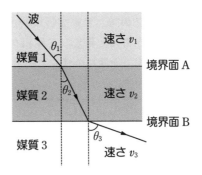

(1)　境界面Aにおける屈折角を θ_2 として，$\sin\theta_2$ を求めよ。

(2)　境界面Bにおける屈折角を θ_3 として，θ_3 と θ_1 の関係式を表せ。

(3)　$\sin\theta_1{}'$ を，v_1，v_3 を用いて表せ。

解説

- -

考え方のポイント　各境界面で屈折の法則の式を立てましょう。

(2)　境界面**B**への入射角は，錯角の関係より θ_2 です。

(3)　$\theta_1 = \theta_1{}'$ のとき臨界角となるので，$\theta_3 = 90°$ になります。

(1)　境界面Aにおいて屈折の法則より，

$$\frac{\sin\theta_1}{\sin\theta_2} = \frac{v_1}{v_2} \qquad これより，\qquad \sin\theta_2 = \frac{v_2}{v_1}\sin\theta_1$$

(2)　図より，境界面Bへの入射角は θ_2 とわかる。
境界面Bにおいて屈折の法則より，

$$\frac{\sin\theta_2}{\sin\theta_3} = \frac{v_2}{v_3} \qquad これより，\qquad \sin\theta_3 = \frac{v_3}{v_2}\sin\theta_2$$

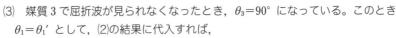

(1)で求めた $\sin\theta_2$ を代入して，

$$\sin\theta_3 = \frac{v_3}{\cancel{v_2}} \times \frac{\cancel{v_2}}{v_1}\sin\theta_1 = \frac{v_3}{v_1}\sin\theta_1$$

(3)　媒質3で屈折波が見られなくなったとき，$\theta_3 = 90°$ になっている。このとき $\theta_1 = \theta_1{}'$ として，(2)の結果に代入すれば，

$$\underset{\theta_3}{\underbrace{\sin 90°}} = \frac{v_3}{v_1}\underset{\theta_1}{\underbrace{\sin\theta_1{}'}} \qquad これより，\qquad \sin\theta_1{}' = \frac{v_1}{v_3} \quad \blacktriangleleft \sin 90° = 1$$

答　(1) $\dfrac{v_2}{v_1}\sin\theta_1$　　(2) $\sin\theta_3 = \dfrac{v_3}{v_1}\sin\theta_1$　　(3) $\dfrac{v_1}{v_3}$

波の屈折に関わる問題で，立てられる関係式は屈折の法則の式です。屈折の法則は各境界面で成り立つものなので，まずは各境界面における入射角，屈折角をきちんと確認して屈折の法則の式を立てましょう。その後，それらの式をどのように結びつけるかを考えていきましょう！

第4講

ドップラー効果

Step 1 音波の特徴を知ろう

　これまで，何度か「音波」が登場しましたが，あまり詳しく触れていませんでした。この Step 1 では，音波について学習していきましょう。

Ⅰ 音波の特徴

① 音波はどんな波？

　ズバリ，**音波は縦波**です。横波ではありません。

② 音波はどこを伝わる？

　普段は空気中で音を聞いていますが，**液体中でも固体中でも伝わります**。気体，液体，固体それぞれが媒質となり，音波が伝わります。

③ 音波の速さはどのくらい？

　常温の空気中では，約 340 m/s です。空気中の音波の速さは気温によって決まり，**気温が高くなるほど速くなっていきます。**　◀「マッハ」は音速の何倍かを
なお，水中では空気中よりも約 4 倍速くなります。　　示すもので，マッハ 2 なら音
　　　　　　　　　　　　　　　　　　　　　　　　　　速の 2 倍の速さということ。

> **ポイント** 音波の特徴
>
> 　音波は縦波で，振動数や波長に関係なく，気温が高くなるほど速くなる。温度 t 〔℃〕のときの空気中の音波の速さを V 〔m/s〕とすると，
> $$V = 331.5 + 0.6t$$

Ⅱ 音の 3 要素

　ある音を聞いたとき，大体の場合は何の音か，誰の声かわかりますよね。これは，音に色々な特徴があるからです。色々ある特徴の中でも，特に**音の大きさ（強さ）**，**音の高さ**，**音色**を音の 3 要素といいます。
　　　　　　　　　　↳モノによって違う音の感じ。独特な響き。

① 音の大きさ

振動数が同じ音波の場合，音の大きさは音波のもっているエネルギー，すなわち音波の**振幅**によって決まります。

振幅の大きい音波 ⟶ 大きな音
振幅の小さい音波 ⟶ 小さな音

② 音の高さ

音の高さは，音波の**振動数**によって決まります。

振動数の大きい音波 ⟶ 高い音
振動数の小さい音波 ⟶ 低い音

③ 音の音色

音色は，音波の**波形**によって違いが現れます。同じ高さの音でも楽器によって波形が違います。

> ポイント 音の３要素

①大きさ（強さ）⟶ 振動数が同じ場合，振幅で決まる
②高さ ⟶ 振動数で決まる
③音色 ⟶ 波形で決まる

> 練習問題①

音に関する次の①〜④のうち，正しいものを選べ。
① 音波は横波で，気体・液体・固体すべてで伝わる。
② 音波は空気中から水中に進むと，速さが遅くなる。
③ リコーダーとピアノの音色の違いは，音波の振幅の違いによる。
④ 振動数が大きい音波ほど，高い音として聞こえる。

解説 --

① × 音波は横波ではなく，縦波である。
② × 音波の速さは，水中では空気中よりも約４倍速くなる。
③ × 音色の違いは，波形の違いによるもの。

答 ④

Step 2 ドップラー効果の公式を覚えて使ってみよう

　ここからは，音の3要素のうち，音の高さ，つまり音波の振動数について注目していきます。

Ⅰ ドップラー効果とは

　音波を出す音源と音波を受け取る観測者の動き方によって，**音源の出した振動数と観測者が受け取る振動数が異なる**ことがあります。この現象をドップラー効果といいます。例えば，下の図のように，音源が 500 Hz の音を出しているのに，観測者は 520 Hz の音として受け取っている，ということが起きます。

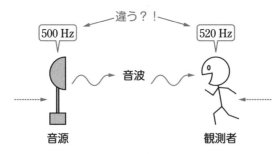

　この2つの振動数の関係を表す公式を，まずは覚えてしまいましょう！

Ⅱ ドップラー効果の公式

　下の図のように，速さ v_0 で音源から遠ざかる観測者を，振動数 f の音を出している音源が速さ v_S で追いかける場合を考えます。速さ v の添え字 O は Observer（観測者）の頭文字，S は Sound Source（音源）の Source の頭文字です。

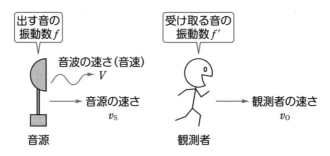

このとき，音波の速さ（音速）を V とすると観測者が受け取る音の振動数 f' は，

$$f' = \frac{V - v_0}{V - v_S} f$$

と表されます。これがドップラー効果の公式です。

ポイント **ドップラー効果の公式**

速さ v_0 で音源から遠ざかっている観測者を，振動数 f の音を出している音源が速さ v_S で追いかけているとき，観測者が受け取る音の振動数 f' は，

$$f' = \frac{V - v_0}{V - v_S} f \quad （V：音速）$$

観測者や音源が止まっていれば，v_0 や v_S を 0 とします。また，音源が観測者から遠ざかっていたり，観測者が音源に向かっているような場合は，それぞれ下の表のように，v_0 や v_S の前の符号を－から＋に変えればいいです。

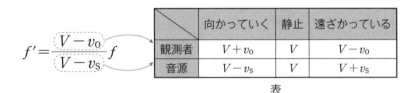

	向かっていく	静止	遠ざかっている
観測者	$V + v_0$	V	$V - v_0$
音源	$V - v_S$	V	$V + v_S$

表

例　右の図のように，速さ v_0 で音源に向かっていく観測者から，振動数 f の音を出す音源が速さ v_S で遠ざかっている場合を考えます。

音速を V とすれば，観測者が受け取る音の振動数 f' は，ドップラー効果の公式より，

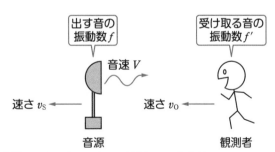

観測者は向かっていくから
$$f' = \frac{V \oplus v_0}{V \oplus v_S} f$$
音源は遠ざかっているから

公式は問題演習を通して,「身につける」ようにしましょう!

下図 a のように,振動数 f_0 の音を発する音源の右側で,観測者が一定の速さ v で右向きに進んでいる。音速を V として,以下の問いに答えよ。

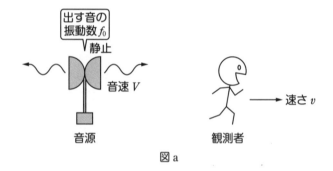

図 a

(1) 音源が静止しているとき,観測者が受け取る音の振動数 f_1 を求めよ。

(2) 下図 b のように,音源が右向きに速さ $u(u>v)$ で動き出した。音源が観測者を追い越す前の,観測者が受け取る音の振動数 f_2 を求めよ。

(3) 下図 c のように,音源が観測者を追い越した後の,観測者が受け取る音の振動数 f_3 を求めよ。

図 b   図 c

考え方のポイント　ドップラー効果の公式を正しく使うために，観測者と音源の位置関係や動いている向きを，ていねいに確認しましょう！

(1)　ドップラー効果の公式　$f' = \dfrac{V - v_0}{V - v_\mathrm{s}} f$　および図 a より，求める振動数 f_1 は，

観測者は遠ざかっているから

$$f_1 = \frac{V - v}{V - 0} = \frac{V - v}{V} f_0$$

音源は静止しているから

(2)　ドップラー効果の公式　$f' = \dfrac{V - v_0}{V - v_\mathrm{s}} f$　および図 b より，求める振動数 f_2 は，

観測者は遠ざかっているから

$$f_2 = \frac{V - v}{V - u} f_0$$

音源は向かってくるから

(3)　ドップラー効果の公式　$f' = \dfrac{V - v_0}{V - v_\mathrm{s}} f$　および図 c より，求める振動数 f_3 は，

観測者は向かっていくから

$$f_3 = \frac{V + v}{V + u} f_0$$

音源は遠ざかっているから

答　(1)　$\dfrac{V - v}{V} f_0$　　(2)　$\dfrac{V - v}{V - u} f_0$　　(3)　$\dfrac{V + v}{V + u} f_0$

第4講

ドップラー効果

ドップラー効果は普段の生活でも体感できる現象です。ドップラー効果について，もう少し見ていきましょう。

Ⅰ 反射音によるドップラー効果

Step 2 では，音源から直接受け取る音によるドップラー効果を学習しました
↳直接音という
ね。実は，壁などで反射した音でも，ドップラー効果は発生します。
↳反射音という
反射音によるドップラー効果を考える場合，反射体の扱いを 2 段階に分けます。
↳壁など，波を反射させるもの
最初は「音を受け取る観測者」として扱い，次に「音を出す音源」として扱うのです。

> **ポイント** 反射体の扱い
>
> 手順① 音を受け取る観測者として，受け取る音の振動数 f_R を求める
> 手順② 振動数 f_R の音を出す音源として，本当の観測者に音を送る

例 下の図 a のように，静止している振動数 f の音源から出された音波（音速 V）が，速さ w で近づいてくる壁で反射する場合を考えます。この反射音を壁の手前で静止している観測者 A が受け取るときの，振動数 f_A を求めましょう。

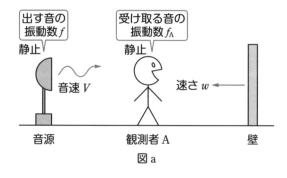

図 a

まずは，壁が受け取る音の振動数 f_R をドップラー効果の公式で求めます。

◀手順①

この場合，下の図 b のように，

　　観測者……壁

　　音源………音源（振動数 f）

と考えて，式を立てましょう。**壁が受け取る音を考えるとき，観測者 A については無視**しておいてオッケーです。

　ドップラー効果の公式より，

$$f_R = \frac{V \oplus w}{V \ominus 0} f = \frac{V + w}{V} f \quad \cdots\cdots ①$$

観測者は向かっていく

音源は静止している

次に，**壁を振動数 f_R の音源として扱います。** ◀手順②

この場合，下の図 c のように，

　　観測者……観測者 A

　　音源………壁（振動数 f_R）

と考えて，ドップラー効果の公式を用います。すると，求める振動数 f_A は，

$$f_A = \frac{V \ominus 0}{V \ominus w} f_R$$

観測者は静止している

音源は向かっていく

$$= \frac{V}{V-w} \times \frac{V+w}{V} f \quad ◀式①の結果を代入$$

$$= \frac{V+w}{V-w} f$$

と求められます。

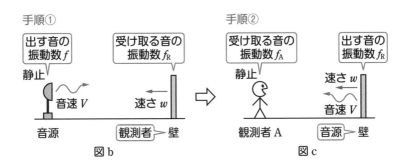

手順①

| 出す音の振動数 f | 受け取る音の振動数 f_R |

静止　音速 V　　速さ w

音源　　　観測者 - 壁

図 b

手順②

| 受け取る音の振動数 f_A | 出す音の振動数 f_R |

静止　　　速さ w　音速 V

観測者 A　　音源 - 壁

図 c

Ⅱ うなり

前項 Ⅰ で取り上げた **例** の図 a について考えます。観測者 A は，反射音とは
別に，音源から直接受け取る音もあるはずです。ここで，観測者 A が受け取る直
<u>→直接音のこと</u>
接音の振動数を求めてみましょう。

　今度は壁を無視して，音源と観測者 A だけに注目します。すると，**両者とも**
静止しているので，ドップラー効果は起きず，下の図のように観測者
A はそのまま振動数 f の音を受け取ることがわかります。

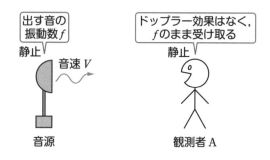

　すると，観測者 A は振動数 f の音と振動数 f_A の音を同時に受け取ることにな
<u>→直接音</u>　<u>→反射音</u>
ります。このとき，観測者 A には「ウワンウワン」という，**音が大きくなった**
り小さくなったりするうなった音が聞こえます。この現象を**うなり**と
いい，**受け取った 2 つの音の振動数の差が，1 秒間あたりのうなり**
の回数になります。これは，2 つの振動数の差が小さいときに生じる現象です。

> **ポイント** うなり
>
> 　振動数の近い 2 つの音（振動数 f_1，f_2）を同時に受け取る
> とき，うなった音が聞こえる。1 秒間あたりのうなりの回数
> を n とすれば，
> $$n = |f_1 - f_2|$$ ◀振動数の大小がわかる場合は大きい方から小さい方を
> 　　　　　　　　引いて，絶対値はつけない

直接音の振動数 f と反射音の振動数 f_A を比較すると，$\dfrac{V+w}{V-w}>1$ なので，

$$f_A=\frac{V+w}{V-w}f>f$$

よって，1秒間あたりのうなりの回数 n は，

$$n=\underset{\text{大きい方}}{f_A}-\underset{\text{小さい方}}{f}=\frac{V+w-(V-w)}{V-w}f=\frac{2w}{V-w}f$$

となります。

> このうなりの回数の式には，反射体である壁の速さ w が入っていますね。ということは，直接音と反射音の振動数の違いを利用すると，音波をあてた反射体の速さを求めることができるということで，スピードガンなどの原理になっています。また，生物の世界でも，コウモリやイルカなどは音波を出して，獲物からの反射音を受け取ることで，その獲物までの距離や方向を知ることができます。普段の生活で耳にする音だけでなく，反射音は色々なところで活躍していますね！

練習問題③

　下図のように，静止している観測者Aと，固定されている壁の間に，一定の速さ v で壁に向かっている振動数 f の音源Sがある。音速を V として，以下の問いに答えよ。

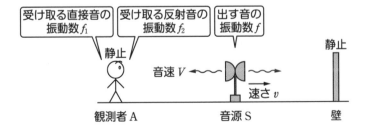

(1) 観測者Aが受け取る音源Sからの直接音の振動数 f_1 を求めよ。

(2) 壁が受け取る音の振動数 f_R を求めよ。

(3) 観測者Aが受け取る反射音の振動数 f_2 を求めよ。

(4) 観測者Aが聞く1秒間あたりのうなりの回数 n を求めよ。

考え方のポイント　壁の扱いを確認して，ドップラー効果の公式を正しく使いましょう！

(1)　静止している観測者Aと，速さ v で遠ざかる音源Sによるドップラー効果を考える。

求める振動数 f_1 は，

$$f_1 = \frac{V \overset{\text{観測者は静止している}}{(-0)}}{V \underset{\text{音源は遠ざかっている}}{(+v)}} f = \frac{V}{V+v} f$$

(2)　壁は固定されており，「静止している観測者」とみなすことができるので，静止している観測者 (壁) と，速さ v で近づく音源Sによるドップラー効果を考える。

◀手順①

求める振動数 f_R は，

$$f_R = \frac{V \overset{\text{観測者は静止している}}{(-0)}}{V \underset{\text{音源は向かっていく}}{(-v)}} f = \frac{V}{V-v} f$$

(3)　壁は，「静止している振動数 f_R の音源」とみなすことができる。◀手順②

音源 (壁) と観測者Aだけに注目すると，両者とも静止しているので，ドップラー効果は起きない。よって，求める振動数 f_2 は，

$$f_2 = f_R = \frac{V}{V-v} f$$

(4)　観測者Aは直接音 (f_1) と反射音 (f_2) を同時に聞く。(1)(3)の答より，$f_1 < f_2$ なので，1秒間あたりのうなりの回数 n は，

$$\begin{aligned}
n &= |f_1 - f_2| \\
&= f_2 - f_1 \\
&= \frac{V}{V-v} f - \frac{V}{V+v} f \\
&= \frac{V(V+v) - V(V-v)}{(V-v)(V+v)} f \\
&= \frac{2Vv}{V^2 - v^2} f
\end{aligned}$$

答　(1)　$\dfrac{V}{V+v} f$　　(2)　$\dfrac{V}{V-v} f$　　(3)　$\dfrac{V}{V-v} f$　　(4)　$\dfrac{2Vv}{V^2-v^2} f$

第 **5** 講

波の干渉

Step 1 干渉条件を覚えよう

　第2講 Step 2 で，入射波と反射波の重ねあわせによる定常波の学習をしました。そのときの波は同じ波源から出ていましたが，**別々の波源から出て違う方向に進む波どうしも，重なれば強めあったり弱めあったりします。**

I 同位相

　下の図aのように，水面上の2つの波源 A，B を考えます。A と B が同時刻に**まったく同じ振動をしながら波を生み出している**とき，A と B は<u>同位相</u>の波源といいます。

　⌐→A が山のとき B も山，A が谷のとき B も谷になる関係

　波源 A と B はそれぞれ，全方向に波を出して，波面は円形に広がり，それぞれの波はあらゆるところで重なります。下の図では，波源 A，B とも山になっている瞬間とします。

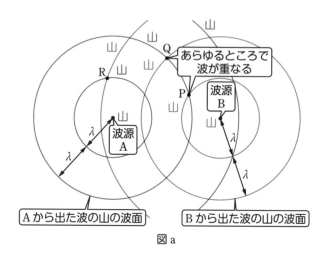

図 a

Ⅱ 経路差と強めあい

前ページの図 a のように，あらゆるところで波が
重なりますが，右の図のようなその中の 1 つの点 C
について考えます。点 C で波が強めあうか弱めあう
かは，**波源 A から C までの距離 l_1 と，波源
B から C までの距離 l_2 の差 $|l_1 - l_2|$** によっ
て決まります。$|l_1 - l_2|$ のことを**経路差**といいます。

波源 A，B が同位相であれば，この**経路差
が波長の整数倍**になるところでは，2 つの波は**強めあい**ます。

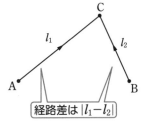

経路差は $|l_1 - l_2|$

例 図 a の点 P が強めあうか考えましょう。
図 a の点 A，B，P に注目すると，右の図の
ようになります。図より，$l_1 = 2\lambda$，$l_2 = \lambda$ な
ので，経路差は $|l_1 - l_2| = \lambda$ となり，波長の
1 倍で整数倍です。よって，点 P は強めあ
う点になります。

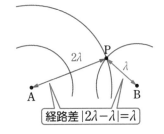

経路差 $|2\lambda - \lambda| = \lambda$

例 図 a の点 Q が強めあうか考えましょう。
図 a の点 A，B，Q に注目すると，右の図の
ようになります。図より，$l_1 = 2\lambda$，$l_2 = 2\lambda$
なので，経路差は $|l_1 - l_2| = 0$ となり，波長
の 0 倍で整数倍です。よって，点 Q は強め
あう点になります。

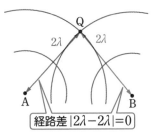

経路差 $|2\lambda - 2\lambda| = 0$

例 図 a の点 R が強めあうか考えましょう。
図 a の点 A，B，R に注目すると，右の図の
ようになります。図より，$l_1 = \lambda$，$l_2 = 3\lambda$ な
ので，経路差は $|l_1 - l_2| = 2\lambda$ となり，波長
の 2 倍で整数倍です。よって，点 R は強め
あう点になります。

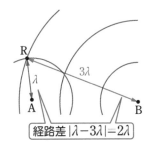

経路差 $|\lambda - 3\lambda| = 2\lambda$

強めあう点は大きく振動する点で，波源 A から波の山が到達したとき，波源 B
からも波の山が到達します。逆に波源 A から波の谷が到達したときは，波源 B か
らも波の谷が到達します。

第5講

波の干渉

経路差 $|l_1 - l_2|$ が 0, λ, 2λ, 3λ, … なら強めあうのですが, **経路差がその中間の値の** $\dfrac{1}{2}\lambda$, $\dfrac{3}{2}\lambda$, $\dfrac{5}{2}\lambda$, … **となるところは弱めあう点**になります。

弱めあう点は振動が小さくなる点なので, 波源Aから波の山が到達したとき, 波源Bからは波の谷が到達します。逆に波源Aから波の谷が到達したときは, 波源Bからは波の山が到達し, 互いに打ち消しあって弱まります。

 下の図の点Sで波が強めあうか弱めあうか考えましょう。波源AとBは同位相とします。

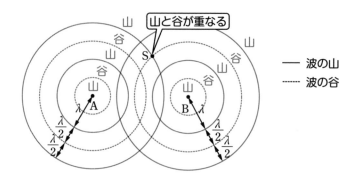

図の点 A, B, S に注目すると, AS の距離 $l_1 = 2\lambda$, BS の距離 $l_2 = \dfrac{3}{2}\lambda$ なので, 経路差は $|l_1 - l_2| = \dfrac{\lambda}{2}$ となり, 波長の $\dfrac{1}{2}$ 倍です。よって, 点Sは弱めあう点になります。

Ⅳ 同位相のときの干渉条件

2つの波が強めあう, または弱めあう条件のことを干渉条件といいます。

2つの波源が同位相のとき, **強めあう条件は, 経路差 $|l_1 - l_2|$ が波長 λ の整数倍になること**です。そこで, 「波長 λ の整数倍」を, 整数 m ($m = 0$,
↳0, λ, 2λ, …
1, 2, …) を用いて「$m\lambda$」と表せば,

$$|l_1 - l_2| = m\lambda$$

という1つの式で, 強めあう条件を表現できます。

一方，**弱めあう条件は，経路差** $|l_1 - l_2|$ が $\dfrac{1}{2}\lambda$，$\dfrac{3}{2}\lambda$，$\dfrac{5}{2}\lambda$，… に

なることです。これらは整数 $m\,(m=0,\ 1,\ 2,\ \cdots)$ を用いて $\left(m+\dfrac{1}{2}\right)\lambda$ と表

すことができます。

したがって，弱めあう条件は，

$$|l_1 - l_2| = \left(m+\dfrac{1}{2}\right)\lambda$$

という式で表現できます。

> **ポイント** ▶ **同位相のときの干渉条件**
>
> 同位相の 2 つの波源からの距離が，それぞれ l_1，l_2 の点に
> おいて，
>
> 波が強めあう条件：$|l_1 - l_2| = m\lambda$
>
> 波が弱めあう条件：$|l_1 - l_2| = \left(m+\dfrac{1}{2}\right)\lambda$ $(m=0,\ 1,\ 2,\ \cdots)$

波が強めあうか，弱めあうかは，2 つの波源からの
経路差で決まるので，まずは経路差を正しく求めるこ
とが大事です！

Ⅴ 逆位相のときの干渉条件

2 つの波源 A，B が同位相ではなく，**逆位相**の関係になっている場合もあり
ます。逆位相とは，A が山を出した瞬間に B は谷を出す，というような**波の山
と谷が逆になっている関係**です。

**2 つの波源が逆位相のとき，干渉条件も，波源が同位相の場合
と逆**になります。つまり，経路差 $m\lambda$ のところでは波が弱めあい，経路差
$\left(m+\dfrac{1}{2}\right)\lambda$ のところでは波が強めあいます。

逆位相の 2 つの波源からの距離が，それぞれ l_1，l_2 の点において，

波が強めあう条件：$|l_1 - l_2| = \left(m + \dfrac{1}{2}\right)\lambda$ $(m = 0, 1, 2, \cdots)$

波が弱めあう条件：$|l_1 - l_2| = m\lambda$

経路差を正しく求めたら，次は波源が同位相か？逆位相か？よ〜くチェックしましょう。それによって，使える条件式が決まります！

練習問題①

2 つの波源 A と B から，同じ波長 λ の波が出ている。以下の問いに答えよ。
(1) 波源 A と B が同位相の場合を考える。下図 a のような位置にある点 P，点 Q は波が強めあう点か弱めあう点か，それぞれ答えよ。
(2) 波源 A と B が逆位相の場合を考える。下図 b のような位置にある点 R，点 S は波が強めあう点か弱めあう点か，それぞれ答えよ。

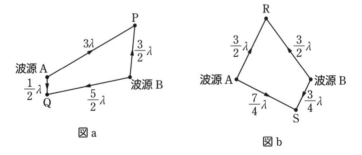

図 a

図 b

解説 ┈┈┈┈┈┈┈┈┈┈┈┈┈┈┈┈┈┈┈┈┈┈┈┈┈┈┈┈┈┈┈┈

考え方のポイント 波の干渉条件は，波源が同位相か逆位相のどちらか，経路差が波長の整数倍か $\left(整数 + \dfrac{1}{2}\right)$ 倍か，に注目しましょう！

⑴　波源AとBは同位相なので，経路差が波長 λ の整数倍なら強めあい，

$\left(整数+\dfrac{1}{2}\right)$ 倍なら弱めあう。

　　　P：AとBからの経路差は，

$$\left|3\lambda-\frac{3}{2}\lambda\right|=\frac{3}{2}\lambda \quad ◀波長の\left(整数+\frac{1}{2}\right)倍$$

　　　なので，弱めあう。

　　　Q：AとBからの経路差は，

$$\left|\frac{1}{2}\lambda-\frac{5}{2}\lambda\right|=2\lambda \quad ◀波長の整数倍$$

　　　なので，強めあう。

⑵　波源AとBは逆位相なので，経路差が波長 λ の整数倍なら弱めあい，

$\left(整数+\dfrac{1}{2}\right)$ 倍なら強めあう。

　　　R：AとBからの経路差は，

$$\left|\frac{3}{2}\lambda-\frac{3}{2}\lambda\right|=0 \quad ◀波長の整数倍$$

　　　なので，弱めあう。

　　　S：AとBからの経路差は，

$$\left|\frac{7}{4}\lambda-\frac{3}{4}\lambda\right|=\lambda \quad ◀波長の整数倍$$

　　　なので，弱めあう。

答　⑴　P：弱めあう点，Q：強めあう点
　　　　⑵　R：弱めあう点，S：弱めあう点

Step **2** 波が強めあうところや弱めあうところの現れ方を考えよう

波の干渉条件によって，注目している点では波が強めあうのか，弱めあうのか決めることができるようになりましたね。ですが，波が強めあったり，弱めあったりするところはその1点だけ，というわけではありません。

Ⅰ 強めあいの線と弱めあいの線

① 経路差が 0 のところ

同位相の波源AとBから出る，波長 λ の波の干渉を考えてみましょう。

経路差が 0 になる点は，波が強めあう点です。パッと思いつくのは，波源AとBのちょうど真ん中（点 P_0）でしょうか。

「経路差が 0」ということは，波源AとBからの距離が等しいということなので，右の図のように，P_0 の上（点 P_1）や，下（点 P_2）などたくさんあります。**経路差 0 の強めあいの点の集合は，線分 AB の垂直二等分線になり**，たくさんどころか無数に存在して線になっています。

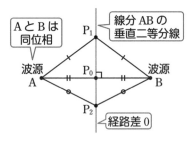

② 経路差が λ のところ

同様に，経路差が λ で波が強めあう点を考えてみると，これも無数に存在します。波源Aからの距離の方が長い場合と，波源Bからの距離の方が長い場合があり，**経路差 0 の垂直二等分線に対して対称に現れます。**

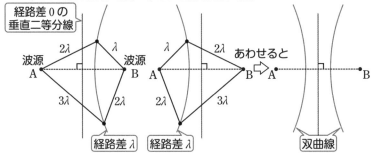

前ページの図より，**経路差 λ の点の集合は双曲線になる**ことがわかります。経路差 2λ や 3λ などで強めあう点についても同様に，双曲線として現れることになります（右の図）。

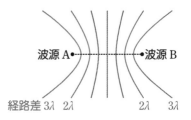

波源 A •———————• 波源 B

経路差 3λ 2λ　　　　2λ 3λ

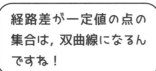

経路差が一定値の点の集合は，双曲線になるんですね！

③ 弱めあいの線（節線）

逆に，**弱めあう（打ち消しあう）ところも双曲線として現れます。**下の図のように，弱めあいの線は経路差に応じて，それぞれ強めあいの線の間に双曲線として現れます。

弱めあうところを示した線は，特に**節線**といいます。なお，強めあうところを示した線は**腹線**ということもあります。

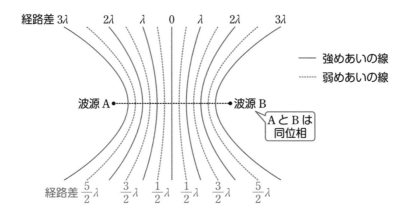

経路差 3λ　　2λ　　λ　　0　　λ　　2λ　　3λ

——— 強めあいの線
------- 弱めあいの線

波源 A •———————• 波源 B

A と B は同位相

経路差 $\frac{5}{2}\lambda$　　$\frac{3}{2}\lambda$　　$\frac{1}{2}\lambda$　　$\frac{1}{2}\lambda$　　$\frac{3}{2}\lambda$　　$\frac{5}{2}\lambda$

④　2つの波源が逆位相のとき

2つの波源が逆位相で振動しているときは，同位相の場合に対して**弱めあいの線（節線）と強めあいの線（腹線）が入れ替わります**。例えば，下の図のように，波源AとBを結ぶ線分 AB の垂直二等分線は節線になります。

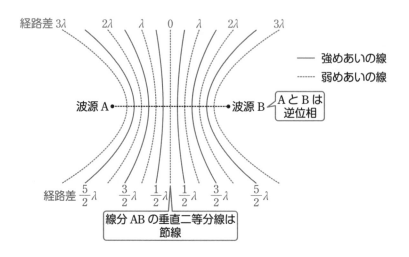

Ⅱ　波源 A，B 間に生じる定常波

水面上の2つの波源AとBからは，それぞれ全方向に波が広がっていきます。その中で，波源 A，B 間では，AからBに向かう波と，BからAに向かう波が重なりあいます。波源 A，B から振幅や波長，振動数が等しく，逆向きに進む波の重ねあわせが生じるので，**波源 A，B 間には定常波が発生します**。

A，B 間に生じる定常波の腹の位置，節の位置は，

　　腹の位置……強めあいの線の位置
　　節の位置……弱めあいの線の位置

となります。したがって，

　　　強めあいの線の本数＝定常波の腹の数
　　　弱めあいの線の本数＝定常波の節の数

ということがわかります。

波源AとBが同位相の場合，定常波と強めあいの線と弱めあいの線の関係から，次ページの図のように，A，B の中点が腹となる定常波が生じます。逆位相の場合は腹の位置と節の位置が入れ替わりますが，定常波が生じることに変わりはありません。

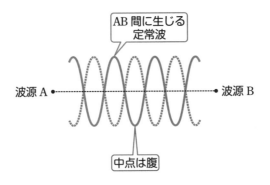

AB 間に生じる定常波

波源 A ● ──────────────── ● 波源 B

中点は腹

- **2つの波源間には定常波が生じる**
- **強めあいの線は，定常波の腹を通る双曲線となる**
- **弱めあいの線は，定常波の節を通る双曲線となる**

強めあう点や弱めあう点は，干渉条件の式だけではなく，腹線や節線のような図のイメージもできるようにしておきましょう！

練習問題②

同位相の 2 つの波源 A と B から，波長 λ の波が発生しているとき，右図のような強めあいの線（実線）や弱めあいの線（破線）が見られた。AB 間の距離を 2λ として，以下の問いに答えよ。

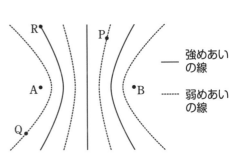

―― 強めあいの線

------ 弱めあいの線

(1) 経路差 |AP−BP| と，経路差 |AQ−BQ| を，それぞれ求めよ。

(2) 線分 AB と線分 AR が垂直になっているとき，AR 間の距離を求めよ。

考え方のポイント それぞれの線は，どのような経路差で強めあっているのか，弱めあっているのかをまず確認しましょう。

線分 **AB** の垂直二等分線は，経路差が **0** で強めあっているところを示しています。そのすぐ隣りの **P** を通る破線は経路差 $\frac{1}{2}\lambda$ で弱めあっているところです。**R** を通る実線は経路差 λ で強めあっているところで，その隣りの **Q** を通る破線は経路差 $\frac{3}{2}\lambda$ で弱めあっているところです。

(1) 問題の図で，点 P は経路差 $\frac{1}{2}\lambda$ で弱めあう線上にあるので，

$$|AP-BP|=\frac{1}{2}\lambda$$

点 Q は経路差 $\frac{3}{2}\lambda$ で弱めあう線上にあるので，

$$|AQ-BQ|=\left|-\frac{3}{2}\lambda\right|=\frac{3}{2}\lambda \quad \blacktriangleleft BQ \text{ の方が長い}$$

(2) 求める AR 間の距離を L とする。R は経路差 λ で強めあう線上にあるので，

$$BR-AR=\lambda \quad \text{これより，} \quad BR=AR+\lambda=L+\lambda$$

問題の図の点 A，B，R に注目すると，右図のようになっている。三平方の定理より，

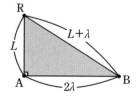

$$(L+\lambda)^2=L^2+(2\lambda)^2 \quad \blacktriangleleft BR^2=AR^2+AB^2$$
$$\cancel{L^2}+2\lambda L+\lambda^2=\cancel{L^2}+4\lambda^2$$
$$2\lambda L=3\lambda^2$$

これより， $L=\frac{3}{2}\lambda$

答 (1) $|AP-BP|=\frac{1}{2}\lambda$, $|AQ-BQ|=\frac{3}{2}\lambda$ (2) $\frac{3}{2}\lambda$

Step 3 強めあいの線や弱めあいの線を利用しよう

それでは，波の干渉について，水面波と音波で考えてみましょう。

I 水面波の干渉

右の図のように，水面に平板を入れて振動させ，水面に平面波（直線波）をつくります。さらに，2つのスリットをもつ板を入れて，スリットを通り抜けた波の干渉について考えます。

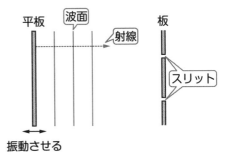

平面波の波面と板が平行になっているとき，下の図のように，2つのスリットには**同じ波面が同時に到達**します。このとき，スリットにある波面上の1点が新しい波源となって，板の反対側に波を送っていきます。

└→ホイヘンスの原理で学んだ素元波ですね！

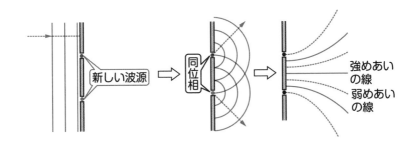

上の図のように，2つのスリットでは**同位相の2つの円形波が発生します**。波面が進むにつれて円形波が干渉し，強めあいの線や弱めあいの線が見られるようになります。

Ⅱ 音波の干渉

2つのスピーカーから同位相の音を出すと，音波の干渉が起こります。スピーカーを波源として音波が広がり，水面の平面波と同様に，音が大きく聞こえる強めあいの線や，音が小さく聞こえる弱めあいの線が存在します。

 右の図のように，2つのスピーカーから同じ振幅で波長λの同位相の音を出したとき，場所による音の大きさの変化を考えてみましょう。遠くなると波が弱くなる（減衰する）ことは無視します。

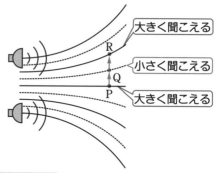

①　干渉による音の大きさの変化〜その１〜

2つのスピーカーの垂直二等分線上の点Pについて考えます。点Pでは経路差0で強めあうので音が大きく聞こえ，そこから図の上方に向かって進むと，弱めあいの線を通過するときに一度音が小さくなります（図の経路差 $\frac{1}{2}\lambda$ の点Q）。さらに進むと，次の強めあいの線を通過するときに再び音が大きく聞こえるようになります（図の経路差λの点R）。

②　干渉による音の大きさの変化〜その２〜

さらに，図の点Rから図の右へまっすぐ進むと，音の大きさはどのように変化するでしょうか？

右の図のように，点Rから右へ進むと，点Qを通る弱めあいの線を通過するときに一度音が小さくなります（図の点Q'）。

さらに，この例の場合では，そこからさらに右へ進んでも，もう強めあいの線も弱めあいの線も通過することはありませんから，音が大きく聞こえたり，小さく聞こえるという変化はありません。

強めあいの線や弱めあいの線をイメージすると、どこで波の強めあいや弱めあいが起きているかがわかりやすくなります。干渉条件の式だけに頼らず、線のイメージもできるようにしておきたいですね！

　右図のように、2つのスピーカーAとBから同じ振幅で波長 λ の同位相の音が出ているとき、AとBの垂直二等分線上の点Pにいる観測者には音が大きく聞こえた。観測者がPから図の上方に移動して行くと、音が小さく聞こえる点が2回あり、その後、点Qで再び音が大き

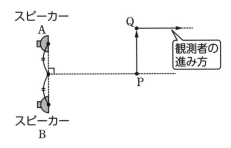

く聞こえた。次に、点Qで進む向きを図の右向きに変えて、十分に遠くまで進んだ。観測者が最初にPから動き出した後、P、Q以外で音が大きく聞こえる地点はいくつあるか求めよ。

解説

考え方のポイント　スピーカーAとBを波源として、強めあいの線や弱めあいの線をイメージしましょう！

　点Pと点Qはともに音が大きく聞こえる点なので、下の図のように強めあいの線上にある。
　点Pから点Qに進む間に音が小さく聞こえるところが2点あるということは、その間に弱めあいの線が2本あるということになる。

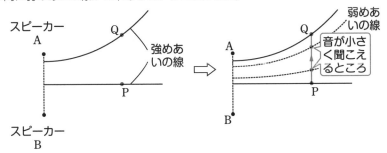

隣りあう弱めあいの線と弱めあいの線の間には，強めあいの線が1本あるので，その線を描き足すと，下の図のようになる。図より，PからQに進む間に強めあいの線を1回通過し，Qから右へ進むときに強めあいの線を1回通過することがわかる。

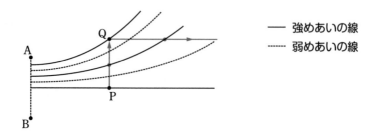

　よって，P，Q以外に音が大きく聞こえる点は2カ所である。

答　2つ

光波

この講で学習すること

1. 電磁波を波長で分類しよう

2. 光の性質を理解しよう～屈折～

3. 光の性質を理解しよう～干渉～

4. ヤングの実験を考えてみよう

Step 1　電磁波を波長で分類しよう

　波動分野の最後に，光について学びましょう。光は**電磁波**という波の一種です。電磁波は，媒質がなくても伝わるので，宇宙空間のような真空中でも進むことができます。

Ⅰ 電磁波の分類

　電磁波は波ですから，波長があります。この波長の長さによって，電磁波はいくつかに分類されています。波長の短い順に見ていきましょう。

① γ線

　まず，最も波長が短い電磁波はγ線といいます。このγ線は**非常に高いエネルギーをもっている**ことが特徴です。

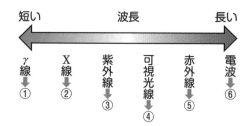

② X線

　そこから少し波長が長くなると，X線とよばれるようになります。X線は**透過力が強く**，レントゲン撮影などに使われていますね。

③ 紫外線

　その次は**紫外線**です。紫外線は**殺菌作用**がありますが，生物にとっては有害で，皮膚ガンなどを引き起こすといわれています。

④ 可視光線

　紫外線よりも波長の長いものが**可視光線**です。「可視」とあるように，**目で見ることができる電磁波**で，一般に「光」とよばれるものはこの可視光線です。

⑤ 赤外線

　さらに波長が長くなると**赤外線**です。赤外線は**熱線**ともよばれるように，熱をよく伝える性質があります。

⑥ 電波

　最も波長が長い電磁波は**電波**です。波長が長い電磁波は**吸収や散乱されづらく，遠くまで伝わる**ことができます。そのため，通信などに使われています。より細かく，**マイクロ波**や**ミリ波**などに分けられることもあります。

Ⅱ 電磁波の波長と色の関係

　電磁波の中で，特に可視光線は身近に感じることができます。目に見える光にはたくさんの「色」がありますが，**色もまた，波長によって決まっています。**

① 可視光線の波長と色の関係

　可視光線の色は，波長の長い方から順に，**赤橙黄緑青藍紫**（せきとうおうりょくせいらんし）と並びます。勢いですべて覚えてし

まえれば，それはそれでいいですね。最低限，**最も波長の長い可視光線が赤，短い可視光線が紫**であることは覚えておきましょう！

> なお，「白」という単色はありません。さまざまな色が混ざった結果，白色に見えています。白は混合色ととらえてください！

② 紫外線の色？　赤外線の色？

　最も波長が短い色は紫で，それよりもさらに波長が短い電磁波は，紫色の外(ultraviolet)にあるので紫外線といいます。紫外線対策でUVケアなんていいますよね。同様に，最も波長が長い色は赤で，それよりもさらに波長が長い電磁波は，赤色の外(infrared)ということで赤外線といいます。

　紫外線も赤外線も，名称に色が入っていますが，**どちらも見ることはできません。**赤外線ヒーターは赤く見えていますが，赤外線が出ている雰囲気を出すために色をつけているだけで，赤外線そのものは見えていません。

Step 2 光の性質を理解しよう〜屈折〜

それでは，光の性質について説明します。

Ⅰ 光の性質

① 光の性質

光は波であり，**横波**の性質をもっています。

また，光は波なので，水面波や音波と同じように**反射**や**屈折**，**干渉**などが起きます。

② 光の速さ

光の速さは**真空中で最も速く**，真空中の光速を c とすれば，

$c = 2.99792458 \times 10^8 \fallingdotseq 3.0 \times 10^8 \, \text{m/s}$　◀1秒間で地球を7周半回る速さ！

です。

Ⅱ 光の屈折

光は，真空以外の媒質中に入ると，**真空中よりも必ず遅く**なってしまいます（空気中における光速は真空中とほぼ同じです）。そのため，光が真空中から異なる媒質に進むときに**屈折**が起きます。　◀波が屈折する理由は，波の速さが変わるから！

└→水中，ガラス中など

Ⅲ 光の屈折率

右の図のように，光が真空中からある別の媒質に進む場合を考えましょう。入射角を θ_1，屈折角を θ_2，真空中での光速を c，媒質中での光速を v とします。

第3講の Step 2 で学んだ屈折の法則の関係式 $\dfrac{\sin\theta_1}{\sin\theta_2} = \dfrac{v_1}{v_2}$ にあてはめると，

$$\frac{\sin\theta_1}{\sin\theta_2} = \frac{c}{v} \quad \cdots\cdots ①$$

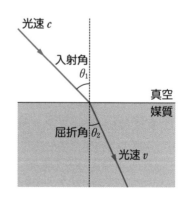

となります。入射角 θ_1 と屈折角 θ_2 で決まるこの式の比の値 $\dfrac{\sin\theta_1}{\sin\theta_2}$ は，**屈折率**

といい，屈折の度合いを表しています。この屈折率（真空に対する媒質の屈折率）を n とすると，式①は，

$$n = \frac{c}{v} \qquad \text{これより,} \qquad v = \frac{c}{n}$$

となり，**屈折率 n の媒質中の光速 v は，真空中の光速 c の $\dfrac{1}{n}$ 倍**になっています。

> 屈折率 n は「速さがどれだけ遅くなるか」を示す値ともいえます！

　光の場合，単に屈折率というと**真空に対するもの**で，特に**絶対屈折率**ともいいます。

　屈折率は真空では 1，**真空以外のガラスや水などの物質では必ず 1 よりも大きく**なります。空気の屈折率はほぼ 1 とみなせます。

> 世の中で一番速いものは，真空中での光速です！

ポイント 光の屈折率（絶対屈折率）

・屈折率 n の媒質中では，光速が真空中の $\dfrac{1}{n}$ 倍になる

・真空では $n = 1$，真空以外の物質では $n > 1$ となる

Ⅳ 屈折率を用いた「屈折の法則」の表し方

屈折率を用いて，屈折の法則の式を立ててみましょう。

例 右の図のように，光が屈折率 n_1 の媒質Ⅰ
から，屈折率 n_2 の媒質Ⅱに進む場合の，
屈折の法則を考えます。入射角を θ_1，屈
折角を θ_2，媒質Ⅰでの光速を v_1，媒質Ⅱ
での光速を v_2 とします。

　屈折の法則の関係式は，

$$\frac{\sin\theta_1}{\sin\theta_2}=\frac{v_1}{v_2} \quad \cdots\cdots ②$$

となります。ここで，v_1，v_2 を真空中での
光速 c を用いて表すと，

$$v_1=\frac{c}{n_1}, \quad v_2=\frac{c}{n_2} \quad \cdots\cdots ③$$

と書けますよね。式②に式③を代入すると，

$$\frac{\sin\theta_1}{\sin\theta_2}=\frac{\dfrac{c}{n_1}}{\dfrac{c}{n_2}}=\frac{n_2}{n_1} \qquad これより，\qquad n_1\sin\theta_1=n_2\sin\theta_2$$

（図中）
光速 v_1
入射角 θ_1
媒質Ⅰ（屈折率 n_1）
媒質Ⅱ（屈折率 n_2）
屈折角 θ_2
光速 v_2

それぞれの媒質において「屈折率×$\sin\theta$ の値が等しい」という，覚えやすいかたちになりますね！

ポイント 屈折の法則（屈折率を用いた場合）

　屈折率 n_1 の媒質で入射角が θ_1，屈折率 n_2 の媒質で屈折角
が θ_2 となるとき，

$$n_1\sin\theta_1=n_2\sin\theta_2$$

次の(1)～(3)の場合について，屈折の法則の関係式を立てよ。

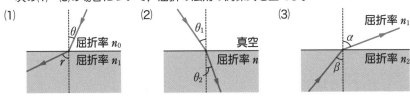

(1)　θ　屈折率 n_0　／　r　屈折率 n_1

(2)　θ_1　真空　屈折率 n　θ_2

(3)　屈折率 n_1　α　屈折率 n_2　β

解説

考え方のポイント　「屈折率×$\sin\theta$」のかたちを意識して，屈折の法則の関係式を立てましょう。真空の屈折率 1 は覚えておきましょう。

答　(1)　$n_0\sin\theta=n_1\sin r$　　(2)　$\sin\theta_1=n\sin\theta_2$ $(1\times\sin\theta_1=n\sin\theta_2$ より$)$

(3)　$n_2\sin\beta=n_1\sin\alpha$

Ⅴ 光学距離（光路長）

屈折率 n の媒質中では，光速が $\dfrac{1}{n}$ 倍になります。この媒質中を進む時間で，

仮に真空中を進んだとした場合に進める距離を光学距離あるいは光路長といいます。媒質中の光速は真空中の光速の $\dfrac{1}{n}$ 倍なので，逆に，**真空中の光速は媒質中の光速の n 倍**になっています。そのため，下の図のように，媒質中をある距離だけ進む時間で，真空中ではその距離の n 倍進んでいることになります。

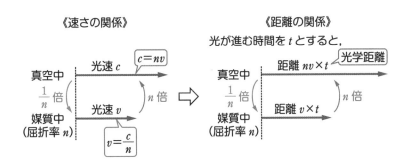

《速さの関係》

真空中　光速 c　$\boxed{c=nv}$

$\dfrac{1}{n}$ 倍（　　）n 倍

媒質中（屈折率 n）　光速 v　$\boxed{v=\dfrac{c}{n}}$

《距離の関係》

光が進む時間を t とすると，

真空中　距離 $nv\times t$　光学距離

$\dfrac{1}{n}$ 倍（　　）n 倍

媒質中（屈折率 n）　距離 $v\times t$

> **ポイント** 光学距離（光路長）

光が媒質中を進む時間で，真空中を進んだと仮定した場合の距離

　　光学距離＝屈折率×媒質中を実際に進んだ距離

Ⅵ 相対屈折率

　ここまでは真空に対する屈折率（絶対屈折率）を考えてきましたが，ここでは真空以外に対する屈折率を考えていきます。

　光が進む媒質は，空気中から水中，あるいは水中からガラス中など，色々なケースがあります。このときも光速は変化して，屈折が起きます。入射側が色々な媒質のときの屈折率のことを**相対屈折率**といいます。屈折率 n_1 の媒質Ⅰから，屈折率 n_2 の媒質Ⅱに光が進む場合，媒質Ⅰに対する媒質Ⅱの相対屈折率 n_{12} は，

$$n_{12} = \frac{n_2}{n_1}$$

と表されます。

 右の図のように，媒質Ⅰに対する媒質Ⅱの相対屈折率が n_{12} となっている場合の，光速の関係式を立ててみましょう。

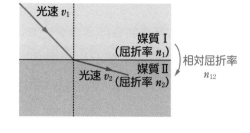

　真空中の光速を c とすると，

$$v_1 = \frac{c}{n_1}, \quad v_2 = \frac{c}{n_2}$$

と書けますよね。これより，

$$n_1 = \frac{c}{v_1}, \quad n_2 = \frac{c}{v_2}$$

となるので，

$$n_{12} = \frac{n_2}{n_1} = \frac{\dfrac{c}{v_2}}{\dfrac{c}{v_1}} = \frac{v_1}{v_2}$$

となり，媒質Ⅰ中での光速 v_1 と，媒質Ⅱ中での光速 v_2 の関係式は，

$$v_2 = \frac{v_1}{n_{12}}$$

と表すことができます。媒質Ⅱ中での光速は，媒質Ⅰ中での $\dfrac{1}{n_{12}}$ 倍です。

相対屈折率は，水面波や音波でも，まったく同様に用いることができます。

媒質Ⅰに対する媒質Ⅱの相対屈折率 n_{12}

光などの波の速さは，媒質Ⅰから媒質Ⅱに進むと $\dfrac{1}{n_{12}}$ 倍になる

波の屈折に関する次の問いに答えよ。
(1) 媒質Ⅰ中を速さ v_1 で進んできた光が，媒質Ⅱに進入すると速さが v_2 に変化した。媒質Ⅰに対する媒質Ⅱの相対屈折率を求めよ。
(2) 媒質Ⅰ中を進んできた波が，媒質Ⅱとの境界に入射角 i で入射し，屈折角 r で媒質Ⅱ中を進んだ。媒質Ⅰに対する媒質Ⅱの相対屈折率を求めよ。

解説 ....

　求めたい相対屈折率を文字でおいて，速さの関係式を立ててみましょう。

(1) 媒質Ⅰに対する媒質Ⅱの相対屈折率を n_{12} とすると，媒質Ⅱ中での光速は媒質Ⅰ中の $\dfrac{1}{n_{12}}$ 倍になるので，

$$v_2 = \frac{v_1}{n_{12}} \qquad \text{これより，} \qquad n_{12} = \frac{v_1}{v_2}$$

(2) 媒質Ⅰに対する媒質Ⅱの相対屈折率を $n_{12}{}'$，媒質Ⅰ中での波の速さを $v_1{}'$ とすると，媒質Ⅱ中での波の速さ $v_2{}'$ は，

$$v_2{}' = \frac{v_1{}'}{n_{12}{}'} \quad \cdots\cdots ① \qquad ◀ 媒質Ⅱ中での波の速さは，媒質Ⅰ中の \frac{1}{n_{12}{}'} 倍になる$$

ここで，屈折の法則より，

$$\frac{\sin i}{\sin r} = \frac{v_1{}'}{v_2{}'} = \frac{v_1{}'}{\dfrac{v_1{}'}{n_{12}{}'}} = n_{12}{}' \qquad よって， \qquad n_{12}{}' = \frac{\sin i}{\sin r}$$

式①を代入

答 (1) $\dfrac{v_1}{v_2}$ (2) $\dfrac{\sin i}{\sin r}$

コラム：レンズによる像の作図の仕方とレンズの式

　レンズは光を屈折させることで物体の像をつくります。この作図のポイントは，「光がどう進んでいくか」です。ただ，作図に必要なルールは，

- **レンズの中心を通る光は直進する**
- **光軸に平行に入射した光は焦点を通るようにレンズの中心線で屈折する**

という，2つだけなのでしっかり覚えましょう。

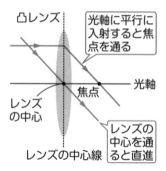

凸レンズ

光軸に平行に入射すると焦点を通る

光軸

焦点

レンズの中心

レンズの中心線

レンズの中心を通ると直進

　では，3パターンの作図をしてみます。

① 凸レンズで焦点よりも遠くに物体がある場合

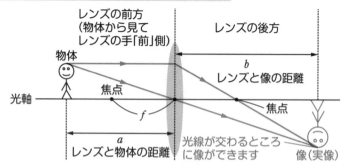

レンズの前方（物体から見てレンズの手「前」側）

レンズの後方

物体

b
レンズと像の距離

光軸

焦点

f

焦点

a
レンズと物体の距離

光線が交わるところに像ができます

像（実像）

　物体の上部（図では人の頭）から光が出ることにして，「レンズの中心を通る光」と，「光軸に平行な光」の2本の光線を描きましょう。それぞれ，図のように進み，レンズの後方で交わります。この交わったところに光が集まり，物体の上部の像ができます。この像は，物体から出て進んだ光が実際につくる像なので**実像**といいます。また，像は物体と逆さまにできているので**倒立像**といいます。

　レンズと物体の距離を a，レンズと像の距離を b，レンズと焦点までの距離（**焦点距離**）を f とすると，次の**レンズの式**が成り立ちます。

$$\frac{1}{a}+\frac{1}{b}=\frac{1}{f}$$

　例えば，焦点距離 4 cm の凸レンズの前方 20 cm に物体を置くと，像ができる位置（レンズと像の距離）b〔cm〕は，レンズの式で $a=20$，$f=4$ として，

$$\frac{1}{20}+\frac{1}{b}=\frac{1}{4} \qquad これより， \quad b=5 \text{ cm}$$

　つまり，レンズの後方 5 cm の位置に像ができるとわかります。

　なお，像の大きさは物体の $\dfrac{b}{a}$ 倍になり，これをレンズの**倍率**といいます。

② 凸レンズで焦点よりも近くに物体がある場合

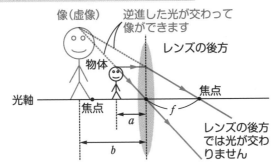

　物体が焦点よりもレンズの近くにあると，レンズの後方で光が広がっていくので光が交わりません。この場合は，光線をそれぞれ逆向きに延長して逆進させてみると，レンズの前方で光が交わります。ここにできる像は実際に光が集まるわけではないので**虚像**といいます。この場合の虚像が虫めがねの拡大像です。また，物体と像は同じ向きにできているので**正立像**といいます。レンズの式では，レンズの後方に像がある場合に b が正となるので，前方にできる虚像の場合は b を負として扱い，次のかたちになります。

$$\frac{1}{a} - \frac{1}{b} = \frac{1}{f}$$

③ 凹レンズで焦点よりも遠くに物体がある場合

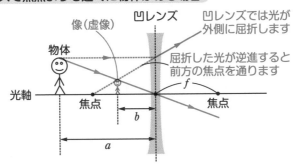

　凹レンズでは光を外側に屈折させます。光軸に平行に入射した光は，逆進した光が前方の焦点を通るように屈折します。この光と，レンズの中心を通る光が交わって正立の虚像ができます。このことは，凹レンズで焦点よりも近くに物体がある場合でも同じです。レンズの式では，虚像になるので上の②と同じように b を負とし，さらに焦点距離 f も負の値として扱うので，次のかたちになります。

$$\frac{1}{a} - \frac{1}{b} = -\frac{1}{f}$$

Step 3 光の性質を理解しよう〜干渉〜

光は波の性質をもつので，水面波や音波と同様に干渉します。第5講で学習したように，干渉条件は**経路差が波長の何倍か**に注目して式を立てるのですが，波長について1つ確認しましょう。

Ⅰ 媒質中での振動数と波長

真空中から屈折率 n の媒質中に進むと光の速さは $\dfrac{1}{n}$ 倍になりますが，このときに**振動数は変化しません。**すると，波の速さの式 $v=f\lambda$ より，振動数 f が一定なら速さ v と波長 λ は比例するので，**媒質中の波長も $\dfrac{1}{n}$ 倍**になります。

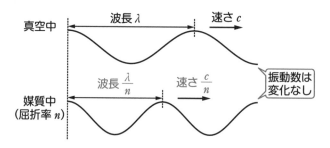

真空中 波長 λ 速さ c

媒質中 波長 $\dfrac{\lambda}{n}$ 速さ $\dfrac{c}{n}$
（屈折率 n）

振動数は変化なし

ポイント 媒質中の振動数と波長

- 異なる媒質中に進んでも，光の振動数は変化しない

- 屈折率 n の媒質中では，光速と波長はともに真空中の $\dfrac{1}{n}$ 倍になる

例 右の図のように，真空中で波長 λ の光が，真空中から媒質Ⅰ（屈折率 n_1）へ，さらに媒質Ⅱ（屈折率 n_2）へと進むとき，媒質Ⅰ中と媒質Ⅱ中での，光の振動数と波長をそれぞれ求めてみましょう。真空中での光速を c とします。

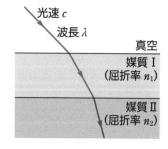

光速 c
波長 λ

真空

媒質Ⅰ
（屈折率 n_1）

媒質Ⅱ
（屈折率 n_2）

異なる媒質中に進んでも，光の振動数は変化しないので，真空中も媒質Ⅰ中も媒質Ⅱ中も，振動数は同じです。そこで，真空中での振動数を求めることにします。

光の振動数を f とすると，波の速さの式 $v = f\lambda$ より，

$$c = f\lambda \qquad \text{よって,} \qquad f = \frac{c}{\lambda}$$

となります。また，屈折率 n の媒質に進むと，媒質中での波長は $\frac{1}{n}$ 倍になるので，媒質Ⅰ中での波長は $\frac{\lambda}{n_1}$ と表せます。

② 媒質Ⅱ中

振動数は真空中，媒質Ⅰ中と変わらず，$f = \frac{c}{\lambda}$ です。また，媒質Ⅱ中での波長は $\frac{\lambda}{n_2}$ となります。

Ⅱ 光の干渉を考えるときの注意点

光の干渉条件の式は，水面波や音波のときと同じように考えていきます。つまり，
↳強めあう条件，弱めあう条件

・光源の光は同位相か？逆位相か？

・経路差は波長の整数倍か？$\left(整数 + \frac{1}{2}\right)$ 倍か？

という点に注目して，式を立てていきます。

その他に，光ならではの注意ポイントがあります。

① 光源は１つ

光の場合，波源のことを**光源**といいます。光には**同一光源からの光でなければ干渉しない**という特徴があります。音波だと別々のスピーカーから音を出しても干渉しますが，光だと別々のライトから光を出しても，全体的に明るくなるだけで干渉はしません。

② 干渉の現れ方

水面波の干渉では強めあうと大きく振動する点，弱めあうとまったく振動しない点として水面上に現れました。また，音波は強めあうと音が大きく聞こえ，弱めあうと音が小さく聞こえました。

光は強めあうと明るくなり，弱めあうと暗くなります。光を干渉させるためには，1つの光源から出た光をスリットなどで2つに分けて，干渉させるという方法をとります。すると，この分かれた光が干渉して，右の図のように，スクリーン上などに明暗の縞模様をつくるようになります。

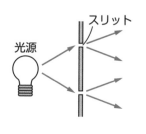

スクリーンに明暗ができる

③　経路差には光路差を，波長には真空中の波長を用いる

　右の図のように，2つに分かれた光のうち，1つは真空中，もう1つはガラスを通して干渉させる場合を考えます。このように，**光に異なる媒質中を進ませて干渉させる**ことがあります。このときの光の干渉条件の式について考えてみましょう。

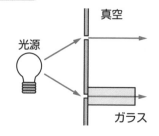

(i)　干渉条件で用いる波長について

　真空中とガラス中では屈折率が違うので，波長も異なります。そうなると，「どっちの波長を干渉条件に使おう……」と悩んでしまいそうですね。そこで，光の干渉条件は，**真空中を進んだと仮定した場合の値**で立てていきます。そのため，**波長は真空中での波長を使います。**

(ii)　干渉条件で用いる経路差について

　経路差も真空中を進んだと仮定した場合の値にします。Step 2で学んだ光学距離を使いましょう！この**光学距離の差**を**光路差**といいます。
　┗→仮に真空中を進んだとした場合に進める距離

媒質中の波長などで干渉条件の式を立てることもありますが，まずは「真空中での値でそろえる」という基本形を身につけましょう！

ポイント 光の干渉条件の式の立て方

真空中の値にそろえて式を立てる
　経路差 ⟶ 光路差を用いる
　波長 ⟶ 真空中の波長を用いる

練習問題③

次の(1)(2)の場合で，光線Aと光線Bの光路差を求めよ。

(1) 下図 a のように，光線Aが真空中を距離 L だけ進み，光線Bは屈折率 n の媒質中を距離 L だけ進む。

(2) 下図 b のように，光線Aが屈折率 n_1 の媒質中を距離 d だけ進み，光線Bは屈折率 n_2 $(n_1 > n_2)$ の媒質中を距離 d だけ進む。

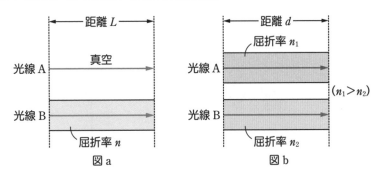

図 a

図 b

解説

考え方のポイント 光学距離を「屈折率×実際に進んだ距離」で求めて，差をとりましょう！光なので，媒質の屈折率 n について，$n > 1$ に注意しましょう。

(1) 光線Aの光学距離は L，光線Bの光学距離は nL である。よって光路差は，$n > 1$ より，

$$nL - L = (n-1)L$$

(2) 光線Aの光学距離は $n_1 d$，光線Bの光学距離は $n_2 d$ である。よって光路差は，$n_1 > n_2$ より，

$$n_1 d - n_2 d = (n_1 - n_2)d$$

答 (1) $(n-1)L$　(2) $(n_1 - n_2)d$

　波動分野の最後です！Step 3で光の干渉条件を学びましたので，具体的な光の干渉に関する例を見ていきましょう。

I ヤングの実験とは

ヤングの実験は，下の図のような実験です。これは，
　　「ある光源から光を出して，小さなスリットが2つある板にあてると，
　　　板の反対側にあるスクリーンに明暗の縞模様が現れる」
というものです。

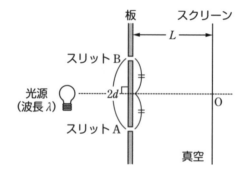

例 上の図のように，波長λの単色光を出す光源，板，スクリーンを用意します。板には2つの小さなスリットAとBがあり，スリットの間隔は2dです。スリットの垂直二等分線上に光源とスクリーンの中心Oがあります。板とスクリーンは平行で，その距離はLになっています。話を簡単にするために，全体が真空中にあることにします。光源から光を出すと，スクリーンに明暗の縞模様が現れます。この現象について考えましょう。

　このヤングの実験では，光源から光を出すと，光の波面が広がっていき，スリットAとBに同じ波面が同時に到達します。ホイヘンスの原理で学んだように，この**波面上にあるスリットAとBが新しい同位相の光源になる**と考えられ，波面は円形に広がっていきます。

すると，下の図のように，強めあいの線や弱めあいの線がイメージできます。AとBは同位相の光源なので，第5講 Step 2 で学んだように，AとBの垂直二等分線は強めあいの線になり，その線に対称になるように強めあいの線や弱めあいの線が生じます。これらの線がスクリーンと交わっているところが，スクリーン上で明暗になるところです。

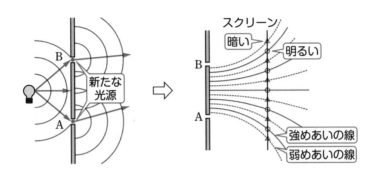

Ⅱ 干渉条件

① 光路差の求め方

では，上の 例 のヤングの実験の干渉条件を考えてみましょう。光路差を表すために，まず距離を求めます。

右の図のように，点Oよりも上にあるスクリーン上の1点をPとして，OP＝x とおきます。また，AとBからPまでの距離を，それぞれAP＝l_1，BP＝l_2 とします。

次に，次ページの図のようにAとBからスクリーンに向かってそれぞれ垂線を引き，2つの**直角三角形 AA′P と BB′P** をつくってみましょう。すると，**三平方の定理を用いる**ことで，l_1 と l_2 を，d，x，L で表すことができます。

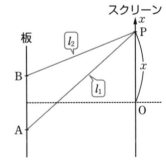

△AA′P で三平方の定理を用いると，

$$l_1{}^2 = L^2 + (x+d)^2 \qquad これより，\qquad l_1 = \sqrt{L^2 + (x+d)^2}$$

△BB′P で三平方の定理を用いると，

$$l_2{}^2 = L^2 + (x-d)^2 \qquad これより，\qquad l_2 = \sqrt{L^2 + (x-d)^2}$$

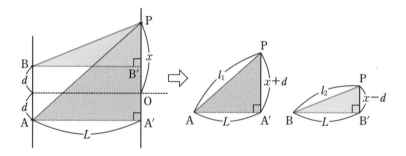

真空中にあるので屈折率は $n=1$ ですから，光学距離はそれぞれ

$1 \times l_1 = l_1$，$1 \times l_2 = l_2$ となります。すると光路差は，$l_1 > l_2$ より，

$$l_1 - l_2 = \sqrt{L^2 + (x+d)^2} - \sqrt{L^2 + (x-d)^2}$$

以上より，点Pが明るくなる干渉条件は，整数 m $(m=0,\ 1,\ 2,\ \cdots)$ を用いて，

$$\sqrt{L^2 + (x+d)^2} - \sqrt{L^2 + (x-d)^2} = m\lambda \quad \cdots\cdots ①$$

暗くなる干渉条件は，

$$\sqrt{L^2 + (x+d)^2} - \sqrt{L^2 + (x-d)^2} = \left(m + \frac{1}{2}\right)\lambda \quad \cdots\cdots ②$$

と書くことができます。

② 微小量の近似

　式①と②はどちらも $\sqrt{}$ の足し算，引き算のかたちで，式の変形がしづらくなります。そのため，**式から $\sqrt{}$ をなくすために近似式を使います。**

　値がほとんど変わらない範囲で，式を違うかたちに変えたものを**近似式**といいます。物理でよく使われる近似式として，次のかたちがあります。

> **ポイント** 微小量の近似式
>
> 　a が 1 に対して十分に小さい $(a \ll 1)$ のとき，
> 　$$(1+a)^n \fallingdotseq 1 + na$$

例えば，$\sqrt{1+a}$ は $(1+a)^{\frac{1}{2}}$ と表せるので，
$$\sqrt{1+a} = (1+a)^{\frac{1}{2}} \fallingdotseq 1 + \frac{1}{2}a \quad と近似できます！$$

この近似式は a が 1 に対して十分に小さく，$(1+微小量)$ **の n 乗**のかたちになっていることが使える条件です。**強引な感じがしても，とにかく $(1+微小量)^n$ のかたちにしましょう！**

③　近似を用いた光路差の表し方

実際のヤングの実験では，L に対して x や d は十分に小さいので，近似を用いて l_1, l_2 を書き換えてみましょう。

まず，l_1 は，

$$l_1 = \sqrt{L^2 + (x+d)^2}$$

$\sqrt{}$ の中を L^2 でまとめられるようにする

$$= \sqrt{L^2 + L^2 \times \frac{(x+d)^2}{L^2}}$$

L^2 を $\sqrt{}$ の外に出す

$$= L\sqrt{1 + \left(\frac{x+d}{L}\right)^2}$$

$\sqrt{}$ を $\square^{\frac{1}{2}}$ のかたちに書き換える

$$= L\left\{1 + \left(\frac{x+d}{L}\right)^2\right\}^{\frac{1}{2}} \quad \cdots\cdots③$$

L に対して $x+d$ は十分に小さいので，$\dfrac{x+d}{L} \ll 1$ となり，$\left\{1+\left(\dfrac{x+d}{L}\right)^2\right\}^{\frac{1}{2}}$ の部分に対して近似を用いることができます。**ポイント** 微小量の近似式の a に式③の $\left(\dfrac{x+d}{L}\right)^2$ を，n に $\dfrac{1}{2}$ を対応させると，

$$l_1 = L\underbrace{\left\{1 + \left(\frac{x+d}{L}\right)^2\right\}^{\frac{1}{2}}}_{(1+a)^n} \fallingdotseq L\underbrace{\left\{1 + \frac{1}{2}\left(\frac{x+d}{L}\right)^2\right\}}_{1+na} = L + \frac{(x+d)^2}{2L} \quad \cdots\cdots④$$

気をつけたいのは，$\left(\dfrac{x+d}{L}\right)^2$ が近似式の a にあたるということですね。この（　）の 2 乗を近似式の n として扱わないようにしましょう！

【正】 $\left\{1+\left(\dfrac{x+d}{L}\right)^{②}\right\}^{\frac{1}{2}} \fallingdotseq \left\{1+\dfrac{1}{2}\left(\dfrac{x+d}{L}\right)^2\right\}$ 　○

【誤】 $\left\{1+\left(\dfrac{x+d}{L}\right)^{②}\right\}^{\frac{1}{2}} \fallingdotseq \left\{1+2\left(\dfrac{x+d}{L}\right)\right\}^{\frac{1}{2}}$ 　×

l_2 も同様にして,

$$l_2 = \sqrt{L^2+(x-d)^2}$$

$$= \sqrt{L^2+L^2\times\frac{(x-d)^2}{L^2}}$$

$\left.\rule{0pt}{12pt}\right\}$ $\sqrt{\ }$ の中を L^2 でまとめられるようにする

$$= L\sqrt{1+\left(\frac{x-d}{L}\right)^2}$$

$\left.\rule{0pt}{12pt}\right\}$ L^2 を $\sqrt{\ }$ の外に出す

$$= L\left\{1+\left(\frac{x-d}{L}\right)^2\right\}^{\frac{1}{2}}$$

$\left.\rule{0pt}{12pt}\right\}$ $\sqrt{\ }$ を $\square^{\frac{1}{2}}$ のかたちに書き換える

$\dfrac{x-d}{L}\ll 1$ より,

$$l_2 = \underbrace{L\left\{1+\left(\frac{x-d}{L}\right)^2\right\}^{\frac{1}{2}}}_{(1+a)^n} \fallingdotseq \underbrace{L\left\{1+\frac{1}{2}\left(\frac{x-d}{L}\right)^2\right\}}_{1+na} = L+\frac{(x-d)^2}{2L} \quad \cdots\cdots ⑤$$

④ ヤングの実験の干渉条件

式④と⑤より, 光路差 l_1-l_2 は,

$$l_1-l_2 \fallingdotseq \underbrace{\left\{L+\frac{(x+d)^2}{2L}\right\}}_{式④} - \underbrace{\left\{L+\frac{(x-d)^2}{2L}\right\}}_{式⑤}$$

$$= \left\{L+\frac{1}{2L}(x^2+2dx+d^2)\right\} - \left\{L+\frac{1}{2L}(x^2-2dx+d^2)\right\}$$

$$= \frac{2dx}{L}$$

という, とても簡単なかたちに変形することができます。以上より, 式①は,

$$\frac{2dx}{L}=m\lambda \quad \cdots\cdots ⑥ \quad \blacktriangleleft 明るくなる干渉条件$$

式②は,

$$\frac{2dx}{L}=\left(m+\frac{1}{2}\right)\lambda \quad \cdots\cdots ⑦ \quad \blacktriangleleft 暗くなる干渉条件$$

と書くことができます。

Ⅲ 明るいところの間隔

前項 Ⅱ の式⑥より, スクリーン上に明るくなるところ (明線) が現れるのは, 点Oから,

$$x=\frac{mL\lambda}{2d}$$

だけ離れた位置ということになります。

この式の m は，点Oから何番目の明るいところか
を示しています。$m=0$ のとき $x=0$ となるので，
$m=0$ は点Oにある明るいところです。右の図のよう
に，点Oのすぐ隣りの明るいところは1番目なので
$m=1$ として，$x=\dfrac{1 \times L\lambda}{2d}=\dfrac{L\lambda}{2d}$，さらに隣りは
$m=2$ として，$x=\dfrac{2 \times L\lambda}{2d}=\dfrac{L\lambda}{d}$ になります。

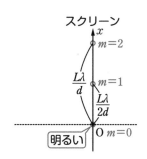

m 番目の明るいところは $x=x_m$ として，

$x_m=\dfrac{mL\lambda}{2d}$，さらに隣りは $m+1$ 番目になるので，

$x_{m+1}=\dfrac{(m+1)L\lambda}{2d}$ と表せます。

└→$m \to m+1$ と置き換え

すると，明るいところの間隔 Δx は，右の図のように
m 番目と $m+1$ 番目の間隔で考えて，

$$\Delta x=x_{m+1}-x_m=\dfrac{(m+1)L\lambda}{2d}-\dfrac{mL\lambda}{2d}=\dfrac{L\lambda}{2d}$$

となります。暗いところの間隔も，式⑦より同様に求め
ることができ，上の結果と等しくなります。

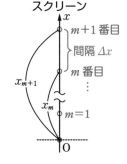

ポイント ヤングの実験（真空の場合）

　2つのスリットの間隔を $2d$，スリットとスクリーンとの
距離を L，スクリーンの中心Oからの距離を x，光源の波長
を λ とすると，

・光路差：$\dfrac{2dx}{L}$

・明るくなる干渉条件：$\dfrac{2dx}{L}=m\lambda$

・暗くなる干渉条件：$\dfrac{2dx}{L}=\left(m+\dfrac{1}{2}\right)\lambda$　　$(m=0,\ 1,\ 2,\ \cdots)$

・明るい（暗い）ところの間隔：$\dfrac{L\lambda}{2d}$

（注）　スリットの間隔が d のときは $2d \to d$ と置き換える

例 p.362のヤングの実験において，右の図
のように，スリットとスクリーンの間を
屈折率 n の媒質で満たした場合，光路差
や干渉条件，明るいところの間隔はどう
変わるでしょうか。

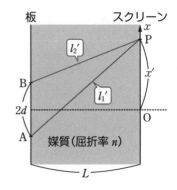

OP＝x'，AP＝l_1'，BP＝l_2' とすれば，
経路差は $l_1' > l_2'$ より，

$$l_1' - l_2' \fallingdotseq \frac{2dx'}{L}$$

と表すことができます。媒質の屈折率は
n ですから，光学距離はそれぞれ nl_1'，
↳光学距離＝屈折率×進んだ距離
nl_2' となります。すると光路差は，

$$nl_1' - nl_2' = n(l_1' - l_2') \fallingdotseq n\frac{2dx'}{L} \quad ◀媒質で満たした場合の光路差$$

となります。そのため，明るくなる干渉条件は，

$$n\frac{2dx'}{L} = m\lambda \quad ◀媒質で満たした場合の干渉条件$$

よって，明るくなるところが現れるのは点Oから，

$$x' = \frac{1}{n} \times \frac{mL\lambda}{2d} = \frac{x}{n} \quad ◀真空の場合の \frac{1}{n} 倍$$

だけ離れた位置で，明るくなるところの間隔 $\Delta x'$ は，

$$\Delta x' = x'_{m+1} - x'_m = \frac{x_{m+1}}{n} - \frac{x_m}{n} = \frac{\Delta x}{n} \quad ◀真空の場合の \frac{1}{n} 倍$$

と表すことができます。

光の干渉は，ヤングの実験の他にもたくさんあります。
さまざまな方法で光を分けて干渉させるのですが，波
の干渉であることには変わりません。まずは，干渉する
２つの光の光路差をきちんと表すこと，その光路差を
用いて干渉条件の式を立てることが基本です！

Obunsh